· 中国海洋产业研究丛书 ·

侍茂崇 主编

海洋矿产产业

发展现状与前景研究

韩宗珠 艾丽娜 ◎ 编著

SPM
南方出版传媒
广东经济出版社
· 广 州 ·

图书在版编目（CIP）数据

海洋矿产产业发展现状与前景研究／韩宗珠，艾丽娜编著．—广州：广东经济出版社，2018.5

ISBN 978－7－5454－6240－1

Ⅰ．①海… Ⅱ．①韩… ②艾… Ⅲ．①海洋矿物－资源开发－产业发展－研究－中国Ⅳ．①P744

中国版本图书馆CIP数据核字（2018）第083565号

出 版 人：李　鹏
责任编辑：刘　倩
责任技编：许伟斌
装帧设计：介　桑

海洋矿产产业发展现状与前景研究
Haiyang Kuangchan Chanye Fazhan Xianzhuang Yu Qianjing Yanjiu

出版发行	广东经济出版社（广州市环市东路水荫路11号11～12楼）
经销	全国新华书店
印刷	广州市岭美彩印有限公司 （广州市荔湾区花地大道南海南工商贸易区A幢）
开本	730毫米×1020毫米　1/16
印张	13.25
字数	200 000字
版次	2018年5月第1版
印次	2018年5月第1次
书号	ISBN 978－7－5454－6240－1
定价	66.00元

如发现印装质量问题，影响阅读，请与承印厂联系调换。
发行部地址：广州市环市东路水荫路11号11楼
电话：（020）37601950　邮政编码：510075
邮购地址：广州市环市东路水荫路11号11楼
电话：（020）37601980　营销网址：http://www.gebook.com
广东经济出版社新浪官方微博：http://e.weibo.com/gebook
广东经济出版社常年法律顾问：何剑桥律师

总序

preface

侍茂崇

2013年9月和10月习近平主席在出访中亚和东盟期间分别提出了“丝绸之路经济带”和“21世纪海上丝绸之路 ”两大构想（简称为“一带一路”）。 该构想突破了传统的区域经济合作模式，主张构建一个开放包容的体系，以开放的姿态接纳各方的积极参与。“一带一路”既贯穿了中华民族源远流长的历史，又承载了实现中华民族伟大复兴“中国梦”的时代抉择。

海洋拥有丰富的自然资源，是地球的主要组成部分，是人类赖以生存的重要条件。它所蕴含的能源资源、生物资源、矿产资源、运输资源等，都具有极大的经济价值和开发价值。21世纪需要我们对海洋全面认识、充分利用、切实保护，把开发海洋作为缓解人类面临的人口、资源与环境压力的有效途径。

我国管辖海域南北跨度为38个纬度，兼有热带、亚热带和温带三个气候带。海岸线北起鸭绿江，南至北仑河口，长1.8万多千米。加上岛屿岸线1.4万千米，我国海岸线总长居世界第四。大陆架面积130万平方千米，位居世界第五。我国领海和内水面积37万~38万平方千米。同时，根据《联合国海洋法公约》的规定，沿海国家可以划定200海里专属经济区和大陆架作为自己的管辖海域。在这些海域，沿海国家有勘探开发自然资源的主权权利。我国海洋面积辽阔，蕴藏着丰富的海洋资源。

自改革开放以来，中国经济取得了令人瞩目的成就。进入21世纪后，海洋经济更是有了突飞猛进的发展，据国家海洋局初步统计，2017年全国海洋生产总值77611亿元，比上年增长6.9%，海洋生产总值占国内生产总值的9.4%。同时，海洋立法、海洋科技和海洋能源勘测、海洋资源开发利用等方面也取得了巨大的进步，我国公民的海权意识和环保意识也大幅提高，逐渐形成海洋产业聚集带、海陆一体化等发展思路。但总体而言，我国海洋产业发展较为落后。而且，伴随着对海洋的过度开发，其环境承载能力也受到威胁。海洋生物和能源等资源数量减少，海水倒灌、海岸受到侵蚀，沿海滩涂和湿地面积缩减：种种问题的凸现证明，以初级海洋资源开发、海水产品初加工等为主的劳动密集型发展模式，已经不能适应当今社会的发展。海洋产业区域发展不平衡、产业结构不尽合理、科技含量低、新兴海洋产业尚未形成规模等，是我们亟待解决的问题，也是本书要阐述的问题。

海洋产业有不同分法。

传统海洋产业划分为12类：海洋渔业、海洋油气业、海洋矿业、海洋船舶业、海洋盐业、海洋化工业、海洋生物医药业、海洋工程建筑业、海洋电力业、海水利用业、海洋交通运输业、海洋旅游业。

有的学者根据产业发展的时间序列分类：传统海洋产业、新兴海洋产业、未来海洋产业。在海洋产业系统中，海洋渔业中的捕捞业、海洋盐业和海洋运输业属于传统海洋产业的范畴；海洋养殖业、滨海旅游业、海洋油气业属于新兴海洋产业的范畴；海水资源开发、海洋观测、深海采矿、海洋信息服务、海水综合利用、海洋生物技术、海洋能源利用等属于未来海洋产业的范畴。

有的学者按三次产业划分：海洋第一产业指海洋渔业中的海洋

水产品、海洋渔业服务业以及海洋相关产业中属于第一产业范畴的部门。海洋第二产业是指海洋渔业中海洋水产品加工、海洋油气业、海洋矿业、海洋盐业、海洋化工业、海洋生物医药业、海洋电力业、海水利用业、海洋船舶工业、海洋工程建筑业，以及海洋相关产业中属于第二产业范畴的部门。海洋第三产业，包括海洋交通运输业、滨海旅游业、海洋科研教育管理服务业以及海洋相关产业中属于第三产业范畴的部门。

根据党的十九大报告提出的“坚持陆海统筹，加快建设海洋强国”，我国海洋经济各相关部门将坚持创新、协调、绿色、开放、共享的新发展理念，主动适应并引领海洋经济发展新常态，加快供给侧结构性改革，着力优化海洋经济区域布局，提升海洋产业结构和层次，提高海洋科技创新能力。本丛书旨在为我国拓展蓝色经济空间、建设海洋强国提供一定的合理化建议和理论支持，为实现中华民族伟大复兴的“中国梦”贡献力量。

本丛书总的思路是：有机整合中国传统的“黄色海洋观”与西方的“蓝色海洋观”的合理内涵，并融合“绿色海洋观”，阐明海洋产业发展的历史观，以形成全新的现代海洋观——在全球经济一体化及和平与发展成为当今世界两大主题的新时代背景下，以海洋与陆地的辩证统一关系为视角，去认识、利用、开发与管控海洋。这一现代海洋观，跳出了中国历史上“黄色海洋观”与西方历史上“蓝色海洋观”的时代局限，体现了历史传承与理论创新的精神。

21世纪是海洋的世纪，强于世界者必盛于海洋，衰于世界者必败于海洋。

前言

preface

海洋是人类资源的宝库，海洋占据了地球表面约71%的面积，海水中蕴藏着80多种化学元素；海洋中蕴含着丰富的海洋生物资源；海洋潮汐与波浪提供了重要的海洋能源；海滨、浅海、深海、大洋盆地和洋中脊底部的矿产资源种类繁多，含量丰富。随着人类社会的发展，陆地资源日益枯竭，海洋矿产资源的优势日益显现，人类未来的生存与发展势必依托于海洋。海洋开发是国民经济中的重要组成部分，在沿海国家中，海洋资源开发已经成为国家经济建设的主要支柱。海洋开发不仅可以提供新的产业基地，还能够缓解社会资源与能源供应的紧张状态。

中华地大物博，海域中蕴藏着丰富的海洋矿产资源。当今世界海洋对一个国家的经济、军事、资源发展都有着重大影响。我国滨海砂矿的开发起步早，但规模有限；海洋油气开发已成重点，但主要局限在浅水区；天然气水合物的开发正处于初期研究阶段；国际海底资源研究尚处于初创阶段。总的来说我国海底矿产资源的开发不仅存在自然上的问题，还受到开采技术条件等的限制。目前全球已兴起一个开发利用和保护海洋资源、攻克海洋开发高新技术的热潮，海洋经济已成为世界经济发展的新增长点，成为我们这个时代的特征。

基于上述的认识，我们在前人诸多研究的基础上阐述了我国主要的海洋矿产资源的种类、特征及其分布；并对我国海洋矿产资源的价值进行了评估；本书回顾和总结了中国海洋矿产产业一路走来的发展历程；此外，本书对中国海洋矿产产业的发展现状进行了清晰的梳理，针对当前存在的问题提出了相应的解决对策，对于其今后的发展，笔者也给出了较为有效的建议。

本书是在收集大量资料及前人研究成果，并对此进行充分分析和整理的基础上撰写完成的，这与众多编写人员的辛勤付出是分不开的，在此对他们的辛勤工作由衷地表示感谢。

编者

2017年8月3日

目录

contents

第一章

中国海洋矿产资源概述

第一节　海洋矿产资源概述

海洋有取之不尽用之不竭的巨大财富，就矿产资源来说，海洋蕴藏种类之多，含量之巨，堪称“聚宝盆”。海洋中几乎有陆地上有的各种矿产资源，还有陆地上没有的其他资源。海洋矿产资源是海洋中产出矿物原料的总称。广义上，海洋矿产资源应包括海底矿产资源和海水矿产资源两部分，但一般仅指海底矿产资源，而把海水矿产资源归为海洋化学资源。海底矿产资源是指目前处于海洋环境下的除海水以外的矿物资源，包括分布在滨海、浅海、深海、洋盆和洋中脊的各类矿产资源，它们以三种形式存在于海洋中：滨海砂矿、海底富集的固体矿床、从海底内部滚滚而来的油气资源。海底矿产资源按产出区域划分为滨海砂矿资源、海底矿产资源和大洋矿产资源。滨海砂矿资源和海底矿产资源皆分布在沿海各国的领海、大陆架和专属经济区内；大洋矿产资源则主要分布于国际公海区域内，部分位于各国的专属经济区内。

海底矿产资源主要有以下六大类：①石油、天然气。据相关研究估计，世界石油储量约为1万亿t，可开采储量约为3000亿t，其中海底石油约为1350亿t；世界天然气储量为255亿～280亿m^3，海洋的储量约占140亿m^3。20世纪末，我国海洋石油年产量达30亿t，占世界石油总产量的50%。经过我们有计划地、充分地勘探研究发现，我国辽阔的近海海域内的石油和天然气资源储量巨大。②煤、铁等固体矿产。世界许多近岸海底已成功开采煤铁矿藏。日本海底煤矿开采量占其总产量的30%；智利、英国、加拿大、土耳其也有开采。日本九州附近的海底铁矿床是目前世界上最大的铁矿床之一。亚洲一些国家还发现许多海底锡矿。目前已发现的海底固体矿产有20多种。③海滨砂矿。海滨沉积物中的矿物具有极为重要的工业用途，如金红石含有发射火箭用的固体燃料钛；独居石含有火箭、飞机外壳用的铌、反应堆及微电路用的钽；锆铁矿、锆英石含有核潜艇和核反应堆用的耐高温和耐腐蚀的锆；某些海区还有黄金、白金和银等贵金属。④多金属结核和富钴结壳。1873年，“挑战者”号考察船在北大西洋的深海底处首次发现了多金属结核。这些呈黑色或褐色的多金属结核团块直径一般不超过20cm，富集分布于3000～6000m水深的大洋底表层沉积物上。多金属结核含有锰、铁、镍、钴、铜等几十种元素。据估计，3500～6000m深的洋底储藏的多金属结核约有3万亿t。其中锰的产量可供全世界使用18000年，镍可用25000年。我国对太平洋200多万km^2海底的调查表明，其中30多万km^2海底为有开采价值的远景矿区，联合国已批准其中15万km^2的区域分配给我国作为开采矿区。富钴锰结壳储藏于300～4000m深的海底，相对容易开采。⑤热液矿藏。它是由海底热液成矿作用形成的块状硫化物、多金属软泥及沉积物，主要形成于洋中脊、海底裂谷带中。热液从海底排出，遇水变冷，使矿液中金属硫化物和铁锰氧化物沉淀，形成块状物质，呈烟筒状、土堆状或地毯状堆积成矿丘。近年来在海底发现了33处“热液矿床”。例如海底红黏土中富含大量的铀、铁、锰、锌、钴、银、金等，经济价值巨大，仅美国在加拉帕戈斯裂谷储量就达2500万t，开采价值约为39亿美元。⑥天然气水合物。它是一种被称为“可燃冰”的新型资源，在低温、高压条件下，由碳氢化合物与水分子组成的冰态固体物质，其能量密度高，杂质少，燃烧后几乎无污染。据估计，全球可燃冰的储量是现有石油、天然气储量的两倍，在20世纪，日本、苏联、美国均已发现大面积的可燃冰分布区。

图1-1　多金属结核

图1-2　海底热液喷发

第二节　浅海矿产资源

浅海海底的矿产资源是指大陆架和部分大陆斜坡处的矿产资源，主要有陆架石油和天然气资源、各类滨海砂矿以及天然气水合物资源。

一、陆架油气资源

中国大陆架属陆缘的现代拗陷区，由于太平洋板块与欧亚板块的挤压作用，在中、新生代发育了一系列北东和东西向的断裂，造就了许多沉积盆地。陆上众多河流（如古黄河、古长江等）挟带大量有机质泥沙流注入海洋，在这些盆地中形成了几千米厚的沉积物。构造运动使盆地岩石变形，形成断块和背斜，而伴随构造运动而发生的岩浆活动释放了大量热能，加速有机物质转化为石油，并在圈闭中聚集和保存，成为现今的陆架油田。中国海自北向南有渤海、北黄海、南黄海、东海、冲绳、台西、台西南、珠江口、琼东南、莺歌海、北部湾、管事滩北、中建岛西、巴拉望西北、曾母暗沙—沙巴等十几个以新生代沉积物为主的中、新生代沉积盆地，总面积约130万km^2。根据勘探结果预测，我国在渤海、黄海、东海及南海北部大陆架海域，石油资源量就达到275.3亿t，天然气资源量达到10.6万亿m^3。由此可见，中国海的陆架石油、天然气资源的储量巨大。

图1-3　海上钻井平台

目前，在渤海盆地中发现的含油气构造或油田有十几个，有的油田单井日产原油可达1600t，天然气19万m^3。“北黄海盆地”的油气远景较好，“南黄海盆地”的储油气构造有40多个，经钻探证实其油气前景十分美好。东海有2个含油气沉积盆地规模巨大，具有位置好、面积广、幅度大和油源近等特点，因此东海盆地油气资源的开发前景广阔。在南海四周广阔的大陆架上，分布有珠江口盆地、莺歌海盆地、北部湾盆地、湄公盆地、文莱—沙巴盆地和巴拉望盆地等。据估计，在南海海区半数以上盆地的油气储量达100亿～300亿t，它们构成了环太平洋区含油气带西带的主体部分。经专家计算，整个南中国海传统海疆线以内的油气资源价值约合15000亿美元，开采前景甚至要超过英国的北海油田。

然而，我国对海洋油气资源的勘探整体上处于相对落后阶段。我国石油资源的平均探明率为 38.9%，海洋仅为12.3%，远远低于世界73%的平均探明率；我国天然气平均探明率为23%，海洋为10.9%，而世界平均探明率在60.5%左右。

二、滨海砂矿

滨海砂矿是指在滨海水动力的分选作用下富集而成的有用砂矿，该类砂矿床规模大、品位高、埋藏浅，沉积疏松、易采易选。由于地质历史上的海平面变动，滨海砂矿主要包括滨海和部分浅海的砂矿。滨海砂矿根据其用途主要分为建筑砂砾、工业用砂和矿物砂矿三大类。工业砂因其质地不同而用于不同的方面，主要有铸造用砂和玻璃用砂等；滨海矿物砂矿有金刚石、金、铂、锡石、铬铁矿、铁砂矿、锆石、钛铁矿、金红石、独居石等砂矿。世界上现已开采利用的滨海砂矿有30余种，世界上金红石总钛金属资源量约9435万t，其中砂矿占98%；钛铁矿总钛金属资源量2.46亿t，砂矿占50%；已探明锆石的资源量 3 175.2万t，96%为滨海砂矿。滨海砂矿的开采量在世界同类矿产总产量中所占的百分比为：钛铁矿30%、独居石80%、金红石98%、锆石90%、锡石70%以上、金 5%～10%、金刚石5.1%、铂3%等。滨海砂矿在浅海矿产资源中的经济

图1-4　石英砂矿

价值仅次于石油、天然气。

目前，在我国浅海已探查出的砂矿矿种主要有：锆石、钛铁矿、独居石、磷钇矿、金红石、磁铁矿、砂锡矿、铬铁矿、铌钽铁矿、砂金和石英砂等，并发现有金刚石和铂矿等，其中以钛铁矿、锆石、独居石、石英砂等规模最大，资源量最丰。我国的海滨砂矿主要有7个成矿带：海南岛东部海滨带、粤西南海滨带、雷州半岛东部海滨带、粤闽海滨带、山东半岛海滨带、辽东半岛海滨带、台湾北部及西部海滨带，特别是广东海滨砂矿资源非常丰富，其储量在全国居首位。

现已探明在辽东半岛、山东半岛、福建、广东、海南和广西沿海以及台湾周围，主要有锆石–钛铁矿–独居石–金红石砂矿，钛铁矿–锆石砂矿，独居石–磷钇矿，铁砂矿，锡石砂矿，砂金矿和砂砾等。台湾盛产磁铁矿、钛铁矿、金红石、锆石和独居石等，磁铁矿主要分布在台湾北部海滨，以台东和秀姑峦溪河口间最集中。海南岛沿岸有金红石、独居石、锆英石等多种矿物。福建沿海稀有和稀土金属砂矿也不少：金红石主要分布在东山岛、漳浦、长乐等地；锆石主要分布在诏安、厦门、东山、漳浦、惠安、晋江、平潭和长乐等地；铁砂分布很广，以福鼎、霞浦、福清、江阴岛、南日岛、惠安和龙海目屿等最集中，诏安、厦门、东山、长乐等地均有铁钛砂。辽东半岛发现有砂金和锆英石等矿物，大连地区探明一个全国储量最大的金刚石矿田。山东半岛也发现有砂金、玻璃石英、锆英石等矿物。广东沿岸有独居石、铌钽铁砂、锡石和磷钇等矿。

三、天然气水合物

天然气水合物是在一定的温压条件下，由天然气与水分子结合形成的外观似冰的白色或浅灰色固态结晶物质，外貌极似冰雪，点火即可燃烧，故又称之为“可燃冰”“气冰”“固体瓦斯”。因其成分的80%~90%为甲烷，又被称为“甲烷天然气水合物”。作为一种新型的烃类能源，天然气水合物具有能量密度高、分布广、规模大、埋藏浅、成藏物化条件好、清洁环保等特点，被喻为未来石油的替代资源。“可燃冰”可视为被高度压缩的天然气资源，每m^3能分解释放出164m^3的天然气。据估计，地球海底天然可燃冰的蕴藏量相当于全球传统化石能源（煤、石油、天然气、油页岩等）储量的2倍，是目前世界年能源消费量的200倍。全球的天然气水合物储量可供人类使用1000年。

图1-5　天然气水合物

按天然气水合物的保存条件，它通常分布在海洋大陆架外的陆坡、深海和深湖以及永久冰土带。大约27%的陆地（极地、冰川土带和冰雪高山冻结岩）和90%的大洋水域是天然气水合物的潜在发育区，其中大洋水域的30%可能是其气藏的发育区。从南海的水深、沉积物和地貌环境来看，它是中国天然气水合物储量最丰富的地区。初步勘测结果表明：仅南海北部的天然气水合物储量就已达到我国陆上石油总储量的一半左右；在西沙海槽也已初步圈出天然气水合物分布面积为5242km^2，其资源量估算达4.1万亿m^3。按成矿条件推测，整个南海的天然气水合物的资源量相当于我国常规油气资源量的一半。

第三节　深海矿产资源

深海一般是指大陆架或大陆边缘以外的海域。深海占海洋面积的92.4%，占地球面积的65.4%，尽管它蕴藏着极为丰富的海底资源，但由于开发难度大，目前基本上还没有得到开发。深海矿产资源主要有多金属结核矿、富钴结壳矿、深海磷钙土和海底多金属硫化物矿等。

一、多金属结核矿

1873年，英国海洋学家在北大西洋采集洋底沉积物时发现一种类似卵石般的团块，化学测试结果显示这些团块几乎全由纯净的氧化锰和氧化铁组成。随后，在太平洋、印度洋的各深海区都获取了这样的团块，这就是锰结核。多金属结核矿是一种富含Fe、Mn、Cu、Co、Ni和Mo等金属的大洋海底自生沉积物，呈结核状，主要分布在水深3000～6000m的平坦洋底，棕黑色的，像马铃薯、姜块一样的坚硬物质。个体大小不等，直径从几毫米到几十厘米，一般为3～6cm，少数可达1m以上；重量从几克到几百克、几千克，甚至几百千克；这种结核含有多达70余种的元素，其Ni、Co、Cu、Mn的平均含量分别为1.30%、0.22%、1.00%和25.00%，总储量分别高出陆地相应储量的几十倍到几千倍，铁品位可达30%左右，Be、Ce、Ge、Nb、U、Ra和Th的含量比海水要高出几千倍、几万倍乃至百万倍。

世界洋底的锰结核总量约3万亿t，含Mn4000亿t、Ni164亿t、Cu88亿t、Co58亿t。这些储量相当于目前陆地Mn储量的400多倍，Ni储量的1000多倍，Cu储量的88倍，Co储量的5000多倍。按现在世界年消耗量计，这些矿产够人类消费数千年甚至数万年。更重要的是，这种卵状矿物还在不断生长，太平洋底的锰结核以每年1000万t左右的速度生长，其一年的产量就可供全世界用上几年。深海勘测表明，多金属结核在太平洋、大西洋、印度洋均有分布，而太平洋分布最广，储量最大（其蕴藏量达1.5万亿t），并呈带状分布，拥有东北太平洋海盆、中太平洋海盆、南太平洋、东南太平洋海盆4个分区，其中位于东北太平洋海盆内克拉里昂、克里帕顿断裂之间的C-C区是最有远景的多金属结核富集区，也是多金属结核经济价值最高的区域。我国科学家以结核丰度10kg/m^{2}和铜镍钴平均品位2.5%为边界条件，估计太平洋海域可采区面积约425万km^2，资源总量为425亿t，其中，含金属Mn86亿t，Cu3亿t，Co0.6亿t，Ni3.9亿t。

图1-6　多金属锰结核

20世纪70年代，国际上出现锰结核开发热。随着勘探技术和开发技术的发展，对锰结核的开采将形成新兴的海洋矿产业。美国根据多年的考察、探测结果，综合了大量的研究资料，于1987年正式出版了《海底沉积物和锰结核公布图》，使世界各国对各大洋特别是太平洋海域的锰结核情况有了一个较全面、正确的了解。我国于20世纪70年代开展了大洋海底资源勘查活动，并制订了大洋锰结核资源调查开发研究计划，在太平洋C-C区选出可供采矿作业的结核矿区30万km^2。1991年联合国国际海底管理局和国际海洋法法庭批准中国获得15万km^2的国际海底矿区优先开采权。现在世界上已有7个国家或集团获得联合国的批准（印度、俄罗斯、法国、日本、中国、国际海洋金属联合组织、韩国），拥有合法的海底矿区开采权，除印度外的其他先驱投资国所申请的矿区均在太平洋C-C区。中国是联合国批准的世界上第五个深海采矿先驱投资者，在太平洋C-C区内申请到30万km^2区域开展勘查工作，经过“七五”“八五”“九五”期间的努力，到1999年10月，按规定放弃50%区域后，获得了保留矿区7.5万km^2的详细勘探权和开采权。经计算获得约4.2亿t多金属结核矿资源量，含Mn1.11亿t、Cu406万t、Co98万t和Ni514万t的资源量，可满足年产300万t多金属结核矿，开采20年的资源需求。

二、富钴结壳矿

富钴结壳矿是生长在海底岩石或岩屑表面的一种结壳状自生沉积物，主要由铁锰氧化物组成，富含Mn、Cu、Pb、Zn、Ni、Co、Pt及REE，平均含钴达0.8%～1.0%，是大洋锰结核中Cu含量的4倍。富钴结壳厚1～6cm，平均2cm，最厚20cm。结壳主要分布在水深800～3000m的海山、海台及海岭的顶部或上部斜坡上。

图1-7　富钴结壳

20世纪以来，富钴结壳已引起世界各国的关注，德、美、日、俄等国纷纷投入巨资开展富钴结壳资源的勘查研究。目前工作比较多的地区是太平洋区的中太平洋山群、夏威夷海岭、莱恩海岭、天皇海岭、马绍尔海岭、马克萨斯海台以及南极海岭等。据估计，在太平洋地区的富钴结壳的潜在资源总量不少于10亿t，钴资源量就有600万～800万t，镍400多万t。俄罗斯对太平洋地区的麦哲伦海山区的调查，亦发现了富钴结壳矿床，资源量亦已达数亿t，还有近2亿t优质磷块岩矿床的共生。在我国南海也发现有富钴结壳，其钴含量比大洋锰结核高出3倍左右，镍是锰结核的1/3，铜含量比较低，铂的含量很丰富，其含量约为0.3～2ppm，最高可达4.5ppm，稀土元素含量很高，以轻稀土元素为主，稀土总量可达数千ppm。近年来，我国大洋协会在太平洋深水海域进行了面积近10万km^2的富钴结壳靶区的调查评价。根据对海底矿产资源开发的大趋势的分析，加强对富钴结壳的调研，通过进一步的详查和勘探，寻找富钴结壳富矿区（比如钴的平均品位为0.7%～0.8%，结壳的平均厚度大于60mm），这是今后海洋富钴结壳资源调查研究与开发的重点。

三、海底多金属硫化物矿床

海底热液矿床是与海底热泉有关的一种多金属硫化物矿床，又称“多金属软泥”或“热液性金属泥”，含有Cu、Pb、Zn、Mn、Fe、Au、Ag等多种金属，其中Au、Ag等贵金属的含量高于锰结核矿，被称为“海底金库”，其分布水深一般为800～2400m。海水侵入水深2000～3000m的海底裂缝中，被地壳深处热源加热后，溶解了地壳内的多种金属化合物，随后，富含金属的高温热水从海底喷出，在喷口四周沉淀下多金属氧化物和硫化物，堆砌成平台、小丘或烟囱状沉积柱。

海底多金属硫化物矿床按产状可分为两类：一类是呈土状产出的松散含金属沉积物，如红海的含金属沉积物（金属软泥）；另一类是固结的坚硬块状硫化物，与洋脊“黑烟筒”热液喷溢沉积作用有关，如东太平洋洋脊的块状硫化物。按其化学成分可分为四类：第一类富含Cd、Cu和Ag，产于东太平洋加拉帕戈斯海岭；第二类富含Ag和Zn，产于胡安·德富卡海岭和瓜亚马斯海盆；第三类是富含Cu和Zn；第四类富含Zn和Au，与第三类同时产出。

图1-8 多金属硫化物

海底多金属硫化物矿床与大洋锰结核或富钴结壳相比，具有水深较浅（从几百米到一两千米）、矿体富集度大、矿化过程快，易于开采和冶炼等特点。海底多金属硫化物主要产于海底扩张中心地带，即大洋中脊、弧后盆地和岛弧地区。目前，世界发现的热液多金属硫化物产出地有70多处，如东太平洋海隆、大西洋中脊、印度洋中脊、红海、北斐济海、马里亚纳海盆等地都有不同类型的热液多金属硫化物分布。多金属硫化物也见于中国东海冲绳海槽轴部，在这一地区内已发现7处热液多金属硫化物喷出场所。

海底热液矿床的发现，引起世界各国的高度重视。专家们普遍认为，海底热液矿是极有开发价值的海底矿床。一些深海探查开采技术发达的国家纷纷投入巨资研制各种实用型采矿设备。我国也将海底热液矿床的探测和开采技术列为未来重点发展的高新技术之一。

四、磷钙土矿

磷钙土是由磷灰石组成的海底自生沉积物，按产地可分为大陆边缘磷钙土和大洋磷钙土。它们呈层状、板状、贝壳状、团块状、结核状和碎砾状产出。大陆边缘磷钙土主要分布在水深十几米到数百米的大陆架外侧或大陆坡上的浅海区，主要产地有非洲西南沿岸、秘鲁和智利西岸；大洋磷钙土主要产于太平洋海山区，往往和富钴结壳伴生。磷钙土生长年代为晚白垩纪到全新世，太平洋海区磷钙土含有15%～20%的P_2O_5，是磷的重要来源之一。另外，磷钙土常伴有高含量的铀和稀土金属铈、镧等。

中国作为一个海洋大国，非常重视海洋矿产资源的研究和开发，近20年来已完成数十个航次的海上调查，对太平洋多金属结核、富钴结壳和海底硫化物矿产的分布、品位、资源量进行了初步的研究。现在，中国已在C–C区获得75000km^2的多金属结核开辟区，并在中国大洋协会的统一领导下对开辟C–C区内多金属结核、中西太平洋富钴结壳进行着系统的地质调查和采冶工艺等方面的研究，同时也开始了对海底热液硫化物矿产以及气体水合物的调研，由于中国的海洋调查和科研开始得比较晚，因此尚有大量的工作要做。

图1–9　磷钙土

第二章

海底多金属矿产

现代科技与工业的发展使得人们对矿产资源的需求不断增加，然而陆地资源却日渐匮乏，目前海洋矿产资源正成为世界各国调查和开发的新的战略目标。海洋约占地球表面积的71%，其中超过2000m水深的深海区占海洋面积的84%，因此地球表面大部分是深海。海洋中蕴藏着丰富的资源，是资源的宝库，海洋中锰结核、富钴结壳、海砂矿、可燃冰等资源的储量远大于陆地。对于任何一个拥有漫长海岸线的国家而言，大规模开发海洋矿产资源，尤其是深海资源，已成为资源开发战略的重要一环。

20世纪80年代以来，海底多金属矿产一直是海洋矿产资源开发的热点。在全球区域中，平均金属（锰、铜、镍等）质量分数最高的是太平洋。目前获联合国批准的美国、法国、俄罗斯、中国、日本、德国等国的矿区主要集中在位于东太平洋的C–C区，它是目前多金属结核最具开采价值的区域，据估计该区域有超过250万km^2面积富集镍和铜，且总品位均大于1.8%。

多金属结核中的铜、钴、镍是地球上稀缺的重金属资源，在现代工业中，被广泛应用在航空、医疗等领域，是支撑国家科技发展的重要支柱。美国的锰结核全靠进口，所以其对锰结核开采最为重视，在大洋锰结核开发技术方面也处于领先地位。

1978年，我国“向阳红”五号海洋调查船在太平洋4000m水深海底首次捞获锰结核。我国于1986年进入东太平洋海盆C–C区，正式展开对深海多金属矿产的开采，此时美、德、俄、法、日等国已经占据其中，在深海矿产资源开发领域，美、日、欧洲一些国家一直处于领先地位。在国务院大洋专项支持下，我国对于深海矿产资源开发技术的研究取得了一系列重要成果，并于20世纪90年代初期取得多金属硫化物矿产资源矿区的专属勘探权和优先开发权。我国主要的海底多金属矿产资源有：大洋锰结核、富钴结壳和多金属热液硫化物，其中大洋锰结核价比黄金，又称大洋多金属结核，颗粒直径一般为1～2mm，成结核状，成分以锰为主，富含其他有色金属。我国在夏威夷西南，北纬7°～13°，西经138°～157°的太平洋中部海区，探明可采储量为20亿t的富矿区，圈出了有足够商业价值的30万km^2的申请区。1990年8月，我国向联合国海底筹委会提出了矿区申请，分别于2001年和2011年取得了位于东太平洋国际海底区的7.5万km^2多金属结核资源合同区和西南印度洋国际海底区的1万km^2多金属硫化物资源矿区的专属勘探权和优先开发权。中国大洋协会向国际海底管理局申请的第3块矿区是位于太平洋的富钴结壳区。2013年2月，国际海底管理局通过了对该矿区申请的审查，并向国际海底管理局理事会建议核准我国矿区申请。2013年7月，在牙买加召开的国际大洋理事大会核准了国际海底管理局理事会的意见，标志中国正式获得太平洋富钴结壳区，这是中国大洋协会在国际海底区域获得的第3块矿区。

深海矿产资源开发利用以锰多金属结核为代表，同时海底热液硫化物也是一种极具开采价值和经济效益的海底矿产资源。目前，西方发达国家已经基本实现多金属结核开采的技术储备，将重点转移到兼顾环境研究上。对此，我国海洋矿产产业的发展需要抓住时机，掌握主动权，兼顾环境效应，积极研究海底多金属矿产，试行跨越式发展，这样，我国才能够取得21世纪开发利用海洋的主动权。

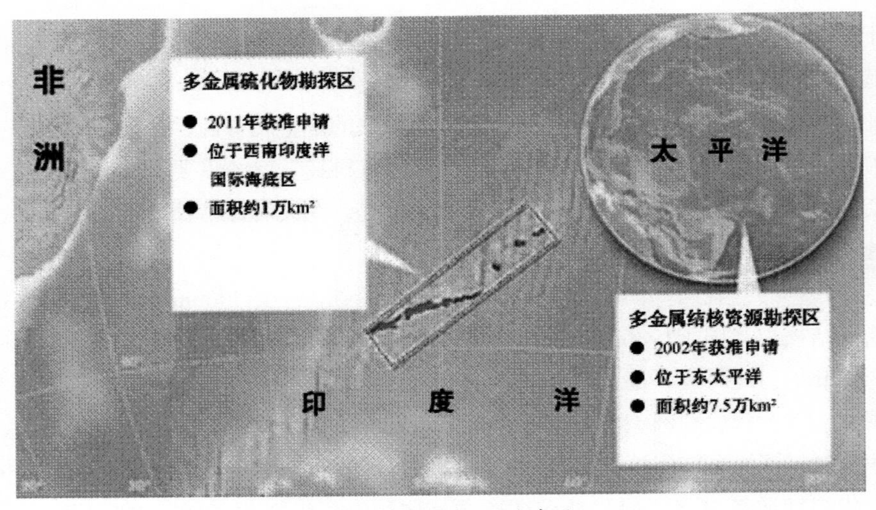

图2-1 中国深海矿区分布图

第一节　多金属结核

1873年英国“挑战者”号环球考察船在大西洋加那利群岛之法劳岛西南300km处的海底首次采集到多金属结核，并在随后的探险中多次找到它。在此之前，卡尔斯海中就确定有结核的存在，而湖水中的结核远在100年前就确知它的存在，19世纪中叶瑞典就对多金属结核进行过开采。目前已经查明：河流、湖泊及海洋中都有多金属结核的存在，它们主要赋存于从侏罗纪开始的沉积物中，此外，在上白垩纪和始新世及中新世的沉积物中也有结核存在。

大洋多金属结核作为一种富含Fe、Mn、Ni、Co等有用金属元素的洋底自生沉积矿物集合体，Mn、Co、Mo、Ni、Pb、P、V、Fe、Sr、Y、Zr、Ba、La等元素在多金属结核中富集程度非常高，50种以上的元素的含量大于它的地球化学丰度系数，亦即沉积岩中的平衡克拉克数的几倍，甚至可达到地壳丰度的几十倍到几百倍。而Si、Al、K、Ca、Mg、Na、Sc、Ti在多金属结核中的丰度比在地壳中的丰度低，元素趋于分散。现已查明，在结核中有60种以上的矿物种类，主要包括：钡镁锰矿、菱锰矿以及针铁矿和蒙脱石、绿脱石、钙十字石。结核的形状和大小通常差异很大（一般大于1cm）。结核形成的早期，其形状取决于核的形状和大小，微外核的大小则只有1mm。通常多金属结核呈结核状、板状、皮壳状构造，多以贝壳、鱼齿、珊瑚片、岩屑等为核心，围绕核心有铁与锰氧化物的互层及淤泥物质的集中与生长，多半构成同心圆状构造。由于结核具有微孔隙，容重小，在干燥状态下容重为1.22 ~ 1.39g/cm^3，硬度低，莫氏硬度为2.5 ~ 3.0，自然状态下的湿度为28% ~ 35%。

大洋多金属结核的储藏量相当惊人，据估算：分布在太平洋的锰结核储量达2000亿t，相当于陆地上的57倍；而镍结核90亿t，相当于陆地的83倍；铜结核50亿t，相当于陆地上的9倍；钴结核30亿t，相当于陆地上的539倍。这对于解决目前Cu、Co、Mn、Ni、Fe等矿产资源紧缺的问题，提出了新的解决思路，一方面大力勘探陆地矿床，另一方面可以把部分工作从陆地上转移到海底多金属结核矿床。一些经济和技术发达的国家和机构曾投入巨大的资金和人力做过这方面的专门调查。已有的调查资料显示，世界各大洋中约有15%的海底被金属结核所覆盖，但是由于地理、地质、水文环境和生物生产力等方面的差异，各大洋中多金属结核的分布、丰度很不均匀。其中太平洋分布最广，约有2300万km^2，印度洋约有1500万km^2，大西洋分布最少，约有850万km^2，而位于国家管辖海域以外的国际海底区域面积约为2.517亿km^2，占地球表面积的49%，这一广阔区域蕴藏着丰富的矿产资源。世界各大洋多金属的储量约有2万亿～3万亿t，仅太平洋就有1.7万亿t。

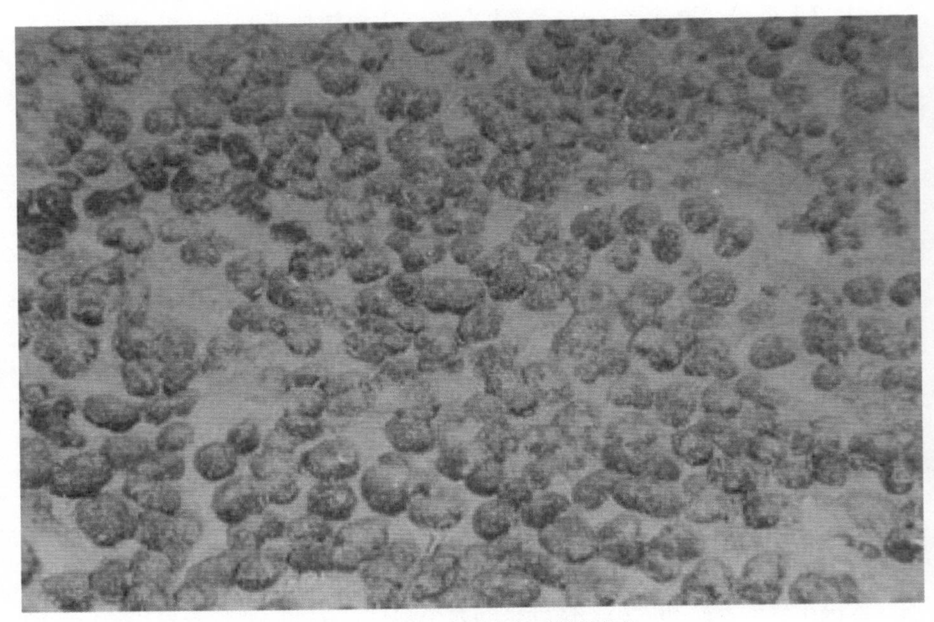

图2-2 “蛟龙”号拍摄的铁锰结核

我国目前在东太平洋国际海底圈出多金属结核富集区3万km^2。东太平洋多金属结核中国开辟区西区的结核覆盖率明显高于东区，这与地质取样的结果相同。东区覆盖率小于15%的占71.5%，覆盖率为15%～25%的占20.6%，覆盖率大于25%的占7.9%；西区覆盖率小于20%的占35.3%，覆盖率为20%～40%的占25.4%，覆盖率大于40 %的占39.3%。东太平洋多金属结核中国开辟区东区呈小块状分布，共分布1777 段，以低覆盖率的块段为主，平均连续分布长度为418m。西区呈大块状分布，共分布840段，平均连续分布长度为798m。总体上看，东区覆盖率低，连续分布较差，西区覆盖率较高，连续分布较好。东太平洋多金属结核中国开辟区东区覆盖率大小变化往往是突变的，平均451m改变一次，而西区则以渐变为主，平均908m改变一次。我国领海海域内主要有两大铁锰结核分布区：一是黄海、东海，仅分布铁锰结核；二是南海，这是我国铁锰氧化物最丰富和最有利用潜力的边缘海盆。

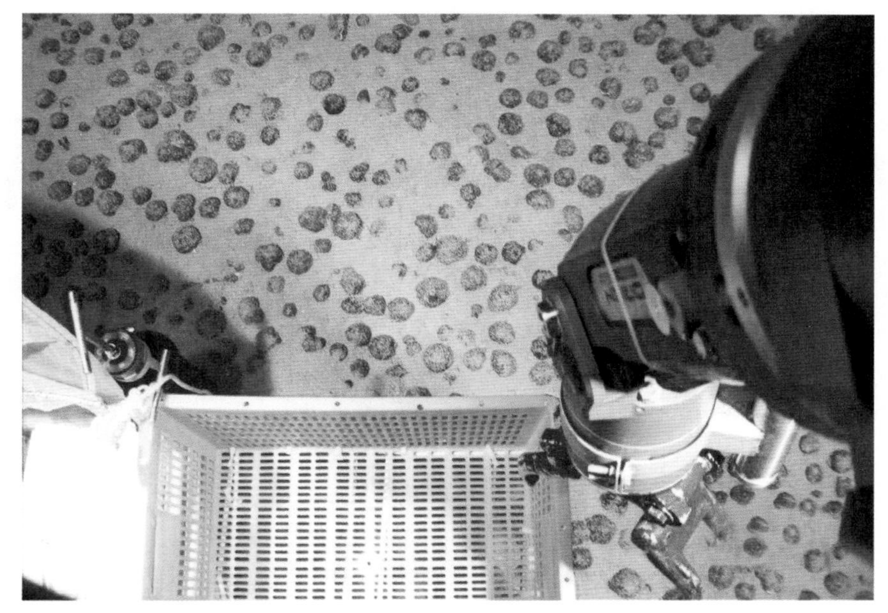

图2-3 “蛟龙”号机械手采集海底的铁锰结核

一、多金属结核的特征

多金属结核是深海海底自生的、以铁和锰氧化物和氢氧化物为主的多金属矿床，但由于在深海海底物质供给方式和生成地质环境上的差异，它常常以千姿百态的形体产出。因此多金属结核主要有以下几个方面的特征。

1. 多金属结核的物理性质

多金属结核的物理性质是大洋多金属结核矿床研究的重要组成部分。对多金属结核物理性质的研究，不仅对于多金属结核的正确分类具有重要的参考价值，而且对于粗略直观地快速评价矿石质量、探讨结核的成因、生成环境以及矿区的圈定、采矿、选冶等也具有一定的意义。

多金属结核的物理性质主要是通过肉眼观察和一些简单的测试进行描述的。其内容主要包括结核的形态、表面特征、粒径大小、颜色、条痕、脆性、硬度和密度等。

颜色：多金属结核主要呈黑色色调，可细分为黑色和褐黑色两种。结核的颜色与其类型有关。一般来说，粗糙型结核颜色较深，多为黑色，而光滑型结核颜色稍浅，多为褐黑色，尤其干燥后的结核更容易辨认。不同类型结核颜色上的差别主要与其化学成分上的差异有关，一般黑色结核（粗糙型）常常富含Mn，而颜色浅的结核（如光滑型结核）往往富含Fe。

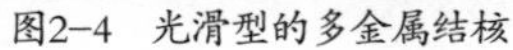
图2-4　光滑型的多金属结核

图2-5　粗糙型的多金属结核

形态：结核的形态众多。根据几何图形或象形物描述有：球形、似球形、对称或不对称的椭球形、多核连生体、棱角状、盘状、肾状、圆饼状、菜花状、杨梅状、葡萄状、哑铃状、球状、串珠状、土豆状、海参状等。结核千差万别的形态是受核心物质原始形态的影响，以及结核生长环境的影响。结核的核心一般有岩石碎屑、矿物碎屑、老结核碎块、生物骨片及固化的黏土等。一个结核一般都经过了十分漫长的生长历史，铁、锰物质围绕其核心层层生长，内层铁、锰物质一般为多重核心的形态，外层与核心形态的一致性较差。但不规则的较大核心形成的结核一般都不规则，三轴等长的核心或小核心形成的结核多为球形，固化的板状黏土多形成板状结核。一个多核心的结核，在初期，铁、锰物质沿着每个小核心生长，在外部铁、锰物质几个小结核包在一起继续生长，形成多核心连生体结核。由此看来，核心物质的原始形态对结核的形态变化起着重要作用，核心物质形态的多样性，也决定着结核形态的多样性。对于扁平状结核、对称或不对称的菜花状结核，其核心的原始形态则不是主要的影响因素，主要影响因素是它所处的沉积环境。由于在结核的生长空间中，各个方向提供金属物质的不均一性，导致结核各个方向生长速度的不均一性。因此，对待每一个结核形态的影响因素要视情况具体分析，不过总的规律是，在结核生长的初期，主要受核心形态的影响，到后期这种影响越来越不明显，而受环境的影响则越来越明显。

粒径大小：结核的粒径大小变化相当悬殊。不仅有几微米的微结核还有数十厘米的大结核。因此，评价一个结核的矿石质量应当慎重，不能单纯地以粒径大小来衡量，因为一个大粒径的结核，如果是一个大的岩石核心，同样不是属于质量高的矿石，反之亦然。关键要看铁、锰氧化物的厚度及金属品位。例如，一个核心是老结核的结核，虽然粒径可能不是很大，但却是实实在在的100%的矿石。对太平洋C-C区东、西两区调查的结果发现，粒径为3～6cm和6～8cm的结核为优势粒级，并且呈现出较明显的区域性变化。西区结核的粒径偏小，以3～6cm为主；而东区结核粒径偏大，以6～8cm占优势。

结核的表面特征：根据肉眼观察，宏观上可将结核的表面特征分为光滑与粗糙两种类型。结核表面形态与其埋藏状态有关，通常暴露型的结核表面光滑，埋藏型的结核表面粗糙，半埋藏型的结核顶面光滑，底面粗糙。光滑与粗糙则是相对而言的。光滑型表面可分为两种：一种是表面光滑，无微粒，即使在扫描电镜下也见不到单个的微粒，只呈现出凹凸不平的表面构造；另一种是宏观看上去表面光滑平整，但是在扫描电镜下却是等轴的无数光滑微粒的聚积。光滑构造的表面往往发育龟裂纹。节瘤的表面也表现为光滑。粗糙型表面是指结核的表面由无数微粒聚集而成，无平整的表面，微粒的聚集小者称砂粒状，大者称葡萄状。一个较大的葡萄球体即使在扫描镜下放大数千倍，仍可见到无数微粒的聚集。在粗糙型表面上经常有生物遗迹——虫管分布。结核表面光滑与粗糙形成的原因，从客观现象上看与结核的产状有关，实际上则与海底物质的供给方式以及受底流和生物活动影响的氧化还原环境有关。调查表明，表面光滑的结核多产生在山体周围，物质直接来源于底层海水，而表面粗糙的结核或结核的粗糙部分均埋藏于沉积物中，物质主要来源于沉积物的间隙水。

结核的脆性：结核的脆性决定于结核中铁、锰物质堆积的紧密程度及裂隙发育程度。一般而言，光滑型结核和结核的光滑部分性脆，极易破碎。由于成岩作用的影响，形成的结核经常老化、脱水、收缩，在其表面形成龟裂纹，在其内部纵、横向上形成放射状或者同心状的收缩裂隙。在海底高压情况下保持完整的形体，在出水后由于压力减少极易破碎。表面粗糙的结核一般裂隙不发育，且疏松多孔，故不易破碎。

结核的硬度：结核的硬度差别较大，结核莫氏硬度变化于1～4，一般含水的结核较软，干后稍硬。硬度的变化决定于结核内部铁锰矿物的结晶程度，晶质矿物较非晶质矿物硬度高。不同学者对矿物硬度的测定值不尽相同，这是由于测点处矿物集合体的结晶程度不同所致。但矿物硬度的总体变化趋势是一致的，即结晶较好的钡镁锰矿和钠水锰矿的硬度高于结晶较差的水锰矿。

结核的密度：由于结核的组成核心不同，内含杂质不同，所测密度变化较大。一般密度为2.1 ~ 3.5g/cm^3，平均密度为2.2 ~ 2.4g/cm^3。

2. 多金属结核的类型

多金属结核自发现以来已有100多年历史。但是关于结核类型的划分，至今尚未形成统一的分类方案。由于不同的学者所依据的分类方法和原则不同，所观察的侧重点不同，所以对多金属结核类型的划分也各不相同，从而造成了结核类型上的多样化。前人对大洋多金属结核的分类，归纳起来大致有5种方案：第一，单纯依据形态进行分类，如1891年Murray 和 Renard的分类，他们将结核分为球形、椭球形、板状、盘状、多边状、瘤状等。第二，考虑结核的大小、形态和表面特征3个参数进行分类，分别用字母表示，如M-L[D]^{S}R表示中-大型圆盘状结核，上表面光滑，下表面粗糙。此种分类以1975年Meylan 和Craig及“海洋四号”DY-871航次分类为代表。第三，以结核的成因为分类原则，主要依据结核的物质来源和Mn/Fe比值，将结核分为A型、AB型和B型。A型结核是成岩成因，B型结核为水成成因，AB型结核为混合成因，即上部为水成成因，下部为成岩成因。此种分类以1979年Halbach和Ozkara的分类为代表。第四，1982年Glasbv等根据其他参数如对称性等做出了自己的分类。第五，日本、韩国和我国自己的分类。这种分类主要是以结核的表面形态和构造为依据，将结核分为3种类型。1987年Usui等将中太平洋北、中部结核分为R型、R+ S型（中间型）和S型；1994年Jeong 和 Chough将赤道太平洋克拉里昂与克里帕顿断裂带之间韩国调查区的结核分为R型、S型和T型。我国在1983年“向阳红”十六号船调查中，将中太平洋北部锰结核分为粗糙、光滑、粗糙加光滑3个类型。此种分类与日本、韩国的分类基本一致，与Halbach和Ozkara的分类中所指的结核相同。虽然第五种分类中使用的代号、名称不同，但实际上所指的结核类型是一样的，他们都是以结核的表面形态和构造特征为依据。这种分类比较简单、直观，抓住了结核的共性和特性，反映了结核的本质特征，同时也反映出了结核的成因及其生成环境和成矿物质的来源。这样划分出来的不同类型的结核，其产出的地貌部位、产状，形成的环境以及矿物组成、化学成分都具有显著的差别。这种分类在调查现场也很容易掌握，对于研究结核的成因和成矿规模、进行矿区的圈定、矿石的评价以及采冶等，都具有现实的理论意义和使用价值。因此，我国是按上述第五种分类方案进行分类。

依据结核的表面形态和构造特征，将多金属结核大致分为3种类型：光滑型（S型）、粗糙型（R型）及光滑+粗糙型（S+R型），亦称中间型。关于不同类型结核的详细特征，见表2–1。

表2–1　不同类型多金属结核的特征

项目	结核类型		
	光滑型	光滑+粗糙型	粗糙型
表面构造	光滑型、瘤状的表面亦呈光滑状，龟裂纹发育	上表面光滑、龟裂纹发育，下表面粗糙，呈砂砾状、葡萄状、赤道带发育，光滑与粗糙比率可变	表面粗糙，呈砂砾状，葡萄状
形态	形态多样，以似球形，土豆状，多核连生体为主	形态多样，以菜花状、板状为主	以球状、杨梅状、扁平状为主
大小	小–大	中–大	小–中
产状	暴露型	半埋藏型	埋藏型
核心	岩石碎屑、老结核	老结核、固化沉积物	泥质及岩石碎屑
显微构造	层纹状、柱状、球颗状	层纹状、花瓣状、块状、脉状为主，可见交代生物残余结核	以花瓣状、斑杂状构造为主
矿物成分	水锰矿为主，含有少量钡镁锰矿和微量碎屑矿物	上部以水锰矿为主，下部及内部以钡镁锰矿为主	水锰矿与钡镁锰矿并存，相间出现
化学成分	富Fe，相对富Co，Mn含量20%～26%，Mn/Fe=1～2，Cu+Co+Ni=1.5%～2.2%	Mn、Fe、Cu、Co、Ni含量为光滑型与粗糙二者之间	富Mn，相对富Cu，Ni+Mn=20%～26%，Mn/Fe=4～9，Cu+Co+Ni=2.3%～3.5%
金属物质来源	底层海水	上部来自底层海水，下部来自沉积物孔隙水	沉积物孔隙水
地貌部位及沉积物类型	丘坡，海山脚下，深海黏土	地势平坦的深海平原区，硅质软泥，硅质黏土	深海平原及山间洼地硅质软泥，硅质黏土

（1）光滑型（S型）。此类结核相当于Usui等及Jeong和Chough分类的S型，Halbach和Ozkara分类的B型。肉眼观察，结核的表面呈光滑状，扫描电镜下呈微突起。结核的形态以球形、似球形、多核连生体、姜状，不规则状为主，核心多为岩石碎屑及老结核。结核表面有龟裂纹发育，极易破碎。结核的呈微构造以层纹状、柱状、球颗状为特征，矿物成分以水羟锰矿为主，化学成分相对富Fe、Co，贫Mn、Cu、Ni。Fe、Mn分离差，Mn/Fe小于2。主要分布

在海山丘陵区，一般出现在丘顶、丘坡及海山脚下，并且往往沿着海山链呈带状分布。结核的丰度和覆盖率较高，在东太平洋C-C区西区的部分地区覆盖率可高达90%以上。此类结核的产状属暴露型，一般发生在沉积层较薄而致密，且沉积物表面乳浊层不发育、底流比较活跃的强氧化环境地区。此类结核的物质来源主要是底层的海水，铁、锰质以胶体形式均匀缓慢地沉淀，使其结核生长。从结核的区域分布特征及其高丰度、高覆盖率来看，此类结核的形成可能与海底火山活动有关。大量的火山喷发不但为结核的形成提供了丰富的核心物质，而且由于火山喷发，海解作用的存在，为结核提供了丰富的金属物质。在山体的周围，由于水体的流路变窄，流速加大，冲刷作用加强。当底流遇到大的海山链，还可以改变流动的方向。地震剖面上明显显示，在山体周围往往沉积层变薄，由于底流的冲刷导致新地层的缺失。底流的存在，不但可以促使水体物质循环，为结核的生长不断地提供金属物质，还能够改变沉积界面的氧化还原环境，有利于光滑型结核的形成。从另一个意义上讲，底流的冲刷不但可以使老结核破碎形成新的结核核心，而且使形成的结核由于冲刷导致表面趋于平滑。调查结果还发现，虽然同属光滑型结核，在不同地区其主要化学成分如Mn、Fe、Cu、Co、Ni等的含量确有一定的差异：如我国东太平洋C-C矿区西区结核的Fe，Co含量较东区富些；而东区结核的Mn、Cu、Ni含量较西区富些。这些变化可能与两区的大环境变化有关。

（2）粗糙型（R型）。此类结核相当于Usui等和Jeong和Chough的R型、Halbach和Ozkara的A型。结核的表面构造特征为砂粒状和乳头状，扫描电镜下可见每个大的突起又由更小的砂粒生成。形态以球形、肾状为主，也有律状及其他不规则形态。核心多为岩石碎屑、固化黏土及鱼类牙齿等。结核表面孔隙较多，裂隙不发育，不易破碎。呈微构造以斑杂状、花瓣状、环条带状为多。矿物成分主要为钡镁锰矿和水羟锰矿，钡镁锰矿含量明显高于光滑型结核，二者之比一般大于1。化学成分表现为富Mn、Cu、Ni，Mn/Fe大于5.0。结核的产状多属埋藏型，成矿物质主要来自沉积物间隙水。此类结核在东太平洋C-C区的东、西两区分布普遍，并主要出现于山间凹地和深海平原区以及沉积层较厚、底流不太活跃、氧化还原电位较低的地区。其个体一般较小，丰度较低，常与光滑+粗糙的中间型结核共生。就单一类型而言，此类结核因丰度较低，经济价值往往不大。但由于它常与中间型结核共生，故较大者尚属较好的矿石类型。

（3）光滑+粗糙型（S+R型，亦称中间型）。此类结核相当于Usui等分类的中间型、Jeong和Chough分类的T型以及Halbach和Ozkara的AB型。实际上，它是介于光滑型与粗糙型之间的一种混合类型。此类结核明显地分为上、下两部分，表面构造特征为上表面相对光滑，下表面相对粗糙，在扫描电镜下光滑的上表面也是由更细的微粒所组成。上、下表面光滑部分与粗糙部分的体积比随埋没于沉积物的程度而变化。结核的形态以不对称的椭球状为主，也有板状或不规则状，椭球状的结核形似菜花，故也称之为菜花状。在上、下表面的过渡部分发育有“赤道带”或称为“突缘”。分析其原因可能是金属物质上表面来自海水，下表面来自沉积物间隙水，两种物质来源的叠加,使其聚集较快所致。结核的产状属半埋没型。呈微构造、矿物成分及化学成分都显示出上下的差别，上部类似光滑型结核，下部类似粗糙型结核。此类结核内部明显地分为3个世代：核心部分为老结核，其矿物成分一般以水羟锰矿为主，中间以结晶较好的钙镁锰矿为主，最外层（上表层）为年轻的水羟锰矿层。3个世代之间呈明显的角度不整合。内部常见交代的生物残余结构，说明此类结构的形成可能与硅质生物的分解关系密切。此类结核在我国东太平洋C-C矿区东、西区广泛分布，尤其是在东区，大于6cm粒径的大型菜花状结核分布普遍，从丰度、品位来看应属较好的矿石类型。在西区，发现了一个大型板状结核，重18kg，三轴长为55cm × 30cm × 12cm。

3. 多金属结核的结构与构造

多金属结核的结构与构造非常复杂多样，与其生长环境和形成机制密切相关。因此可以通过观察结核壳层的宏观和微观构造、结核微层特征，来了解结核不同生长阶段的环境变化及形成机制。

图2-6　锰结核同心圆状构造

多金属结核壳层的结构可以分为原生结构、重结晶结构和交代残余结构三大类。其中原生结构包括不规则胶状环带结构、波浪形环带结构、同心环带结构、缟状结构、叠瓦结构；重结晶结构包括鳞片状结构、纤维状结构；交代残余结构包括各种原生结构的交代残余结构、团块状交代残余结构、生物交代残余结构。

在结核形成或脱水过程中形成的原生构造包括斑杂状构造、鲕状构造、柱状构造和纹层状构造；在成岩过程形成的块状构造属于次生构造；在结核形成以后由于外力作用而形成的裂隙被矿液充填形成的脉状构造属后生构造。然而不同研究者对多金属结核的壳层构造的分类各有不同：T.Y.Uspenskaya 等人按形态和成分分为枝状的晶质锰壳层（MD层）和 较薄的枝状壳层（TLD层）；单连芳（1998）将结核壳层构造分为斑杂状、柱状、层纹状、脉状和鲕状；梁德华（1990）首先提出了结核内部“构造层组”的新概念。许东禹等对结核壳层构造的成因进行研究后，将构造分为原生构造、次生构造和后生构造三大类，在此基础上又细分为六小类。韩昌甫通过对多金属结核内部矿物组分、古生物组合等研究，提出了生长层组的新概念。

（1）宏观构造。

肉眼或在低倍（或实体）显微镜下观察锰结核的磨光面或断面可清楚地看出，大多数结核都由两部分组成：外部氧化物层、内部氧化物层和核心。外部氧化物层几乎在所有的结核中都发育，水成结核尤其明显。厚度一般1～2 mm，横向上基本稳定（板状结核除外）。它与内部氧化层的界限十分明显，因为在两者接触处内侧往往有一厚度不太大的致密氧化物带。两层间联结不是很牢

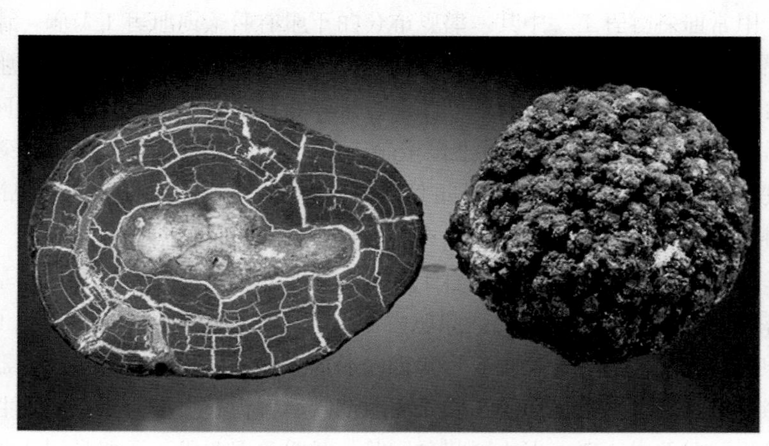

图2-7　不规则“核心”的锰结核

固，极其容易分离。因此，外层也可以叫壳层。

内部氧化物层或叫中间层是结核的主要组成部分，其厚度视结核大小而有较大差别，一般在10～20 mm。越接近核心，氧化物纹层越平直，所含的细碎屑物越多。这一层内有时可明显分出数个韵律层，每一韵律层的开始总是含较多的黏土矿物，它们反映了结核形成的若干旋回或沉积阶段。

外部和内部氧化物层在显微镜下虽然呈现复杂的内部构造，但宏观上都是由围绕核心的同心层构成。同心层的形状随核心形态而变化，越向外越趋于圆滑，但还是多少能反映核心的形态。在顶部和底部构造差别比较大的结核中，很难说这些同心层是连续的。由于相当多的结核"核心"是破碎的老结核碎块，或某一时期内铁锰氧化物沉积停止，使当时最外部的氧化物层受到侵蚀，而后沉积的铁锰氧化物层与内部破碎结核的统层形成随处可见的不整合。不同成因结核的铁锰氧化物层，同一结核的外部和内部以及顶部和底部氧化物层的显微构造、结构有较大的差别。

多金属结核都有一个或数个核心。但不同地理位置、不同地形单元、不同形态的结核核心有很大差别。海山区结核多以棱角状岩石碎屑为核心，部分以老结核碎片为核心，除了老结核外还有较多玄武岩块，其上结有薄层铁锰氧化物。深海平原或缓丘区多以老结核碎块为核心，其次为泥质生物团块，岩屑核心极少见。在深海平原区经常采到数量不多的未固结泥球，它们比海底泥质沉积物结实得多，呈球状、椭球状，粒径10mm或更小、以黏土矿物为主并含相当多的放射虫、硅藻遗体和鱼类牙齿。估计是底栖生物的分泌物把它们胶结在一起。以泥质生物团块为核心的结核在磨光面上呈白色，坚硬，已经石化，镜下可发现大量生物化石，从反面证实了它们不是岩石碎屑。许多扁平的炉渣状硅质物的表面结有薄层铁锰氧化物壳，因此也可以说板状结核是以炉渣状硅质沉积物为核心形成的。

（2）微观构造。

显微镜下，多金属结核内部呈现出复杂的构造。初看起来这些构造杂乱无章，变化异常，经反复观察和研究众多的结核抛光面后发现，许多构造可在不同结核内反复出现，仅此一点就可说明某些结构与构造的产生和发展有一定的规律性。

锰结核中最基本的构造单元是非晶质的铁锰氧化物、晶质锰的氧化物和黏土等杂质构成的微层。它们的厚度由不足1微米到几十微米不等。根据在反光镜下的颜色和反射率可清晰地将它们区别开来。非晶质的铁锰氧化物为浅灰色，较暗；晶质锰氧化物呈黄白色，较亮，而黏土矿物杂质为黑灰色。它们呈微纹层状构造、柱状构造、球颗状构造、花瓣状和树枝状构造、似团块和斑杂状构造、条带状构造、致密条带状构造、不整合和沉积间断、裂隙及裂隙充填构造、脉状构造、交代与交代残余构造。

4. 多金属结核的矿物组成

海底多金属结核是一种多矿物集合体，除碎屑矿物外，结晶程度都很差，多呈隐晶质、半晶质甚至非晶质。矿物颗粒十分细小，通常都是紧密随机地交织在一起。由于多金属结核的矿物成分十分复杂、结晶程度差，颗粒微细，且多交织共生。因此，对其开展矿物学研究极为困难，一般高倍显微镜很难分辨其矿物成分和结构。许多研究者借助X射线衍射（XRD）、红外光谱（IR）、透射电镜（TEM）、电子探针（EMP）等先进的微束测试技术，从不同角度对锰结核进行了成分及结构分析研究。

目前研究的成果表明，组成多金属结核矿物有很多种，其主要成分由高价态的铁、锰氧化物、氢氧化物组成，主要锰矿物有水锰矿、偏锰酸矿、钠水锰矿。按成因和物质来源，结核中的矿物可分为自生矿物和碎屑矿物两类。自生矿物是由化学或生物化学作用在海底生成的矿物，包括火山岩碎屑物经水解形成的蚀变矿物及从海底热液中析出的矿物。自生矿物最主要的是锰铁氧化物、含氧氢氧化物，其次是黏土与沸石类矿物及微量重晶石、磷灰石、黄铁矿等。碎屑矿物包括海底火山来源和陆源两类。根据化学成分的不同，可把结核中的碎屑矿物分为锰矿物、铁矿物和铝硅酸盐（杂质）矿物三大类。其中锰矿物主要有钡镁锰矿、水羟锰矿、钠水锰矿等。铁矿物主要有赤铁矿、针铁矿、纤铁矿、四方纤铁矿、水铁矿等。铝硅酸盐（杂质）矿物主要有黏土类和沸石类矿物（钙十字、沸石、斜发沸石、蒙脱石等），碎屑矿物类（石英、长石、角闪石等）和其他自生矿物（方解石、石膏、磷灰石等）。

（1）锰矿物在太平洋中部地区的多金属结核中，目前能够确认的锰矿物有3种，它们是钡镁锰矿、水羟锰矿和钠水锰矿。钠水锰矿在结核中较少出现，其成因是原生还是次生仍有不同认识。

水羟锰矿多呈胶状结构，蓝灰色，均质。我国的东太平洋C-C矿区结核中水羟锰矿占95%以上，只含少量钡镁锰矿。钡镁锰矿多呈细晶、微晶集合体条带，黄白色，较水羟锰矿亮。该矿物主要产于勘探区的板状、菜花状和杨梅状结核中，含量与水羟锰矿相当。在化学成分上，钡镁锰矿与水羟矿截然不同，前者富Mn、Cu、Mg、Zn，后者富Fe、Co、Pb及Al等元素。钠水锰矿的成分与钡镁锰矿相似，仅靠化学成分不能区别这两种矿物。

图2-8 锰矿物

（2）铁矿物。我国的东太平洋C-C矿区多金属结核含铁量为3.7%～21.1%。海山区表面光滑的水成结核含铁较成岩和混合成因结核高得多，前者平均含铁15.7%，后者只有5.5%。X射线衍射和显微镜研究都没有发现晶质铁矿物，说明结核中的铁主要以胶体形式存在。室温穆斯堡尔谱研究表明，结核中的铁全部为三价铁，无低价铁形式存在。在电子显微镜分析中发现碎屑状磁赤铁矿和未知的硅铁矿物。

图2-9 铁矿物

（3）铝硅酸盐（杂质）矿物在结核内部裂隙中充填着较多的杂质矿物，在锰铁氧化物层中也混杂一定量的杂质矿，归纳起来共有4类：含量最多的是自生黏土矿物、沸石类矿物、碎屑物质以及铝硅酸盐球粒和宇宙尘。

图2-10　沸石类矿物

5. 多金属结核的地球化学特征

研究多金属结核的化学组成，可以了解结核不同生长阶段的物源供给情况，从而为揭示其成因、富集规律提供依据。多金属结核是一种特殊类型的沉积物，具有独特的地球化学特征。多金属结核的化学成分非常复杂，以Mn和Fe为主要金属成分，同时含有Cu、Co、Ni、Pb、Zn和REE等数十种金属元素。结核中绝大多数元素，其富集率与地壳元素和海水相比是惊人的，为地壳元素和海水的数十倍，甚至上万倍，而结核化学成分的变化，与其产出区域、沉积环境及其成因类型紧密相关。何良标（1990）对中沙群岛周边海盆、海山的多金属结核研究发现：元素均呈现高Mn、富Ni的特征，海盆Mn含量为20.22%，Ni 含量为0.490%；海山Mn含量为24.18%，Ni 含量为0.484%。鲍根德和李全兴（1991）对南海多金属结核的研究发现，Mn含量为19.83%，Ni 含量为0.17%～0.52%，Co的含量高达0.149%～2.27%。

（1）多金属结核的常、微量元素地球化学特征。

多金属结核的主要成分为Mn和Fe，二者含量在30%以上，除此之外还有Cu、Ni、Co、Si、Al、U、Th、Pb、Sr和REE等。结核中的元素丰度受控于产出区域和沉积环境。研究资料表明：太平洋结核的Mn、Ni、Cu、Co含量明显较大西洋和印度洋结核高，而大西洋结核的Fe、Ba、Ce含量明显高于印度洋和太平洋。结核的化学成分与其产出环境关系密切。海山区和洼地陡坡上的结核中的Fe、Co、Pb、Ti及REE的含量较高，而平原丘陵区结核中的Mn、Ni、Cu、Zn、Mg、Mo则较丰富。

结核中U、Th的丰度主要受控于沉积环境和沉积速率，而沉积环境又直接影响Mn和Fe的变化。通常平原丘陵区结核中U的含量较低，U和Th在结核内部的分布也不一致，一般由表层至核心呈降低趋势。

结核中Pb的丰度与Fe的含量密切相关。在深海环境中Pb主要与呈胶体状的自生铁氧化物共同沉积，Pb与Fe、Mn一样，来自海水的溶解物，所以说结核中的铁含量决定了Pb的丰度。此外，结核中Pb的丰度受洋底的火山岩的影响不大。

结核中Sr的含量是海水Sr含量的100倍，Sr的含量同结核的类型相关，通常球状连生体结核中的Sr含量较高，其次是菜花状和板状结核。由于结核中的Sr大多呈吸附状进入自生铁中，所以结核中Sr和Fe呈极强的正相关关系。

（2）结核的稀土元素地球化学特征。

多金属结核是稀土元素的富集体，其含量通常能够达到正常海洋沉积物的几倍至几十倍，甚至更高。目前，稀土元素的地球化学性质已经被广泛用来探讨有关海洋沉积物的地球化学问题，特别是在多金属结核研究领域，得到了更为普遍的应用。

前人研究表明：结核中的稀土元素含量受地域影响很大，地形对它的影响也十分显著。海山区结核中的稀土元素的含量较海底平原区高，另外，结核中稀土元素含量也受到结核矿物的结晶度好坏的影响，即结晶越好其吸附能力越差，稀土元素含量越低。

大洋多金属结核含有异常高的稀土元素，但不同地区，不同地形条件下产出的结核的稀土元素总量有较大变化，造成多金属结核稀土元素含量变化的原因很多，其中最主要的原因是多金属结核赋存区域的古海洋环境。由于多金属结核中自生矿物组分占90%以上，其组成元素主要来自其上的海水和海底沉积物中自下而上运移的间隙水，而海水中的稀土元素丰度，无论在横向或纵向上的分布都不均匀。这种不均与稀土元素在海水中滞留时间较短（几十年至几百年），而深海海水达到充分混合则需要较长时间（1000 年）有关。区域大环境与局部小环境的氧化–还原条件的变化，以及多金属结核的生长速率等，均能够对稀土元素从海水或间隙水中的析出产生重要的影响。另外，多金属结核中锰矿物的种类和结晶程度与稀土元素总量也存在十分显著的关系。

南海多金属结核稀土元素平均值为 1472.30×10^{-6}，轻稀土元素（LREE）的含量为1400.63×10^{-6}，重稀土元素（HREE）含量为71.67×10^{-6}，LREE/HREE值为19.54。与南海多金属结核稀土元素特征相似，西太平洋海山区和中太平洋海盆区的样品具有较高的稀土元素总量（$1138.65 \times 10^{-6} \sim 1432.62 \times 10^{-6}$），分布在水成型结核区；东部太平洋海盆则具有较低的稀土元素总量（$340.83 \times 10^{-6} \sim 725.18 \times 10^{-6}$），主要分布在成岩型结核区。结核的区域分布和南极底流活动可能是造成上述特征的主要原因，南极底流活动区和非活动区Ce/La值存在显著差异，大洋结核成矿作用与海洋环境变迁的内在联系十分密切。

二、多金属结核的成因及其成矿机制

1. 多金属结核的成因

多金属结核的形成过程受到多种因素的制约，不同类型的结核，以及不同环境下形成的结核的生长模式均不相同（见图2–11）。姚德（1994）提出了多金属结核生长的自反馈“钟摆式”模型。许东禹等认为金属结核的生长是一个脉动式生长过程，在强烈底层流的作用下，成矿环境动荡不安，多金属结核处于间断生长期。在弱底流作用、低温、高氧化还原电位、弱碱性的条件下，多金属结核得到充分生长和发展，从而形成了生长–间断的生长。

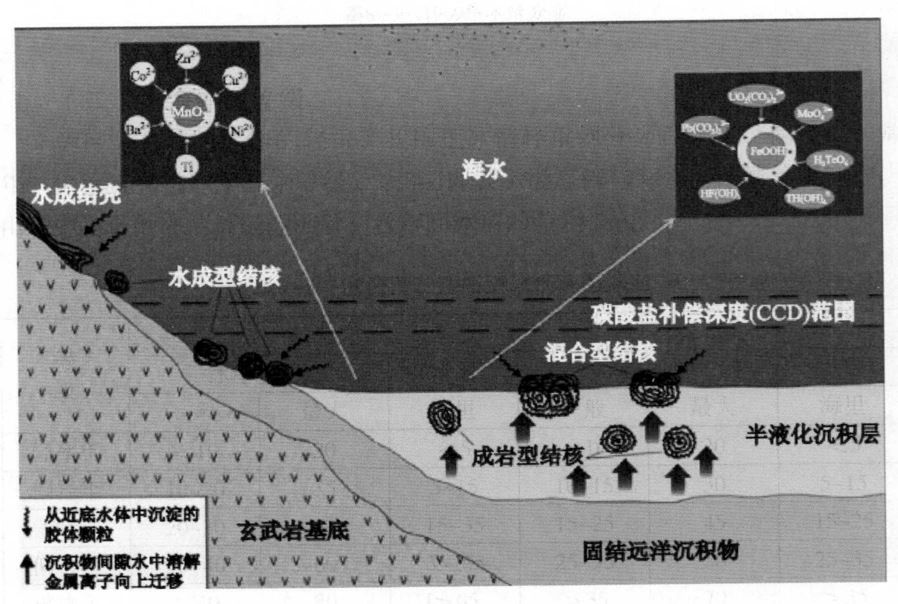

图2–11　不同类型铁锰结核的地质位置及其生长模型

（上方的细点代表海水来源的溶解态与颗粒态物质；左右两个蓝色方块中是颗粒态内部各种金属离子的形态及其相互关系；箭头代表成矿物质来源方向）

对大洋多金属结核的成因进行深入研究对大洋多金属结核的综合利用十分

必要。关于海洋多金属结核的起因，国内外的学者进行了较为深入的研究，普遍认为：微生物参与了矿物资源大循环，这是地球成矿系统的重要方式，而且会不断进行。金属元素在水、土环境中和许多矿床中的迁移都与微生物有着密切关系。作用于锰、铁的微生物种类很多，不同种类的微生物，如柄菌、鞘菌、真菌、藻类以及它们的混合物都能够将铁、锰从一种价态向另一种价态转变，并具有催化铁、锰氧化或还原的能力。水-岩-微生物系统中各种物质为微生物生长提供了能量，成为微生物赖以生存的环境，反过来微生物的代谢活动又可以催化某些元素氧化还原反应。

2. 多金属结核成矿机理

多金属结核成矿机理主要包含以下3点。

（1）成矿条件：根据结核形成分布的基本特点，其成矿的必要条件可归结为3个方面。一是具有成矿金属的供源和一定的浓度；二是具有适宜于成矿作用的环境；三是只有输送到成矿作用反应场才能有效地参与成矿作用。多金属结核是在构造相对稳定、海水深度在碳酸盐补偿深度（CCD）线下、底层水强烈活动以及低沉积速率的环境下形成的。研究发现CCD线变化、沉积间断、海底表层沉积物类型及分布规律、古气候变化及水深变化等古海洋环境条件对多金属结核的形成起决定作用。

多金属结核的长期保存，必须满足以下两个条件：一是不被沉积物掩埋；二是始终要处于成矿反应场中。如果多金属结核被埋藏在沉积物中，就会发生元素的扩散，使结核溶解，这就导致了在古老的深海相地层中没有埋藏的多金属结核存在。控制多金属结核保存的因素很多，其中起主导作用的有生物活动、结核粒径的大小、沉积物成岩的静压作用、构造环境、沉积速率以及地球化学界面等。

（2）矿物来源：关于锰结核矿物质的间接来源，早有人提出有四大来源，即大陆岩石风化、成岩作用、海解作用及火山和热液作用，但对直接来源研究较少。许多学者在研究了海洋沉积物成岩作用及孔隙水和成矿物质在海洋水体中迁移、富集的过程后指出，底层水和孔隙水是锰结核成矿物质的直接来源。

（3）成矿的环境：从多金属结核分布区的底层水和沉积物的酸碱度及氧化-还原电位的分析资料看，底层水的pH值为7.785～7.837，Eh值为412～422mV，表层沉积物的Eh值为425～502mV，底层水及沉积物温度在1.5～2℃，属弱碱性氧化低温环境。

3. 多金属结核成矿模式

多金属结核分布在洋底水–沉积物界面上。在界面处多种因素的作用下可使大洋中铁和锰等成矿元素氧化、吸附和聚集，又可以由物理、化学和生物作用使孔隙水中铁、锰向沉淀物表面迁移，直至底层水，使底层水富集金属元素，从而使界面附近形成一个金属元素富集的界面系统。在这个系统中，微生物非常活跃，它们对主要成矿元素起催化、氧化、沉析作用，并加速铁和锰的分离及铁、锰氧化物的形成，非常有利于结核的生成。

多金属结核成矿模式可分为直接与间接成矿两种方式。直接成矿包括微生物对成矿元素的聚集和对元素价态的转化，使其沉积成矿；间接成矿方式包括微生物代谢活动中对环境物理化学条件的改变，生物分解和合成有机化合物而富集成矿。

（1）微生物聚集成矿元素直接堆积成矿。

微生物具有从各种浓度梯度的溶液中把许多元素聚集起来的能力。在大多数由藻类和细菌构成的海洋生物群体中，元素富集的浓度，可以超过海水浓度的270000倍。生物在生长过程中需要不断从环境中摄取化学元素，以满足合成细胞物质和获得能量需要。这类元素包括Al、B、C、Cu、Fe、Mn、Mo、P、S、Be、Si、V、Zn等。在这个过程中，可使化学元素发生高度的富集，形成生物矿的矿源物质。有些铁、锰和某些金属矿物的聚集属于此种方式。

铁细菌、锰氧化菌、生金菌、嗜盐菌等微生物，它们在代谢过程中都具有富集成矿元素的能力。经常在细胞壁上形成含有铁、锰氧化物的夹膜，有时也可以吸附在细胞使细菌体矿化，有鞭毛的氧化铁和锰的细菌可以使锰和铁氧化物等颗粒组成一复杂的网眼，继而连接成矿物质而矿化并富集成矿元素。

例如铁细菌本身含有氧化酶、生金菌具有生成过氧化氢酶的能力，这些微生物可以通过酶的催化作用，将低价Fe^{2+}、Mn^{2+}氧化生成高价的铁锰氢氧化物或氧化物沉淀聚集成矿。此外铁细菌还能分解有机化合物产生无机的高价铁锰化合物沉淀而成矿。据计算1g铁细菌细胞能将224gFe^{2+}氧化成高价铁化合物。

海水中成矿元素含量很低，一般仅为$1\times10^{-3}\sim1\times10^{-1}$mg/L，在这样的稀溶液中上述微生物可以将许多成矿元素聚集起来，有时在细胞壁上形成含有铁、锰氧化物的夹膜，这种带夹膜且沉积有难溶铁、锰氧化物的菌团可以作为一个反应表面，这些表面是发生生物过程的场所，寄生着的细菌可以团块状或以链状体的多聚体，增强成矿物质粒子的絮凝作用，使这些微生物体聚集并富集

Fe、Mn等元素。电子探针测得，结核中微生物体内Fe、Mn、Cu、Ni、Co等元素含量皆高于大洋底层水，它们与底层水中同种元素浓度的比值（倍数）：Mn为（1.88～2.42）$\times 10^6$，Fe为（0.12～1.15）$\times 10^6$，Cu为（0.07～0.32）$\times 10^6$，Ni为（0.106～0.5）$\times 10^6$，Co为（0.009～0.023）$\times 10^6$，Ca为（0.026～0.07）$\times 10^6$，K为（0.008～0.14）$\times 10^6$，Si为（9.13～11.9）$\times 10^3$。

从以上富集倍数可以看出，成矿元素在微生物体内确有富集，并被矿化，而且其含量不但大大超过底层水，也超过孔隙水的含量，不难设想，富集成矿元素的微生物死亡后，以颗粒状形式沉积到海底沉积物中，遇到还原性细菌，可发生溶解，增加底层水和孔隙水中成矿元素的含量。可见，大洋中微生物是多金属结核重要的物质来源，这些富含成矿元素的孔隙水迁移至底层水-沉积物界面处遇到氧和氧化性强的微生物，又可促使铁和锰氧化物的再沉积而形成多金属结核。

（2）微生物作用改变环境的物理化学条件而间接成矿。

微生物作用改变环境的物理化学条件是生物成矿的重要方式之一，环境的物化参数中比较重要的是Eh值和pH值。由于铁和锰在还原条件下易溶解迁移，在氧化条件下沉淀富集，所以Eh值的改变对一些变价元素及铁和锰的成矿具有重要意义。

大洋各介质（底层水、沉积物及结核）中的铁细菌、锰氧化菌、生金菌、嗜盐菌及反硝化菌生金菌等微生物，在其代谢活动中都可以使介质pH值升高、Eh值下降，改变介质的氧化还原条件，从而将可溶性强的低价的铁、锰等化合物氧化成难溶的氧化物而沉淀。这直接验证了洋底介质铁、锰的转移、聚集、沉淀与微生物作用是密切相关的。由此可知，改变物理-化学条件是生物成矿作用的重要方式之一。

（3）多金属结核成矿阶段。

多金属结核的形成既受控于地质构造、底流作用和地球化学环境，同时也与微生物的类型、结核形成阶段等条件有关。因此其成矿作用是多种因素和多阶段的，可将其划分为3个发展阶段。

成矿萌芽阶段：无论是大陆风化作用或成岩作用，孔隙水中成矿组分的向上迁移，还是海底火山或热液活动，都必定成为多金属结核中铁、锰等成矿元素的供给物源。海洋中这些组分起初是以低价态溶解形式存在和迁移的。大洋表层水体中生长有能进行光合作用的浮游植物和菌藻，它们可以从表层水中吸收金属元素，也可被动物和细菌消耗之后再返回大洋溶液中组成海水成分。海洋中铁、锰以微颗粒状形式存在于海水中，微生物具有黏结颗粒的作用，这些由细菌作用形成的铁和锰颗粒在重力作用下向深海底层运移富集，当运移到洋底水-沉积物界面的氧化环境时，好氧性微生物的代谢活动便使铁锰形成高价态的氧化物及氢氧化物胶体。在此阶段主要形成胶体悬浮液，在胶体迁移过程中可以继续形成铁、锰氢氧化物絮状物，并缓慢向大洋底部迁移。这就是微生物成矿的前期阶段，称为成矿萌芽阶段。在此阶段，由于微生物的代谢催化作用使固、液相开始分离，形成胶体迁移。铁和锰氢氧化物的胶体微粒和胶团在溶液中呈絮状、悬浮状态存在。

成矿物质分异富集阶段：在这个阶段内，沉积物-水界面由于好氧的铁细菌、生金菌等微生物继续繁殖，其代谢作用促进系统中铁率先形成氢氧化铁沉淀并向固相转移，之后在铁细菌的作用下，介质pH值升高，形成更有利于氢氧化铁沉淀的“微域”。已形成的氢氧化铁凝胶吸附海水中的Mn^{2+}，在铁锰氧化细菌生物化学催化作用下又将Mn^{2+}氧化成Mn^{4+}，从而形成高价锰氧化物沉淀。在该阶段中，微生物还可促使铁、锰分异作用加强。

由于好氧细菌和厌氧细菌的生态演替作用，加速了铁和锰的分异作用，使铁和锰呈现氧化-还原-再氧化的交替现象，从而出现富铁和富锰矿物的交替沉积，形成了多金属结核的文层构造。

另外，微生物可继续利用固相颗粒等界面作为大洋水层中的栖身场所，在分界面上发生着复杂的生物催化反应。这些反应促使海水中，特别是深海中有机与无机化合物的聚集和转移。海洋中，特别是深海中悬浮物质的表面在水域中进行的各种作用的全部影响，甚至可能比泥微粒和底层水之间的边界上形成的分界面上发生的作用的影响更大。微生物能够直接氧化铁和锰，加速铁和锰的氧化，这是因为细菌的催化氧化作用，除了自身具有酶的催化作用外，它们的大量繁殖更促进氧化作用的不断增强。大洋底部环境是富氧氧化环境，而且造成广阔的沉积间断，扩大了细菌作用的表面与范围。加之铁和锰的不断补给，氧化作用就会持续进行。因此，在此阶段中，溶液中Fe^{2+}及Mn^{2+}和铁、锰的有机络合物被微生物分解氧化，形成高价态氢氧化物富集于固相颗粒中，这些胶体颗粒物缓慢向大洋底部移动和富集，首先形成氢氧化铁的堆积，随后相继发生四价锰氧化物的沉淀。由此可见，此阶段内微生物的活动加速了高价铁、锰氧化物的不断富集。

成核阶段：成核阶段与成矿物质分异富集阶段是一个连贯的发展过程。在此阶段内，在早期成岩期，随着沉积作用的不断进行，有机质进一步分解而消耗氧，好氧细菌在发育过程中逐渐消耗溶解氧，使沉积物表层的Eh值降低，在沉积物浅层造成局部还原环境的“微域”，在这里，好氧性细菌为厌氧的硫酸盐还原菌所替代。这类厌氧细菌的代谢活动产生H_2S，使介质Eh值继续降低，固相中高价铁、锰氧化物还原溶解的作用加强，又使孔隙水富集成矿元素。当孔隙水向上运移，到达沉积物顶部氧化层时，溶解的低价态Fe和 Mn等元素又被铁细菌代谢活动氧化沉淀形成富含微量元素的多金属铁锰结核。在此阶段内好氧性的铁细菌、生金菌、锰氧化菌和嗜盐菌等的代谢活动加强，使前阶段生成的悬浮状态的氢氧化铁及二氧化锰胶团在液相中逐渐消失，沉淀到系统底部，过量的溶解物质几乎全部转变为晶核。Fe和Mn等元素都形成高价氢氧化物及氧化物沉淀。这些难溶的铁、锰氢氧化颗粒组成皮壳沉淀，由于这些颗粒物质（介质pH>6）带负电荷，它们可吸附带正电荷的微量成矿元素Cu、Ni、Co、Pb、Zn等，形成富含微量金属的多金属结核。

多金属结核微生物成矿作用的上述三个阶段互相关系又互相交叉。它们反映了洋底成矿物质转化的微生物地球化学作用方向和聚集规律。

上述微生物成矿模式是建立在大洋底部微生物的代谢活动与成矿元素转移聚集关系的基础上，并考虑了物理化学及洋底环境因素。因此，它揭示了洋底水一岩一微生物系统成矿物质演变方向和富集过程，同时清楚地反映了多金属结核成矿各阶段微生物地球化学对多金属结核形成的重要作用。与此同时，洋底环境存在着现代微生物的强烈活动，进一步证明现今洋底环境条件下，多金属结核的微生物成矿作用仍在持续发生着。

三、多金属结核的分布及其影响因素

1. 多金属结核分布的影响因素

多金属结核在海底面上的分布是完全不相同的，而多金属结核丰度值的变化是以数百米甚至数千米的空间计算的。影响结核在海底面上分布方式的因素有：深度、海底水流的氧化程度、构成结核的细碎物、与金属来源的距离、水力动力的活动性、沉积的低速度、水生生物的产量与沉积岩的岩性。在结核赋存的区域内，不论是区域性的还是局部地区的行为因素，共同作用的过程都是复杂的、有差别的。

海底海水的高氧化程度对于结核的赋存具有基本意义，只要pH值还未增高而氧化还原的势能（Eh）还未达到相应的值，则Fe^{2+}不会被氧化成Fe^{3+}，而

Mn^{2+}不会成为Mn^{4+}。通常具有正电荷面的非晶质$Fe(OH)_3$与带负电荷的非晶质$Mn(OH)_2$的形成条件是：存在铁与锰氢氧化物的溶解离子并与有机质连接。到目前为止尚未找到在弱氧化介质中的结核。即使有很好的环境条件，如果没有核心的话也不会有结核的产生而只有氧化物沉积。由于缺乏作为核心的碎屑物，故只能形成微结核。大多数结核核心来自火山作用或水生生物（骨骼部分），也可以是更老的结核瓦解后的碎片。更老结核的碎片成为新形成结核的核心，这说明含结核物形成过程的长期持续性与稳定性。在这种区域中有高度集中的结核物存在。

金属元素的主要来源与距离是影响结核赋存的另一个重要因素。同时在靠近赤道地带，水生生物的产量很高，这是沉积物中富集金属的附加因素，上述条件加速了锰的沉积。还有一个主要因素是沉积物的沉积速度。低沉积速度适合结核的形成。沉积速度既取决于获取的金属量也取决于海底水流的速度。在高速沉积的条件下，构成结核的核心的碎片沉入沉积物速度更快，从而促使氧化物的沉淀。高沉积速度是与更多的有机质进入沉积物相联系的，这样就增大了沉积物的聚集并可能降低在水与沉积物的边界层上氧的含量。

局部与区域因素的相互作用发生在特定区域中。各种结核类型赋存的明显差异可在断层带附近海底的张裂起伏区域中观察到。而在相同的地形起伏区原则上赋存着相同的均一结核。总之，结核的分布是受深度与海底地形因素调节的。通常，低集中的结核可在谷底轴部及隆起区的顶部观察到。应当指出：深度因素不仅影响结核的数量，而更明显的是它决定着结核的形态。少量的多核心的结核通常赋存于较陡的斜坡上，而单核心结核则赋存在平缓的起伏区。大型结核通常是单个地原位生成，而小个结核是赋存的。结核的混合很容易引起位于基底的结核层受扰动而移动，大地构造活动可使沉积物与外核移动，水流自身也可使半浮动的沉积物移动。水的湍流也有本质的影响，它引起海底面不平整并使附加的结核富集。

2. 多金属结核的分布

关于大洋多金属结核的分布问题，Mero（1965）、Hoaling（1975）、Archer（1976）、Frazer（1980）、Mckelvey（1983）等都做过系统的研究。研究表明，世界洋底约有15%的面积被多金属结核所覆盖，其中太平洋约有$23\times10^6km^2$，印度洋约有$15\times10^6km^2$，大西洋约有$8\times10^6km^2$。由于海洋的地质、地理、水文、气象以及生物生产力等环境条件的差异，不同区域的多金属结核的分布覆盖率、丰度、品位等的差别也很大。

（1）大西洋多金属结核分布。

大西洋的结核分布十分有限，而且主要分布在两个分布区，即北大西洋分布区和南大西洋分布区。北大西洋有凯尔文海山、布莱克海台、红黏土区和中央大西洋海岭4个分布区。南大西洋只有少数几个多金属结核分布区。大西洋的结核主要特点是其分布水深较浅而且金属元素含量较低，丰度小，如布莱克海台的结核中的Ni仅为0.52%、Cu仅为0.08%。

（2）印度洋多金属结核分布。

印度洋结核分布较大西洋广泛，主要有中印度洋海盆、沃顿海盆、南澳大利亚海盆、赛舍尔地区和厄尔加勒斯海台5个分布区。表2–2显示位于中印度洋海岭和东印度洋海岭之间的中印度洋海盆的结核无论是其丰度还是结核中的Cu、Co、Ni含量均较高，印度申请的矿区位于该海盆。中印度洋海盆除印度在那里进行大量的调查外，苏联也曾在那里进行了大量的调查。该海区结核的特征与太平洋的结核相类似，大致可分为3种类型：光滑型、粗糙型和菜花型。按平均品位Ni+Cu=2.27%，边界品位Ni+Cu=1.8%，丰度为5kg/m^2，则有38%的结核品位在平均品位之上，而这些结核92%是产于硅质沉积物地区，8%产于黏土地区。大约有55%的结核其品位大于1.8%。其他几个分布区的结核，虽然局部分布较为丰富，但是其金属元素的含量均较低。

表2–2　印度洋各海盆结核中的元素平均含量（%）

分布区	Mn	Fe	Co	Ni	Cu	Cu+Co+Ni
中印度洋海盆	26.1	7.6	0.12	2.10	1.16	3.38
沃顿海盆	19.8	12.1	0.21	0.65	0.54	1.40
南澳大利亚海盆	22.6	10.9	0.15	0.96	0.49	1.60
赛舍尔地区	25.0	16.5	0.36	0.58	0.18	1.12
厄尔加勒斯海台	20.1	17.7	0.62	0.44	0.11	1.17

（3）太平洋多金属结核分布。

太平洋是结核分布最广泛、经济价值最高的地区。结核的分布呈带状分布，主要有C–C区、东北太平洋海盆、中太平洋海盆、南太平洋海盆、东南太平洋海盆5个分布区（见表2–3）。其中位于东北太平洋海盆内克拉里昂、克里帕顿两层断裂之间的地区（人们通常称之为C–C区）是结核经济价值最高的地区。除印度外的所有先驱投资者的矿区均在这个区域内。中太平洋海盆，主要位于4°～13° N，165°～180° E，日本、苏联等国家在那里进行了大量的调查。该区的一个特点是结核丰富，但金属元素的含量较低。该地区结核中金属元素Mn、Cu、N、Fe、Co平均含量分别为22.5%、0.75%、0.89%、11.6%、0.25%。南太平洋环南极地区结核、结壳和结皮组成的铁锰沉积物，其Cu、Ni等金属元素的含量比较低，就目前而言，经济价值不大（见表2-4）。

表2-3 太平洋各海盆的结核分布

分布区	纬度	经度	丰度（kg/m^2）	Ni+Cu（%）	面积（×10^6km^2）
C-C区	7° ~15° N	114° ~158° W	11.9	>1.8	2.5
中太平洋海盆	4° ~13° N	165° ~180° E	>1.8	2.4	—
南太平洋海盆	0° ~18° S	124° ~160° W	6~13	<1.5	—
东南太平洋海盆	0° ~20° S	80° ~110° W	—	<1.8	8.15

表2-4 南太平洋各海盆结核中的元素平均含量（%）

分布区（海盆）	水深（m）	Mn	Fe	Ni	Cu	Co	Ni+Cu+Co
美拉尼亚	4500~5300	16.4	16.4	0.46	0.43	0.27	1.16
西中太平洋	5000~6000	14.7	14.6	0.37	0.32	0.20	0.89
东中太平洋	5000~6000	20.3	10.7	0.80	0.74	0.21	1.75
北彭林	5000~5500	18.6	11.5	0.60	0.47	0.25	1.32
南彭林	4800~5700	15.2	15.4	0.41	0.22	0.36	0.99
萨摩亚	5000~5600	16.3	14.6	0.34	0.20	0.28	0.82
西南太平洋	4500~5500	16.2	18.6	0.43	0.24	0.40	1.07

据德国调查资料显示，东南太平洋海盆（秘鲁海盆），位于0° ~20° S，80° ~110° W，其结核丰度高达7~14 kg/m^2，最高可达30 kg/m^2，而且Ni的平均含量为1.1%~2.1%，Cu的平均含量0.5%~0.7%，可能是具有较大经济潜力的地区。

西南太平洋结核的调查研究多集中在20世纪70年代和80年代，在日本、法国、英国等国家的帮助下，该区的岛国以CCOP/SOPAC组织为协调，对西南太平洋各海盆进行了大量的调查研究，目的是了解其资源情况。主要包括美拉尼西亚海盆、西中太平洋海盆、东中太平洋海盆、北彭林海盆、南彭林海盆、萨摩亚海盆和西南太平洋海盆。据Halbach的估计，这个海区按10 kg/m^2，Cu+Ni+Co=2%的标准，结核的富集区超过45000 km^2。与东北太平洋C–C区相比，该区结核的金属含量较低，几乎是C–C区的1/2。据夏威夷东西方中心对库克群岛EEZ的结核的评价，以5 kg/m^2作为结核的边界丰度，则结核的分布面积达652223km^2，储量为7.474×10^9t。其中含Co 3.2541×10^7t，Ni 2.4422×10^7t，Cu 1.4057×10^7t。

由于南太平洋各海盆有相当大一部分属于岛国的EEZ，而且结核的丰度也较高。因此，引起日本、法国和英国等国家的浓厚兴趣，他们在那里进行了较为广泛的调查，获取了大量的第一手资料。

3. 具有工业意义的多金属结核分布区

大洋多金属结核主要聚集于太平洋北半部分，在靠近3° N ~ 28° N宽度内占据了最大的面积。在太平洋南半部分介于5° S ~ 40° S的结核分布很分散。而在极地地区的结核与其他地区比较则低一些，镍、铜、钴的含量及含结核丰度都低。根据矿床的埋藏条件、储量的估计、结核的成分，具有明显工业远景意义的区域有6个区，即C–C区、秘鲁湾、加利福尼亚、门纳尔达、中太平洋、中印度洋。其中5个在太平洋近赤道区域，1个在印度洋。

C–C区、加利福尼亚及门纳尔达区位于太平洋板块的东部，具有独特的大地构造位置优势，这三个区域直接位于邻近东太平洋的隆起区，介于非均匀分布的海洋裂隙带之间且板块扩张迅速。这三处的扩张速度约每年10cm。秘鲁湾区位于纳斯卡板块上，直接邻近深谷，扩张速度约每年16cm。

C–C区长约4200km，宽度为300 ~ 900km，其近200万km^2的面积内，结核丰度高于10kg/m^2的占很大比例，同时在外核中的金属富集程度最高。C–C区部分分带的轴向走向与赤道平行，并包含一个大型的形态构造单元，该区域也包含中新世海底的强烈变形，其地基结构是复杂的板块结构，并逐渐自动向西南下沉，其下沉的绝对值为3.8 ~ 4.9km。该地基亦即第二海洋层为拉斑玄武岩，它的局部地表有露出，破碎地基的出现则是熔岩活动性增强以及生成高温热液蒸发的结果（Jubko等，1990；Kodinski，1992；Tkatchenko等，1996）。

C–C区的水力气象条件受东北与东南风、内热带聚合气流系统的影响。这一区域的多金属结核通常位于硅质淤泥泥浆与放射虫泥浆沉积物的表面，且常常沉入“沉积边界层”并处于半流动的稠度状态。工业结核的聚集位置在深度为4200 ~ 5200m的区间范围内。C–C区分布地球化学型为镍–铜（Ni–Cu）结核，与秘鲁湾的结核相比，Mn的含量较低，而Ni、Cu、Co的平均含量较高。

在中太平洋区聚集的结核具有高的丰度，局部地区甚至达到150kg/m^2，而Ni、Cu、Co的含量总和则较东部区域结核中的含量低1/2。在太平洋的北部区域分布面积最大的是地球化学型为镍–铜–钴（Ni–Cu–Co）的结核，而西部区域分布地球化学型为镍–铜或钴（Ni–Cu或Co）的结核。

秘鲁海盆含矿区（西部），这一区域的多金属结核中的金属含量：Mn为30.8%、Ni为1.21%、Cu为0.61%、Co为0.06%。在本区域中结核通常赋存于斜面上，深度范围由北部的3950m至南部的4800m。与C–C区的结核相比，秘鲁湾结核的尺寸更大（平均8～25cm），而且孔隙率高（59%～74%），这是因为它的增长速度快，每100万年达到16cm。埋藏于边界沉积层，其厚度达到50cm，主要矿物为钡镁锰矿，还有少量的钠水锰矿。这一矿相表明Mn的含量高、Ni、Cu+ Fe含量低，主要是地球化学（镍）型球状外核。

中印度洋含矿区也是以地球化学型Ni–Cu为代表的结核，它的金属平均含量较低：Mn为24.3%，Ni为1.14%，Cu为1.09%，Co为0.10%，平均含矿指数较高。在本区域内多金属结核的埋藏深度为4000～5600m。钡镁锰矿为主要矿物，其次要矿物有石英、硅卡岩和钙十字沸石。结核的大小和它的化学成分之间有很强的相关关系，随着结核尺寸变大，Ni、Cu、Zn与Mn以及Mn/Fe比值都增大。在瓦克–纳斯克区赋存的结核，下列金属含量较低：Mn为18.5%、Ni为0.48%、Cu为0.13%，而平均含量较高的金属为Co，达0.60%（含量为0.2%～1.3%）。

四、多金属结核矿床的特征

多金属结核资源特征评价一般包括丰度、 覆盖率、 品位等指标。其中丰度和覆盖率是描述多金属结核富集程度的重要参数。

1. 结核的丰度

结核的丰度系指单位面积上所赋存结核的重量，通常以kg/m^2表示。多金属结核丰度是圈定矿区和评价矿区质量的重要经济技术指标之一，结核丰度的高低和分布特征直接影响着矿区面积大小及其边界走向，也与进一步勘探和将来采矿的关系很大。因此，了解与查明矿区结核丰度及其变化是勘探工作的重要内容。依据我国多金属结核开辟区分布特征，将丰度划分为小于5kg/m^2，5～10kg/m^2，大于等于10kg/m^2，依次称为边界丰度、中等丰度和高丰度。

结核丰度与水深关系密切，结核高丰度带的位置受碳酸盐、溶解面和补偿深度的控制，此外还严格受地形控制。我国在太平洋C-C区的勘探区的东、西两区结核丰度差异明显，其中东区结核丰度很低，而且变化大，给圈定矿区与评价矿区带来较大的困难。C-C区的结壳呈西高东低的趋势分布，这与该区的地形走向一致，西部海山区的多金属结核丰度高达20 kg/m^2，东部平原区丰度最低，普遍小于5 kg/m^2。硅质黏土、含钙硅质黏土和深海黏土对结核的富集最为有利，而硅质软泥和含沸石黏土则不利于结核的富集。

2. 多金属结核的品位

一般将结核中Cu、Ni、Co的重量百分含量的总和称作结核的品位。锰结核样品的X射线衍射光谱（XRF）分析表明，锰结核品位分布及特征既有一定的相似性，又存在较明显的差异，高品位结核主要分布在硅质黏土和硅质软泥区。

多金属结核的品位是评价多金属结核有用元素富集程度的重要指标。我国对多金属结核品位的划分标准为：大于2.7%为Ⅰ级，2.25%～2.7%为Ⅱ级，1.8%～2.25%为Ⅲ级，边界品位为1.8%。

多金属结核中Cu、Ni、Co的含量及其区域分布受诸多因素控制，如水深、地形、沉积物类型、底层流性质及其活动、物质来源、锰结核和主矿物类型、主元素组成等因素都可以影响和控制Cu、Ni、Co在结核中的含量。

3. 结核粒径

对大洋多金属结核粒径及其分布状况的研究不仅对深入了解结核的形成具有一定的意义，而且对于海底结核矿区的圈定、评价及将来采矿方式的研究等也具有一定的参考价值。

由于大洋多金属结核的形态繁多，因此对其粒级划分至今尚无统一的规定。根据目前大多数有关大洋多金属结核的研究文献，对结核粒级的划分主要是以测量结核长轴的长度为依据，按一定的尺度间隔对结核粒度进行分级。如日本地质调查所在中太平洋和南太平洋的多金属结核调查中以1cm或2cm为间隔把结核分为若干级。我国目前主要是以3cm为间隔把结核分为大于6cm，3～6 cm和小于3cm三个粒级，并以此把结核分成大、中、小三种类型。在C-C区均可不同程度地采集到大小不等的各种结核，如表2-5所示：我国在太平洋勘探区内的多金属结核粒径分布，依据各站结核长轴的度量，把结核分为3个粒级，并对每个粒级的结核称重，求得各站该粒级结核的重量百分含量。

表2-5　东西区不同类型结核中各类级平均所占比例（%）

项目	东区			西区		
	> 6cm	3 ~ 6cm	< 3cm	> 6cm	3 ~ 6cm	< 3cm
S型	2.8	29.3	67.9	6.1	70.8	23.1
R型	68.1	23.1	8.8	12.5	72.5	15.0
S+R型	22.0	25.2	52.8	13.0	72.9	14.1

我国东、西勘探区多金属粒级分布有如下特征：①东、西两区结核粒径及其分布存在着明显差异，即东区以大于6cm结核的普遍分布为特征，而西区则以3～6cm和小于3cm结核的广泛分布为特征；②不论东区还是西区，大于6cm的结核主要分布于海底地形较开阔和平缓的低洼处，而3～6cm和小于3cm的结核大部分分布于海底地形较高或地形起伏变化较大处；③结核类型不同，粒径也不同，光滑型结核以3～6cm为主，而粗糙型结核则以大于6cm为主，中间型结核则以3～6cm和小于3cm为主。东、西区不同类型结核粒径有明显差异。

4. 结核覆盖率

覆盖率指在海底表面单位面积内结核覆盖所占面积的百分比。结核覆盖数据以照相模拟法确定结核的覆盖率，无法用照相模拟法确定覆盖率数据的站位，则利用现场模拟法获取覆盖率数据。我国将覆盖率划分为小于10%、10%～30%、大于等于30%，分别称为低覆盖率、中覆盖率和高覆盖率。一般而言覆盖率与丰度呈正相关关系。

不同区域结核的覆盖率差异较大。我国东、西两个勘探区的覆盖率分布状况存在明显的差异。东区覆盖率较低，分布不均匀，变化较大，属小块局部分布，部分区块伴随明显的形态变异，平均覆盖率仅11.1%。西区覆盖率较高，分布相对平稳，结核呈大面积连续分布，粒径形态变化很小，平均覆盖率高达41.6%，约为东区的4倍，但主体粒径小于东区。

在覆盖率与丰度、粒径的相关关系中，覆盖率与丰度成正相关，与结核粒径成负相关。有些站位覆盖率很低但丰度并不是很低，因为粒径较大，而有些站位覆盖率较高但丰度并不是很高，因为粒径较小。目前公认引用的经验相关关系公式，对于一般不规则“球体”状结核其相关性较好，而对于块状、杆状及较大型“球体”状结核，其相关性较差，有一定的局限性。覆盖率与水深关系密切，高覆盖率出现在水深5200～6100m的范围内，且主要处于5400m深度附近。覆盖率大于50%者见于隆起幅度较高的海山区，丘陵区和平原区的覆盖率大约为30%。结核的覆盖率较高的地区主要是硅质黏土和硅质软泥沉积区，此外，含钙的硅质黏土和硅质软泥区的覆盖率也较高。

如图2-12所示，中太平洋海盆的多金属结核丰度较高，平均丰度达9.44kg/m²（507个站位平均值），其中中等丰度站位占16%，高丰度站位占40%以上，中覆盖率站位约为20%，高覆盖率站位在50%以上。品位较高的站位集中于（10° N，173° W）、（3° N，169° W）、（1° S，165° W）三处附近，但整体而言，C-P区多金属结核品位较低，平均品位为1.92%（438个站位平均值），小于边界品位的站位为55.48%，Ⅲ级品位站位为11.19%，Ⅱ级品位站位为12.33%，Ⅰ级品位站位为21%。

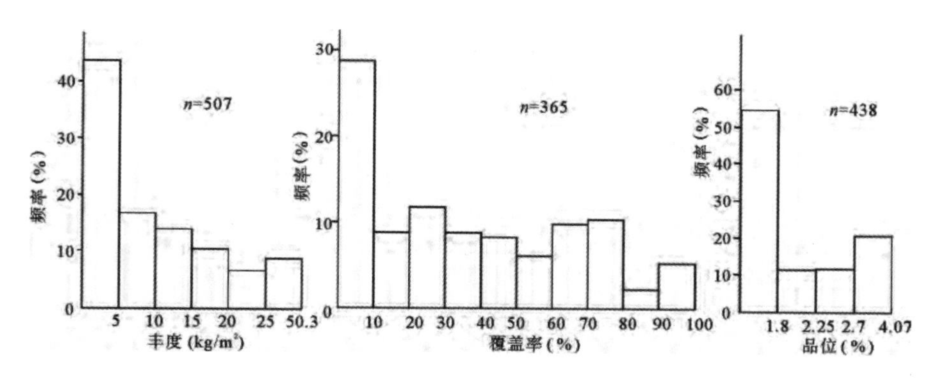

图2-12　中太平洋海盆多金属结核丰度与覆盖率及品位频率

由以上分析可以看出，我国在太平洋的多金属结核勘探区的东、西两区多金属结核的类型分布具有显著差别：西区与东区比较，西区光滑型结核的分布范围远远大于东区，而且丰度高，分布频率也高；东区则主要分布着粗糙型和光滑+粗糙型结核，它们的分布范围远远大于西区，就丰度而言，粗糙型结核两区差别不大，而光滑+粗糙型结核东区仍不及西区（见表2-6）。

表2-6　东、西两区多金属结核矿床特征对比

区域	丰度（kg/m²）	品位（%）	粒径（cm）	结核覆盖率（%）	核心物	结核主要类型
东区	3.73	2.94	5.6	11.4	老结核块	S+R，R
西区	10.16	2.17	4.2	41.6	火山岩	S

总的来看，由东向西结核丰度增加，金属品位降低，结核个体变小，结核核心物由老结核块变为以火山岩为主，在整个勘探区内区域多金属结核的变化十分明显，这种区域性的变化是由于区域的地层条件、沉积环境、地化环境等因素的影响。

五、多金属结核的开采方法

自从海洋采矿首次受到关注以来，从沉积物中分离所需矿物并将其提升到海面已经得到工程业界相当多的重视。但许多海洋采矿概念在不同程度上受海上石油和天然气工业开发技术的启发（Williums，1977），甚至某些海洋采矿的一整套方法都是从现有的工业借鉴过来的。然而，这样的方法和技术用于开采深海底的结核是不成熟的。由于结核通常分布在水深大于4000m的海底上，因此要设计一种既可靠又经济的结核开采系统是相当困难的。到目前为止，多金属结核开采系统的设计基本上是围绕下述几种方法进行的。

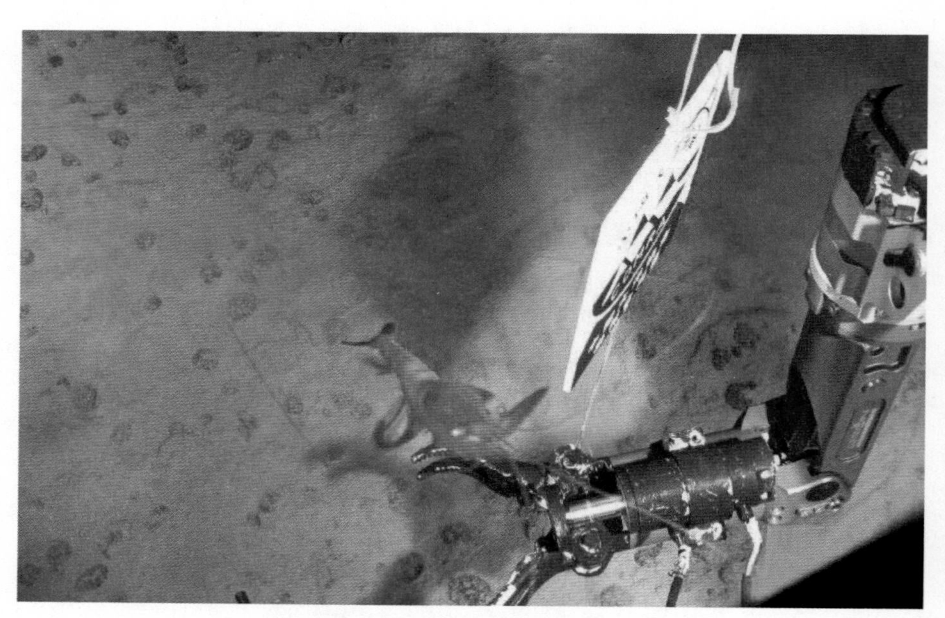

图2-13　“蛟龙”号机械手采集多金属结核

（1）连续链斗（CLB）式挖掘法：连续链斗（CLB）概念也许是各式各样采矿方法中最简单的概念。日本的Y.Masuda在1966年发明了带斗的连续链采矿系统（Mero，1978）。利用铲斗在地上拖动时可以被绞起倒空的原理，连在铰链上的斗可以舀起泥土和其他疏松物质。这种采矿系统由采矿船、无极绳斗、绞车和万向支架等组成。无极绳斗是由一条首尾相连接的高强度无极绳索和一系列的铲斗组成，每个铲斗相距25～50m固定于无极绳上。在进行采矿之前，借助绞车、导向滑轮和方向支架等设备，将无极绳斗从采矿船上投入海中，使铲斗呈曲线接触海底：采矿时利用船上的动力进行拖拽并开动船上的绞车带动无极绳斗，并使无极绳斗在采矿船与海底之间循环翻转，铲斗较低一侧会在海底掠过，并且会机械地抓起结核、底部沉积物、底栖生物和其他物质。铲斗装满后，被从海底提起，并绞到船上来倾倒，与此同时新斗会掠过海底来继续这种采矿过程。这样与海底接触的铲斗不停地刮挖海底的结核，并提升到采矿船上，从而实现结核的连续开采。

这种CLB系统具有结构简单、成本低的优点。但其致命的缺点是该系统在海底难以控制，采集后会留下未采集的结核，因此，这种采集方式相当无效和浪费，结核的回收率低，日采矿能力只有几百t。此外，海底崎岖不平，缺乏充分机械控制也会导致整个CLB系统丢失。目前这种系统基本上被废弃。

使用这种CLB系统还会带来一些环境问题，每一只铲斗舀起海床上的结核和沉积物时，会形成近底羽状流，在铲斗接触到的地点影响明显。随着绞起铲斗，这种羽状流会在整个水体中出现，而粘在结核上的大部分沉积物被冲掉而产生垂直羽流，周围的海流会使之向水平方向扩散。

（2）液压集矿系统：为深海使用而设计的液压集矿系统是深海采矿概念的拓展，目前在世界各地多数尚在浅海中使用，一些潜在的采矿机构，包括DOMCO（日本）和YUZHMORGEOLOGIYA（俄罗斯），认为液压集矿概念在第一代结核采矿作业中是最有可能使用的系统（Nanda，1990）。

液压集矿系统由集矿机、软管、刚性管、高压气泵（或液压泵）及水面采矿船等组成。集矿机有多种类型，可以是自推进，例如履带或阿基米德螺旋杆原理，也可以是以类似雪橇结构的牵引。

液压集矿机系统（Burns，1975）的基本物理原理是吸尘器原理，在吸引位差产生必要的真空留下差动进入的可能性。液压采矿机由一个入口组成，水、结核和其他物质由真空室的低压场向里吸入。一条管道连在真空室的后面，通过它将收集到的结核和其他物质引到一个漏斗中，沉积物的分离在此进行，结核也由此被注入破碎机，或由此直接进入提升系统传输到海面。

将结核及其沉积物中分离出来的吸口水流速度、吸口形状和在沉积物表面附近生成的速度场大大影响着结核的收集效率。由于在吸口中类似喷射的流场，液压集矿系统对口径大小变化（即对吸口上部至海底的距离变化）的反应极其敏感。吸口前面的水喷射器作为辅助系统，能降低灵敏度，如果辅助系统能成功地将结核提升到吸口流中的话，已经证明它自己的反应也相当灵敏。

深海液压集矿系统与其他挖掘系统类似，它们都无法区分结核、沉积物和生物。这样，它们将吸入采矿路径内所有松动的物质。因此，在将结核经提升管道传输到采矿平台之前，需要优先考虑尽可能多地分离废物。

深海液压集矿系统的突出优点是采矿效率高、采矿能力大、可连续生产；主要缺点是设备复杂、投资大、局部故障即可引起停产。但这是一种最有前途的开采系统，各国财团大部分是根据这种设想进行设计的。

（3）机械集矿系统：一般来说，机械集矿系统部分借鉴了马铃薯收集机，或类似传送带系统，并结合机械提升设备。机械集矿机的组成包括：切削绞刀、链斗、带前轮切削绞刀、带水喷射器切削绞刀、斗鼓轮、带水喷射器针鼓轮、针鼓轮、刷鼓轮。

用于深海采矿的机械集矿系统主要包括以下几个部分：传送带底部的切削刀、具有数排柔性或钢针铲刀将结核运送至切削/运输网格的传送带和作为中途储存结核用的漏斗等。这种系统在切削含有结核的海底上部时，去掉了体积相当可观的沉积物。由实验结果表明，大部分沉积物和结核一起将被运送到漏斗，在漏斗中沉积物重量可能超过结核重量的7倍。

减少切削深度一方面会减少沉积物收集量，但另一方面也会影响结核的采集率。因此，这一系统的运行需要相对稳定和适合的切削深度，这需要根据结核大小来调节。另一种效应是切削下来的和黏着的沉积物会破碎成与结核大小相似的厚块，并与结核一起输送，使清洗分离的有效性降低。甚至用水喷射也只能将其切成小块，而无法完全悬浮它。

这种沉积物切削法降低了采集过程中沉积物被悬浮的机会。羽状流只能由传送带的尾流、结核间沉积物块的碎裂和通过运输网格子产生，但由于要求相对深的切削深度，被扰动的沉积物总体积肯定将与液压集矿设备一样大，甚至可能更大。

（4）混合（液压–机械）集矿系统：现代采矿系统倾向于组合液压和机械的概念，以便更好地利用它们的长处（Amann等，1991）。液压原理包括将结核从海底无接触地提升起来和沉积物分离的过程，机械传送带原理在提升结核的同时产生羽状流。唯有这种液压和机械原理相结合的混合集矿系统，才能满足相对不强烈的提升运动和进入管道前成功地实施沉积物分离这两个要求。

（5）无人潜水穿梭机采矿系统：相当于装有集矿装置的潜水器，它兼有多金属结核的采集和运输的功能，该系统是利用一批装有遥控器，并能自由在水下行驶的采矿器进行采矿。通常按以下方式进行多金属结核的开采：在系统下水前，先装满压舱物。潜水采矿器借助其自重沉入海底，丢掉部分压舱物后，有一根阿基米德螺旋杆推动收集结核。当采集的多金属结核装满采集舱时，抛弃剩余的压舱物，这样装满多金属结核的潜水采矿器就可浮出海面，卸掉矿石后，再潜回洋底进行下一次采矿。这种系统最大的优点是各潜水采矿器相互独立，任一采矿器出现故障都不会影响整个采矿循环，其最大的缺点是该装置制作需要有较高的技术，成本昂贵，且每次采集量有限，沉浮时间又太长，因而经济上远不及前述几种开采合算。此外，该系统集矿过程中有相当量的压舱物留在海底，对环境也有明显的危害，目前已经被暂时搁置，但这一系统如今后能克服上述这些缺点，可能是将来的发展方向。

集矿机将结核收集到一起后，将利用射流对结核进行冲洗，将大部分黏着沉积物冲掉，然后碾碎结核，防止提升管道阻塞。碾碎的结核允许以较高的液度输送。提升管用一根4～5km长的管道或一组连接管组成，通道提升管道将包含破碎结核、底层水和沉积物的矿浆从海底集矿机系统传送到海面的采矿平台，这种技术主要是借鉴于海上石油和天然气工业。

从管道提上来的矿浆到达采矿平台后，进行脱水处理，使海水等与矿物分离，以最大限度地减少矿石的体积重量比，以便运输。结核矿石被短期贮存在采矿平台的船上，或直接转送到一艘矿石运输船上，运输到岸上冶炼厂。

六、多金属结核资源研究开发现状及发展前景

虽然在深海矿产资源开发领域，美、日和欧洲一些国家仍处于领先地位，但我国也不甘示弱，在国务院大洋专项支持下，我国对深海矿产资源及其开采技术进行深入研究，正式展开对深海多金属结核的开采。

20世纪60年代初世界各国对深海底矿物资源极为关注，此时以美国为首的国际财团积极开展了勘探及开发活动，70年代对多金属结核的勘探十分活跃，采矿与加工的基础工作都是在70 年代进行的。

长期以来以美国为首的发达国家实行技术封锁，想以技术优势抢先开采公海矿物资源。可是目前深海多金属结核资源的开发转向了亚洲地区，具体地说

在日本、印度、中国和韩国。日本是一个资源消费大国,却又是一个资源贫乏的国家,对发展高技术产业所需的许多战略物资均依赖进口。日本从20世纪60年代就着手研究深海多金属结核的开采技术，80年代在夏威夷富结核区积极开展探查活动，1987年经联合国海底筹委会允准在太平洋获得7.5km^{2}的开发区。日本对深海底矿产资源的开发一直从长远观点和总体资源政策出发，在开展基础研究的同时，非常重视和加速工业化的开发过程。印度在这一领域的开发中为发展中国家的带头人，是第一批先驱投资者之一，在中印度洋拥有15万km^{2}的开发区。自登记为先驱投资者后，一直进行着勘探活动。韩国政府为解决矿物资源贫乏问题，也积极开发深海资源并制定了详细的深海底采矿计划。中国通过实施先驱者活动已成为先驱投资者，已在太平洋地区获准15万km^{2}的开发区，正在执行一个着重勘探、设计与发展深海采矿与加工技术的长远规划，将经过10年或更长的时间最终圈出可供商业性开采的地区。日本、印度、中国、韩国都拥有一支实力雄厚的科技专家队伍，他们能在原有技术基础上，取得重大突破。此外，这些国家也为新思想和国际合作提供了良好条件，相信定能革新深海采矿技术。《联合国海洋法公约》通过复杂漫长的谈判签署生效，表明深海开发的法律制度的健全，对建立新的海洋法秩序，促进海洋资源的公平开发具有重要意义。它不仅对深海矿业的进一步发展有利，而且在更大程度上也构成了开展商业化活动的必要条件。长期的开发研究表明国际合作开发日趋重要，各国越来越认识到更有效的深海矿业开发方式应是国际合作形式，这不仅是一个国家开发需昂贵的巨额投资，更重要的是有些研究不是一个国家能完成的，如日本已不像几年前那样根本不考虑与其他国家的合作，尤其是日本的大型采矿体系的试验进行后，有可能产生一批以日本为主的国际合作项目，这种集各国之技术优势，以当代最先进的设备与优秀的科技人员组成的合作方式，定能出现深海矿业开发的新飞跃。

多金属结核的开发是一项多学科、高技术的综合性研究。到目前为止，从采矿至冶炼都还未确立用于商业化开采的最佳工艺。深海多金属结核资源的经济性问题可说是影响开发的关键性问题，因为当投资者选择投资深海多金属结核开采时，首先就会考虑该项目到底可获得多大的利润，许多工业集团与学术研究机构均进行了可行性研究，研究表明目前深海矿业的经济效益受开发成本与生产金属市场的双重阻碍。多金属结核的开发过程，要经过采矿—运输—冶炼加工等程序，必然会给海洋和陆地造成一定的环境影响，深海多金属结核开采对环境产生何种影响，影响范围与影响程度如何成为人们普遍关注的热点问题。

多金属结核的开采对海洋现代沉积环境具有一定的影响。深海沉积物在多金属结核开采活动中能够发生一系列动态变化过程，包括沉积物侵蚀再悬浮、输运、沉降、堆积、再固结。沉积物发生的这一周而复始的动力响应过程，至今仍是现代沉积动力过程研究的热点与难点。深海多金属结核开采诱发的沉积物发生的这一系列变化过程持续时间可达几个月、几年、十几年，甚至可能上百年的时间尺度。并且，由于地域、沉积物特征、海洋动力环境、采矿装备等条件存在差异，海底沉积物的动态变化也呈现出显著的不同。目前，对于此项内容的研究尚停留在局部区域的初步调查与室内外模型试验数据的初步分析层面，数据资料很少，理论支撑薄弱，测试内容单一，测试手段局限，从而制约了对此研究问题的深入认识。由于涉及多学科研究问题的交叉及问题自身的复杂与研究难度，至今，对于在深海动力环境下，深海采矿诱发的沉积物动力响应发生过程、影响因素、影响程度、影响范围、动力发生机制仍缺乏清晰准确的认识，需要进一步开展研究。

多金属结核的开采过程中会对海洋地球化学环境产生影响，人为扰动使底床沉积物再悬浮于底层水体，在洋流作用下输运、沉降，重新分布；在此过程中，底床沉积物中的溶解相金属物质、营养盐、铁锰氢氧化合物、有机物等也被释放于地层水体，从而改变了沉积物–地层水体边界层内的物理化学环境，进而影响边界层内的微生物活动，从而进一步影响悬浮于水体的颗粒物质，逐渐形成新的稳定的海底沉积物–底层水体边界层。目前，对于深海锰结核开采过程中不同金属离子、营养盐等物质在不同氧化还原环境下的变化过程及其对底栖生物的影响过程与机制，以及海底边界层氧化还原环境的破坏程度评价及再恢复周期需要多长时间，研究方面的数据仍非常少，需要进一步研究才能够为深海锰结核开采提供科学指导。

多金属结核的开采会对海洋生态环境产生影响，海底表层沉积物被吸走，同时寄居于其上的底栖生物也被带走，或者被采矿机碾压致死，降低了底栖生物多样性，改变了底栖生物群落结构；而集矿机工作导致的再悬浮沉积物运移与输运改变了海水环境，从而也将在一定程度上影响滤食性动物的生存环境与海洋植物的光合作用。另一方面，多金属结核的开采对海洋地球化学特征的改变也将间接对海洋生态环境产生影响。海洋生态环境是海洋生物生存和发展的基本条件，生态环境的任何改变都有可能导致生态系统和生物资源的变化，从而影响海洋生物基因库。任何海域某一要素的变化，都有可能对邻近海域或者其他要素产生直接或者间接的影响和作用。多金属结核的开采对海洋生态环境的影响范围与程度，以及改变后的海洋生态要素的动态变化过程及其相互制约关系，至今仍不清楚，需要进一步研究。

深海多金属结核开采的环境效应是一种具有不同时空尺度、多要素链形关联的动态变化过程。多金属结核的开采对环境的影响范围可能不只涉及深浅海，也有可能涉及陆地与大气环境；影响时间也可能是小时、天、月、年，甚至是以世纪为单位的不同时间尺度；影响对象涉及水体、气体、生物等多种类型。对深海多金属结核开采的环境效应问题的研究需要地质学、生物学、生态学、化学、大气科学等多学科的交叉，现场观测、室内外试验、数值模拟、计算分析等研究手段的联用，以及大量数据影像资料的支撑与分析。

深海多金属结核的开采活动势在必行，而如何在保障获得海洋矿产资源的同时，实现对地球环境的影响控制在自修复能力范围内，是目前亟待研究的一个重要课题。因此，通过多学科交叉理论、方法、技术，系统研究深海多金属结核开采带来的环境影响，揭示深海多金属结核开采活动对海洋现代沉积环境、海洋地球化学环境、海洋生态环境及其他环境因素产生何种影响，量化其产生的影响程度与范围，确定其产生影响的关键因素、时间周期与触发机制，并对多金属结核开采产生的环境影响进行评价预测，是今后一段时间内的重要研究目标。

在深海多金属结核开采活动的环境效应研究方面的研究成果对深入理解深海多金属结核开采产生的环境效应过程，丰富环境演变过程中人类活动扮演角色的认知，推动海洋环境生态、海洋地球化学、海洋现代沉积地质环境研究进入新的阶段，促进海洋科学发展，均具有重要科学意义；另一方面，能够为深海矿产资源探测开发技术的创新、海洋生态环境保护方法与技术的确定与研发，以及环境保护法律法规的制定提供科学指导。

随着海洋技术的发展，我国正在深入研究海洋，加快海洋的开发。当前，我国对深海多金属结核的开发已奏起海洋开发的新篇章，正在进行着一系列重大研究项目，这些成果必将对我国深海矿业发展具有重要意义。在当前的国际形势下，我国应着眼长期开发，加强国际协作，重视多种深海矿床资源的开发。我国深海采矿起步较晚，更需要抓住机遇,努力发展深海采矿技术，以期实现多金属结核的商业开采。目前，西方发达国家已经基本实现多金属结核开采的技术储备，将重点转移到兼顾环境研究上，我国需要抓住时机，掌握主动权，兼顾环境效应，积极研究海底热液硫化物这一前沿，实行跨越式发展；要加强海洋公益性与商业性地质工作结合，以国家需求为导向，做好基础资料的服务工作。在国家综合海洋地质调查研究工作基础上，进行战略和公益指导，不断增强与提升我国海洋多金属矿产资源勘探水平和力度，实现海底矿产资源可持续发展 。

第二节　富钴结壳

富钴结壳又称钴结壳、铁锰结壳，是生长在海底岩石或岩屑表面的皮壳状铁锰氧化物和氢氧化物，因富含Co，而被称为富钴结壳。其表面呈肾状或鲕状或瘤状，黑色、黑褐色，断面构造呈层纹状，有时也呈树枝状，结壳厚0.5～6cm，平均2cm左右，厚者可达10～15cm。富钴结壳含Mn为2.47%、Co为0.90%、Ni为0.5%、Pt为（0.14～0.88）$\times 10^{-6}$，稀土元素总量很高，很可能成为战略金属钴、稀土元素和贵金属铂的重要资源。

富钴结壳主要产于水深800～3000m的海山和海台顶部和斜面上，其赖以生长的基质有玄武岩、玻质碎屑玄武岩及蒙脱石岩。主要生长期可能是10Ma前和16～19Ma前的两个世代，生长速率为27～48mm/Ma。在太平洋天皇海岭、中太平洋海山群、马绍尔群岛海岭、夏威夷海岭、麦哲伦海山、吉尔伯特海岭、莱恩群岛海岭、马克萨斯海台等地都有发现，其资源远景巨大。

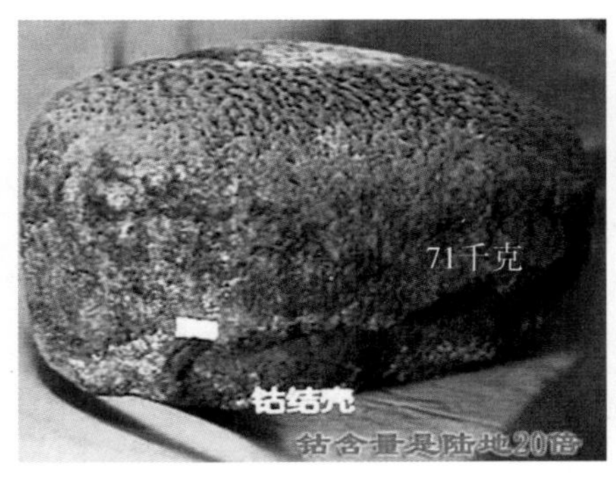

图2-14　富钴结壳

调查资料显示：富钴结壳金属钴含量可高达2%，是陆地最著名的含钴矿床中非含铜硫化物矿床含钴量的20倍；贵金属铂含量也相当于地球上地壳含铂量的80倍。若与我国东太平洋海盆大洋多金属结核开辟区相比，其钴含量高

3～4倍，铂含量高10多倍，海底面覆盖率高3～4倍，单位面积重量高4～6倍。据不完全统计，太平洋西部火山构造隆起带上，富钴结壳矿床的潜在资源量达10亿t，钴金属量达数百万t，经济总价值已超过1000亿美元。因此，自20世纪80年代以来，富钴结壳一直是世界海洋矿产资源研究开发领域的热点。

1948年，美国中太平洋考察队在开展大洋基础地质科学考察时，就发现了太平洋水下海山上存在着铁锰质的壳状氧化物，但未引起重视。此后，美国、苏联亦曾分别对夏威夷群岛和中太平洋海山上的铁锰氧化物开展过调查。直到1981年德国“太阳号”科考船率先对中太平洋富钴结壳开展专门调查后，富钴结壳才真正受到世界各国政府的高度重视和海洋学家的密切关注。随后，其他主要发达国家纷纷开展调查，美国、日本、俄罗斯、韩国和法国等国都投入大量人力、物力、财力进行富钴结壳资源调查研究。各国调查区域主要位于太平洋的各国专属经济区内，少部分为国际海域，并对富钴结壳的分布、类型、成矿特征、成矿环境、形成模式等问题，在宏观和微观上进行了深入研究，对其进行商业化开采的关键技术也进行了研究。美国、日本等国还进行了富钴结壳试采。美国、德国、英国和法国在20世纪80年代已经基本完成了海上调查，俄罗斯、日本、韩国等是目前仍在开展富钴结壳调查的国家。截至目前，中国、日本、俄罗斯和巴西等四个国家已成功和国际海底管理局签订了富钴结壳勘探合同，而韩国的矿区申请也于2016 年获得核准。总体上，美国等发达国家利用已经形成的技术优势，积极探索和研究大洋富钴结壳资源的勘查、开发及冶炼加工技术，目前在深海勘探领域保持领先地位。

中国从1997 年开始进行富钴结壳资源调查，至2013年，已经在中太平洋海山区、西太平洋海山区广大海域进行了19个航次（40个航段）的调查工作，其中“海洋四号”船执行4航次、“大洋一号”船执行11航次、“海洋六号”船执行3航次、“向阳红09”船执行1航次，调查范围主要包括麦哲伦海山区、马尔库斯—威克海山区、马绍尔海山区、中太平洋海山区、莱恩群岛海山链区，开展了拖网、抓斗、浅钻地质采样和海底照相、多波束测深、重力、磁力、浅地层剖面等海洋物探工作，在收集数据资料的同时积极开展资源评价工作，为向国际海底管理局提交矿区申请做准备。2013年7月，中国向国际海底管理局提交的富钴结壳矿区申请获得核准通过，从而在国际海底区域获得了3000 km^2具有专属勘探权的富钴结壳矿区。2014年4月，中国大洋协会与国际海底管理局正式签订了国际海底富钴结壳矿区勘探合同。中国成为世界上首个就3种主要国际海底矿产资源均拥有专属勘探矿区的国家。富钴结壳勘探合同的签订标志着中国富钴结壳资源调查工作重点将从探矿阶段转向一般勘探阶段，工作区域从大范围的海山区转向局部区域的矿块。2014—2016年，中国大洋协会利用“海洋六号”船和“向阳红09”船继续在合同区开展资源与环境调查及采矿试验工作，履行勘探合同义务。

一、富钴结壳的成分与结构

1. 富钴结壳的矿物组成

富钴结壳是多种矿物的集合体，包括矿石矿物和脉石矿物两部分。矿石矿物主要是铁、锰氧化物。其中锰矿物有3种：水羟锰矿（Vernadite，δ-MnO_2）、钙锰矿（Todorokite）和水钠锰矿（Birnessite）。水羟锰矿是最主要的结晶质矿物。水羟锰矿、钙锰矿和水钠锰矿3种锰矿物的O：Mn值分别是：1.99、1.74～1.87和1.87～2.00，由此可见，水羟锰矿的氧化程度最高。而钙锰矿因有隧道结构，可容纳如Mg^{2+}、Cu^{2+}、Ni^{2+}、Mn^{2+}等大量的二价阳离子，所以氧化程度最低。水钠锰矿的氧化程度介于两者之间。锰矿物还是区分大洋铁锰沉积物成因的重要标准，水羟锰矿是水成型结壳的基本矿物，水钠锰矿是成岩型结壳的基本矿物，钙锰矿是水热成因结壳的基本矿物。

富钴结壳中铁矿物结晶程度很低，利用X射线衍射及红外光谱分析极难判断，穆斯堡尔谱的研究表明结壳样品中铁矿物相为FeOOH。富钴结壳中的脉石矿物包括黏土类和沸石类矿物，以及磷灰石、方解石、石英、长石等。富钴结壳中磷灰石矿物的出现是富钴结壳发生磷酸盐化作用的标志。

2. 富钴结壳的化学组成

与地球元素丰度相比，富钴结壳元素可划分亏损型、轻度富集型和高度富集型。其中亏损型元素主要包括 Si、Al、Mg、Ni 和 Sc 等；轻度富集型元素（富集系数在 1～10 之间）主要包括Ca、Na、P、Co、Li和V等；高度富集型元素（富集系数在10以上）主要包括Ti、K、Mn、Cu、Sr、Ba、Zn、Pb和REE等。

表2-7　太平洋各地区富钴结壳的化学成分特征

区域	约翰斯顿岛	中太平洋
成因	水成	水成
深度（m）	1900～2500	4830
分析数	97.00	6.00
来源	4.00	5.00

（续表）

区域	约翰斯顿岛	中太平洋
Mn	19.2%	24.6%
Fe	13.7%	20.6%
Mn/Fe	1.40	1.149
Cu	0.08%	0.20%
Ni	0.35%	0.37%
Co	0.58%	0.29%
Zn	0.055%	0.064%
Pb	0.170%	—

与海水元素丰度相比，结壳中呈超富集的元素有Si、Al、P、Sc、Ti、V、Mn、Fe、Co、Ni、Cu、Zn、Mo、Ba、REE和Yb，它们的富集系数超过1000，如Mn的富集系数可达2×10^9；其他元素（如Sr、Li、Na、Mg、K和Ca等）的富集系数在1～200之间变化。

富钴结壳矿物的组成不同，稀土元素的分布特征和富集机制也会发生变化。富钴结壳中除Fe、Mn含量高外，还富含Co、Ni、Cu、Pt族及REE等元素，其中稀土元素含量远高于其他深海沉积物和海水中稀土元素总量。富钴结壳中铁锰矿物和碎屑矿物是稀土元素富集的主要载体，其稀土元素含量甚至可以接近陆地稀土矿床的稀土品位。不同的矿物组合具有不同的物质组成特征，也代表了不同的生长环境。目前，研究较多的是结壳中矿物组成对过渡金属元素Cu、Co、Ni分布的影响。Baturin和Yushina分析了磷酸化富钴结壳中稀土元素的分布特征，认为结壳中的稀土元素的分布与铁锰矿物、磷酸盐和稀土矿物3种矿物含量有关。

因磷酸盐化作用强烈改变了富钴结壳原始成分，此部分内容均围绕未被磷酸盐化富钴结壳进行。富钴结壳主要成矿元素在区域上的差异对于了解影响富钴结壳的控制要素具有重要意义。在垂向上，海水中具有不同的水化学障，如最小含氧带（水深800～1000m）、文石溶跃层（水深1800～2000m）、方解石溶跃层（水深3500～3600m）、碳酸盐补偿深度（水深4500～4700m）和二氧化硅溶跃面（水深>5100m）。这些水化学障都具有不同的物理化学参数（pH、O_2含量、C_{org}、CO_2、NH_4以及其他参数），这些参数影响海水中成矿元素的组成、赋存和沉降形式（矿物混合）。

不同水深段的富钴结壳，其主要元素随经度的变化具有一致性。如Mn族元素（Mn、Co、Ni和Cu）随经度表现出相近的变化趋势，它们从130° E开始逐渐增大，在170° E～170° W达到最大值，而后降低。而Fe、Si和Al的变化趋势相一致，它们在160° E左右达到最小，自此向东或者向西含量逐渐增加，与Mn族元素基本呈镜像关系，Ba含量自西向东逐渐增加。与经度上的变化相似，两个水深段（1000～1800m和2000～3500m）内的富钴结壳主要元素随纬度也均呈一致性规律变化。如从赤道向北，Mn族元素含量逐渐增加，在10° N附近达到最大值，而后降低；Fe、Si和Al则在10° N～15° N附近达到最小，而此前和此后均升高，与Mn族元素亦呈镜像关系。而Ba含量则从赤道向北呈降低趋势。

3. 富钴结壳的结构与构造

富钴结壳呈浅黑色或褐黑色，大多呈斑块状，表面一般呈鲕状或肾状，底部基质一般为风化的火山岩，在一些海区见到以磷钙土为基质。结壳的厚度一般在2～5cm，最大可达10cm以上，也有小于1mm的结壳。在同一海区，由于水深等环境条件的不同，结壳厚度也有变化，如在中国南海，从北部陆坡到南部海盆，结壳的厚度呈逐渐变小趋势。

肉眼观察，结壳壳层为由富钴物质与黏土物质组成层状构造，层的厚度从小于1毫米到几厘米不等。在偏光显微镜下观察，总体上呈灰白色的富钴氧化物、氢氧化物与呈黑色黏土矿物组成圈层构造，根据其形态，可分为平行纹层构造、柱状构造、块状构造和不规则状构造等。

结壳具有层理和平行带状结构。三个历史时期形成三个分层。早期的“似无烟煤”层，中期的孔隙层，近代的“褐煤”层。

“似无烟煤”层厚度达17cm（平均5～7cm），与基岩接触带一起经受了成岩作用。上伏的“孔隙”层厚度达1～10cm（平均6cm），往往决定着结壳沿矿体的平均厚度，因为它遍及各处。上层厚0.5～5.0cm（平均3cm）的“褐煤”层与孔隙层的分界不明显。

4. 富钴结壳的物理力学性能

富钴结壳的物理力学特性变化很大，这是由其构造特性决定的。富钴结壳和基岩的物理力学性能见表2–8。

表2–8 富钴结壳和基岩的物理力学性质

参数名称	富钴结壳	基岩类型					
		玄武岩	火山碎屑	石灰岩	石化黏土	淤泥岩	凝灰岩
比重（g/cm^3）	1.13～2.15	2.75	1.80	2.16	1.45	1.71	1.76
天然湿度（%）	32.9～10.5	4	29	13	55	40	37
孔隙度（%）	38.3～61.0	—	—	—	—	—	—

（续表）

<table>
<tr><th rowspan="2">参数名称</th><th rowspan="2">富钴结壳</th><th colspan="6">基岩类型</th></tr>
<tr><th>玄武岩</th><th>火山碎屑</th><th>石灰岩</th><th>石化黏土</th><th>淤泥岩</th><th>凝灰岩</th></tr>
<tr><td>抗拉强度（kg/cm^3）</td><td>0.05～0.66</td><td>—</td><td>—</td><td>—</td><td>—</td><td>—</td><td>—</td></tr>
<tr><td>抗压强度（kg/cm^3）</td><td>0.6～7.9</td><td>1917</td><td>—</td><td>329.6</td><td>—</td><td>—</td><td>—</td></tr>
<tr><td rowspan="2">内摩擦角（度）</td><td>42（干）</td><td rowspan="2">76</td><td></td><td>76.5</td><td>—</td><td>—</td><td>—</td></tr>
<tr><td>76（湿）</td><td>—</td><td>52（湿）</td><td>—</td><td>—</td><td>—</td></tr>
<tr><td rowspan="2">内聚力（kg/cm^3）</td><td>29（干）</td><td>—</td><td>—</td><td>76（干）</td><td>—</td><td>—</td><td>—</td></tr>
<tr><td>14.9（湿）</td><td>—</td><td>—</td><td>22.7</td><td>—</td><td>—</td><td>—</td></tr>
</table>

二、富钴结壳的类型

根据结壳的物质组成特征、形成过程及形成环境条件的不同，Hein等将结壳分成水成成因、热液成因、水成与热液成因、水成和成岩作用成因4种类型。

水成成因结壳：这是分布最广泛的一种类型，我们通常所说的富钴结壳就是这一类型。其广泛分布于板块火山堆积体区（如海山、海台地区），此类结壳厚度大，最具经济潜力。

热液成因结壳：热液沉淀作用导致大洋扩张轴附近的锰氧化物或铁锰氧化物形成结壳。在一些热液活动强烈的地区也发现有铁氧化物的结壳。

水成与热液成因结壳：在活火山、扩张中心、轴外海山、断裂带，水成和热液沉积作用下也能形成富钴结壳。

水成与成岩作用成因结壳：在深海丘陵地带，有时能见到水成与成岩作用成因结壳，常与结核相伴生。

此外也可依据富钴结壳壳层厚度、形态和生长世代层数进行分类（如表2-9）：

表2-9　富钴结壳分类表

<table>
<tr><th>分类标准</th><th colspan="3">类型</th><th>特征</th></tr>
<tr><td rowspan="4">壳层厚度</td><td>结膜</td><td>—</td><td>—</td><td>0.1cm≤壳层厚度<0.5cm</td></tr>
<tr><td>结皮</td><td>—</td><td>—</td><td>0.5cm≤壳层厚度<1.0cm</td></tr>
<tr><td>结壳</td><td>薄层</td><td>—</td><td>1cm≤壳层厚度<4cm</td></tr>
<tr><td>结壳</td><td>中厚层</td><td>—</td><td>4cm≤壳层厚度<6cm</td></tr>
</table>

（续表）

分类标准	类型			特征
壳层厚度		厚层	—	壳层厚度≥6cm
形态	板状	—	—	壳层平铺在海底岩石表面
	球状	砾状	中砾	核心体积比大于50%，长轴<30cm，有核心
			粗砾	核心体积比大于50%，30cm≤长轴<50cm，有核心
			巨砾	核心体积比大于50%，长轴≥50cm，有核心
		钴结核	小型	核心体积比小于50%，长轴<3cm，有核心
			中型	核心体积比小于50%，3cm≤长轴<6cm，有核心
			大型	核心体积比小于50%，长轴≥6cm，有核心
生长世代	单层	—	—	具有1个生长世代层
	双层	—	—	具有2个生长世代层
	三层	—	—	具有3个生长世代层

三、富钴结壳的形成与分布

结壳是自然形成的，由于结壳作用或集合作用使铁与锰在水中被氧化固结而形成的。结壳中的矿物很可能是通过细菌活动，从周围冰冷的海水中析出沉淀到岩石表面的。结壳一般以每1～3个月一个分子层（即每100万年1～6毫米）的速度增长，是地球上最缓慢的自然过程之一。因此，形成一个厚厚的结壳层需要多达6000万年时间。研究资料表明，结壳在过去2000万年经历两个形成期，铁、锰增生过程被一层生成于800万～900万年前的中新世的磷钙土所中断，这种在新、老物质之间的中断层可以为寻找更老、更丰富的矿床提供线索。

富钴结壳无法在岩石表面为沉积物覆盖之处形成，因此，富钴结壳通常赋存于玄武岩的表面，很少覆盖在固结的沉积物上或赋存于大规模硫化矿区域。它赋存在水下海底平顶山侧面或者是平底上，深度范围由750～1000m到2000～3000m。多金属结核则分布在4000～5000m水深的海底。最厚的结壳钴含量最为丰富，形成于800～2500m水深的海山外缘阶地及顶部的宽阔鞍状地带上，富钴结壳厚度可达25cm，面积宽达许多km^2的铺砌层，据估计，大约

635万km^{2}的海底（占海底面积1.7%）被富钴结壳所覆盖。据此推算，海底钴总量约为10亿t。

在大西洋，来源于水成作用的钴结壳是在葡萄牙马德里沿岸里昂山北部水深1500m处被发现的（Koschinsky等，1995）。这里既赋存有7cm厚的结壳也有结核存在。此处的富钴结壳中Ni的平均含量为0.34%，甚至可达到1.11%，而Co的平均含量为0.55%，最大为0.85%。第二个结壳赋存区在特洛皮克山，距克普勃兰斯海约260海里，Co的含量为0.9%，Ni为0.6%。富钴结壳的金属含量如表2-10所示（Koschinsky等，1995），大西洋中的钴锰结壳的Co、Ni、Zn、Cu、Pb 及 Ti的平均含量要低很多。众所周知，大西洋的铁、锰沉积物与太平洋的相比较，Fe/Mn比值高，Al与Si的成分也高（这与来自非洲大陆的陆源物质有关）。特累柯山的结壳（中太平洋）赋存在1100～2800m的水深范围内，厚度8cm，特累柯山的结壳年龄为22～24Ma，增长速度1～5mm/Ma（Kschinsky等，1995）；而在特洛皮克山（大西洋）的结壳赋存于1000～2500m水深范围内，Mn的含量达24%，而Co达0.85%。这些富钴结壳的矿物成分中，以水羟锰矿（$\delta-MnO_2$）及非晶质针铁矿（FeOOH）占优势。几厘米厚的结壳所富集的Mn、Co含量最高，所在深度为1200～1600m，它以下300～1200m的沉积物中含氧量为最小。特累柯山地区与特洛皮克山地区的锰结壳表现了很强的正相关关系，Co与Pb相关系数高于0.7。Ni与Ti的相关系数要低一些（0.3～0.5）。像结核一样，钴结壳中La、Ce、Nd及Sm的含量较高，U的含量（百万分之十四）也较高，而结核中的Tl含量（百万分之二十九）也较高（Kunzendort，Glasby，1994）。

表2-10 富钴结壳中的金属含量

项目		Mn	Fe	Co	Ni	Zn	Cu	Pb	Ti	Al	Si
大西洋东北部n=20	最小	12.9	12.7	0.35	0.20	0.05	0.02	0.12	0.2	1.11	1.87
	最大	24.6	28.2	0.85	1.11	0.12	0.10	0.25	1.7	2.801	7.23
	平均	17.7	21.3	0.55	0.34	0.07	0.07	0.20	0.9	1.65	3.38
中太平洋n=272	最小	20.4	10.4	0.50	0.36	0.07	0.04	0.13	0.7	0.31	1.21
	最大	28.8	18.8	1.38	0.74	0.10	0.19	0.23	1.4	1.86	8.08
	平均	23.0	13.4	0.87	0.51	0.09	0.08	0.15	1.2	0.74	2.12

在印度洋，结壳赋存于西澳大利亚西部水下山体的侧面。钴的含量甚至达到1%。

在太平洋，结壳赋存于北部的莱恩海脊、马库斯纳克以及托格拉夫山，水深1800~2000m（Piper，1984；Dimow等，1990）。它的Co含量为0.4%~0.6%，Mn为19.4%~32.2%，Fe约29%，Ni约1%，而Cu的含量低到0.014%~0.04%。低含铜量与水下山体赋存的覆盖体自身的性质有关，通常与这种结壳一同赋存有多金属结核，它们的化学成分相互接近，颜色呈暗褐色，这些结核通常为椭球形、球形。含钴的结壳也赋存于杜莫特隆起带。水成型的钴结壳（杜莫特或威克-纳斯克区域）中Mn与Co具有正相关关系。其中的Co含量为1.3%~1.5%，Mn含量为50%~64%。Mn与Co是正相关关系（0.5），而Co与Ni（-0.15）及Co与Cu（-0.38）是负相关关系，这表明：在纯的水成过程中Co是与Mn紧密相关的。而这些金属间的弱相关则是和早期生成过程中深水结核的类型有关。

在某些地区，例如在夏威夷断裂带（哈卡拉与蓬拉背脊）有3mm厚的锰覆盖层，深度1500~2200m，它是在热液过程影响下生成的（Hein等，1997），在这些沉积物中有水羟锰矿的矿物成分（δ-MnO_2）且Zn、Co、Ba、Mo、Sr与V的含量偏高，这些沉积物与含有钡镁锰矿及钠水锰矿的结壳不同，其矿物成分与成岩作用过程有关，当有δ-MnO_2存在时表明水成作用占优势。这些金属的来源是基性岩与超基性岩、深部岩碳质胶溶软泥、富集锰和混有海底岩浆源的水相互作用的结果。这一区域的氧化锰经常被角砾岩化。这些沉积在夏威夷的结壳和太平洋中的其他区域赋存的结壳类型相同，其中就有玛利亚斯基海域，它的Co含量（百万分之四千一百三十三）要比Ni+Cu的含量（百万分之二千一百二十）高约1倍。

中太平洋区的结壳钴的含量均相同，Co含量为百万分之七千八百，Ni+Cu含量为百万分之六千一百。应当指出，在这些沉积物中下列金属含量偏高：Sr（百万分之八百八十四至百万分之一千一百三十），Pb（百万分之一千三百至百万分之一千七百）、Mn/Fe比值超过1.0。已经提到过，结壳的厚度为3mm，它的增长速度在0.07~0.4mm/Ma（Hein等，1997）。

在西太平洋钴结壳（火山岛弧与弧形边缘盆地）赋存深度为2500m，厚度为100mm，结壳为水成作用过程产生的并与白垩纪及第三纪沉积物有关（Usui、Iigasa，1995）。但在卡依柯达区域形成的结壳则是深层高温热液过程作用的结果，这可用绘制的联结系统表示（Usui、Terashima，1997）。在大陆架及大陆斜坡上的结壳是否含矿尚未确定。位于西太平洋的富钴结壳的主要成分是水羟锰矿。此外，它的Co平均含量较高，为0.64%，还有Pb和Pt，Fe的含量高是与Pt的含量高以及稀有元素的含量高相联系。对钴结壳的初步研究结果表明，它来源于水成成岩作用，展示了一个巨大的前景，即有可能从这种矿物中获取Co、Pt及稀土元素。

根据品位、储量和海洋学等条件，最具开采潜力的结壳矿址位于赤道附近的中太平洋地区，尤其是约翰斯顿岛和美国夏威夷群岛、马绍尔群岛、密克罗尼西亚联邦周围的专属经济区，以及中太平洋国际海底区域。此外，水深较浅地区的结壳的矿物含量比例最高，这是对其进行开采的一个重要因素。

四、富钴结壳矿床的特征

1. 富钴结壳的含水率、覆盖率及金属品位

结壳的含水率指结壳的含水量的重量百分比。由于结壳采集上来很长时间后再测量，它的许多物理特性或许并不代表结壳原地生长时的物理特性。如当样品采集上来一个月之后测量，其表面积会下降20%，两个月后测量会下降40%。因此，为了更加客观地反映结壳的含水率，计算时采用的结壳含水率均为现场测试数据。若测站缺含水率数据，则采用该海山平均含水率值。

结壳的覆盖率是指结壳在海山上一定范围内所覆盖面积的百分比。一般根据海底摄像、照相或地质取样资料进行总体估计。由于结壳黏附于基岩上，一般的取样法（如现在通用的拖网和电视抓斗方法）都不能保证将取样面积上的结壳全部取上来，所以结壳覆盖率一般以海底摄像、照相为主，辅以地质取样与水下照片资料等间接方法来综合估测。见矿率是指有效测站中，结壳厚度参数大于4cm的测站占总有效测站的百分率。据现有资料表明，在计算勘查区富钴结壳资源量时，所用的覆盖率数据一般是40%～60%，而实际调查结果却表明，该数据可能比实际值偏高。如对Necker海脊Horiozn平顶海山较为详尽的研究结果表明，其结壳覆盖率为54%，而S.P.Lee平顶海山仅为24%。

结壳金属品位是指结壳中Co、Ni、Mn、Cu的金属百分含量，金属品位也是结壳资源评价及矿区圈定的重要参数。Co、Fe含量通常随水深深度增大而降低，而Ni、Cu、Mn则有随水深深度增大而升高的趋势；在横向上由于地形、Eh值等因素的差异也可以造成结壳中成矿元素分布不均匀等现象。所以富钴结壳的品位不能简单地将各有用金属的重量百分比相加，因各种金属的价值相差很大，简单相加会造成品位虽同但价值不同。为此，参考多金属结核中镍等量品位的做法，可利用钴当量来表示富钴结壳的品位，以便结壳品位数据

的相互对比。目前通常采用钴当量品位 [CEG（%）]，即按Mn、Cu、Co、Ni这4种金属品位与各自的钴价格比乘积来计算，公式如下：

CEG=00.23 ω（Mn）+ ω（Co）+0.3 ω（Ni）+0.1 ω（Cu）。

2. 富钴结壳矿床的地质条件

富钴结壳分布在水深 800～3000m、各种地貌（顶面、边缘、坡面、山脊、卫星平顶山）、各种基岩和不同流体力学的区域，形成一个既包住顶面的边缘部分，又包住坡面的连续均值的矿体。

顶面结壳，集中在平顶海山边缘2～3km狭窄地带，地形平坦，亚水平。结壳覆盖层是连续的，实际上未发生过结壳崩碎过程。

坡面结壳，坡面角介于30°（顶部附近）到10°～15°（3000m水深等高线）之间。坡面构造复杂，存在着悬崖、峭壁、高达100m的海蚀平台，受熔岩流影响形成的横向皱褶地形，小山脊、山谷和台地等。

坡底结壳，常沿基岩节理被分裂成单个结壳块。在缓平区段有分开聚集的结核和结壳富集。在近底层海流速度最高的支脉有脊峰处，矿体厚度最大。

3. 富钴结壳的成分

富钴结壳是富集了30多种元素，化学元素的总量为20%～50%，平均为35%。它的成分可分为以下4类。

主要有用成分：Co、Ni、Mn、Fe；

伴生有用成分：Cu、Mo、Pt族元素、REE；

有害杂质成分：As、Hg、F、P；

火山渣成分：SiO_2、Fe_2O_3、FeO、$A1_2O_3$、MgO、K_2O、CaO、Na_2O。

个别元素是否列入主要或伴生有用成分，取决于其品位和结壳总回收价值，并考虑加工工艺而定。有害杂质取决于获得的中间产物加工成最终成品的工艺。

太平洋不同地区富钴结壳化学成分及厚度见表2-11。

表2-11 太平洋不同地区富钴结壳化学成分及厚度对比

地区	Cu（%）	Co（%）	Ni（%）	Mn（%）	Fe（%）	Pt（ppm）（10~6）	∑RRE（%）	平均厚度（cm）
麦哲伦	0.23	0.48	0.48	18.0	14.35	0.35	0.16	4～5
中太平洋山	0.12	0.63	0.44	18.0	14.2	0.5	0.19	2.5
威克隆起	0.26	0.52	0.40	18.0	15.8	—	0.17	6
莱恩	0.35	0.40	0.52	20.2	13.6	1.3	0.15	2.5

（续表）

地区	Cu（%）	Co（%）	Ni（%）	Mn（%）	Fe（%）	Pt（ppm）（10~6）	∑RRE（%）	平均厚度（cm）
夏威夷	0.07	0.72	0.38	19.15	14.5	2	0.15	2～5
约翰斯顿	0.08	0.90	0.56	26.76	14.62	0.25	0.2	4.5
金门礁	0.06	1.05	0.60	26.92	13.37	0.30	0.16	4
菲律宾海	0.12	0.24	0.24	14.48	19.42	—	0.15	—

五、富钴结壳成矿区

1. 圈定矿区的技术指标

圈定矿区的技术指标，主要依据可预见的开采技术可能性和初步掌握的潜在矿区地质条件加以确定。俄、美、日大洋富钴结壳矿山地质参数见表2-12。我国科学家经过综合与分析国内外勘察资料，提出圈定富钴结壳矿区的技术指标。

表2-12　俄、美、日大洋富钴结壳矿山地质参数

指标		俄罗斯麦哲伦海山矿区		美国夏威夷群岛和约翰斯顿群岛	日本矿物资源协会
		MA～15	MA～35		
赋存深度（m）		1400～2500	1350～2500	80～2400	800～2400
分布面积（km^2）		672	521	92 000	36
结壳厚度（cm）		6.1	7.0	0.75～2.0	3.0～5.0
干丰度（kg/m^2）		77.5	77.5	37.2～53.7	—
干矿石资源总量（kt）		35400	32400	18 000～525000	—
矿石品位	锰（%）	22.2	22.6	24.2	28.0
	钴（%）	0.61	0.63	0.92	0.95
	镍（%）	0.46	0.46	0.47	0.5
矿石品位	铜（%）	0.12	0.12	0.074	—
	铂（%）	0.4	0.4	0.4	0.4
	锰（kt）	7860	7340	131400	—
预测金属资源	钴（kt）	218	204	4900	—
	镍（kt）	161	148	2500	—
含矿系数（%）		75～90	—	75	—
总回收率（%）		50	—	70	—
生产能（kt/a）		250～1000	700	700	—

（1）作业水深1300～3000m。

其中：32.3%在 1700～2000m；

23.4%在 2000～2500m；

44.3%在 2500～3000m。

（2）地形坡度：根据56.7%的钴结壳赋存于地形坡度小于20°的地带和目前采矿机的极限工作坡度，矿区地形平均坡度为10°，最大为15°。

（3）结壳平均厚度根据国外资料，大部分矿区的结壳厚度为5.5～8.2cm，很少小于5cm，因此资源评价的结壳平均厚度取4cm，由于结壳与基岩的分界面不平整和不能准确测定，要保证采矿机达到必需的生产能力，最小厚度要大于2cm。

（4）结壳干丰度最低为50kg/m^2，优先开采丰度为75kg/m^2。

（5）系统年生产能力100万t。

国际上主要有25万t、50万t、100万t3种生产能力，鉴于结壳储量极易满足生产规模要求，因此，圈定矿区应以年产量100万t作为计算基准。

（6）开采年限为20年。

（7）含矿系数根据国外普查资料，圈定矿体时的最小含矿系数取0.5，预测资源时的含矿系数应为0.65～1.0。

（8）金属品位钴最低含量为0.45kg/m^2，钴平均品位为0.9%，最低0.5%。铂的最低品位0.5%。其他金属当量系数：Ni为0.21，Mn为10.046。

（9）最小矿段连续矿段宽度为100～1500m，72%为100～200m，因此最小矿段宽度不小于100m。

（10）总回采率包括以下系数：

η_1——含矿系数，平均取0.75。

η_2——贫化率，一般取10%～15%。

η_3——开采损失率，一般取30%。主要包括：未开采全厚度的损失为10%～15%；结壳微地形不平整造成的损失为5%～10%；采矿机开采未到达地点损失为5%～10%。

η_4——提升损失率，实验表明，有10%小于1cm粒级的结壳矿粉随同水力输送水排掉。

η_5——装船、转运等运输损失率，约为20%。

综上所述，采矿总回收率为30%。

（11）资源量估算时，应根据上述结壳矿床的平均厚度、总回收率、平均品位、年产量和开采20年等因素估算所需矿区资源量及相应的矿区面积。

圈定矿区技术指标为年产100万t、开采20年的矿区结壳储量要大于6700万t，所需矿区开采面积最小为1340km²。

2. 主要的富钴结壳成矿区划分

根据已有富钴结壳资源在不同大洋及不同构造背景和地貌形态上的分布情况，对富钴结壳主要的成矿区进行划分。成矿区是大量富钴结壳矿点相对集中分布的大区域成矿单元，对应着区域性的海山区、洋脊、海盆和大陆坡。富矿区则是在成矿区的基础上，按照一定的圈定指标进一步划分出的富集区，对应着具体的海山、洋脊段等。

根据合同经济特征类别属性的划分，结合世界海底富钴结壳的分布特征，对富钴结壳成矿区进行初步划分。如图2–15所示，划分出10个成矿区：西太平洋成矿区（P1）、中太平洋成矿区（P2）、南太平洋成矿区（P3）、东太平洋成矿区（P4）、西南太平洋成矿区（P5）、西北大西洋成矿区（A1）、东北大西洋成矿区（A2）、南大西洋成矿区（A3）、西南印度洋成矿区（I1）和中印度洋成矿区（I2）。

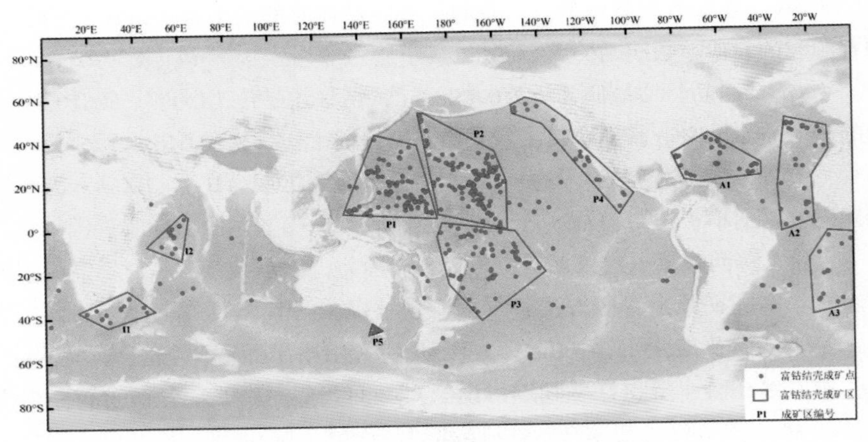

图2–15 世界海底富钴结壳成矿区划分示意图

对于富钴结壳富矿区的圈定主要考虑两个因素：富钴结壳厚度和分布水深。根据分析，富钴结壳在450～7000m的水深范围内都有分布，而且在各大洋中富钴结壳的分布水深也不相同。结合各大洋富钴结壳矿点对应不同水深段的分布频数，选取频数分布较高的水深段作为主体水深，即太平洋的主体分布水深为1000～3500m，大西洋的主体分布水深为2000～4000m，印度洋的主体分布水深为1500～5500m。按照富钴结壳厚度不小于2cm的指标在水深1000～3500m的范围内对太平洋富钴结壳富矿区进行圈定，共圈出富矿区8个，分别为：Michelson海脊富矿区（SM1）、Marcus-Wake海山富矿区（SM2）、Magellan海山富矿区（SM3）、Marshall海山富矿区（SM4）、Hawaii海岭北部富矿区（SM5）、Hawaii 海岭南部富矿区（SM6）、Mid-Pacific海山富矿区（SM7）、Line海山富矿区（SM8）（见图2-16）。在大西洋和印度洋未圈出富矿区。

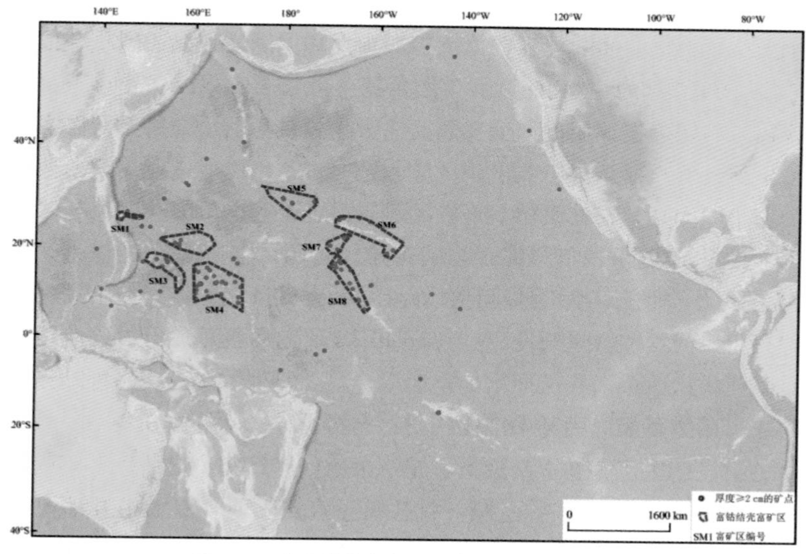

图2-16　太平洋结壳富矿区（2cm厚度指标）

六、富钴结壳资源研究开发现状及发展前景

富钴结壳除了钴含量高于深海锰结核之外，其开采之所以被认为有利，是因为高质量的结壳储存在岛屿国家专属经济区内水深较浅、离海岸设施较近的水域。富钴结壳所含金属（主要是Co、Mn和Ni）用于钢材可增加硬度、强度和抗蚀性等特殊性能。在工业化国家，约四分之一至二分之一的钴消耗量用于航天工业，生产超合金。这些金属也在化工和高新技术产业中用于生产光电电池和太阳能电池、超导体、高级激光系统、催化剂、燃料电池和强力磁以及切削工具等产品。

从资源角度看，钴是一种重要战略资源，广泛应用于航空航天、交通运输等重要领域。据国土资源部信息，钴是我国在21世纪的短缺资源之一，在世界金属市场上钴也属短缺品种。这是由于陆地钴资源量有限，且主要以铜、镍矿的伴生矿的形式出现。独立的钴矿很少，所以即使依靠进口也很难满足需求。反观海洋富钴结壳，其资源丰富，初步估计约是陆地钴资源量的几百倍。

钴和许多贱金属一样，价格波动较大。20世纪70年代后期，特别是在1978年，当时世界上的第一产钴国扎伊尔（现在的刚果民主共和国）境内矿区爆发内战，钴价飙升，人们对结壳的经济潜力有了深刻的认识。由于刚果民主共和国的生产持续下降，2000年，赞比亚、加拿大和俄罗斯联邦三国总产量占了全球总产量（9500t）的一半以上。

现在，钴生产在地域上远没有以前集中。但从中、短期来看，需求仍趋于缺乏价格弹性。只要认为可能出现供应问题，价格仍可能迅速倍增。钴供应不确定的一个原因是，在扎伊尔（现在的刚果民主共和国）和赞比亚这两个主要生产国，钴是铜矿业的副产品。因此，钴的供应量取决于对铜的需求，碲的供应量也是如此。这种不确定性已促使企业寻找其他代用品，因此市场仅略有增长。如果可以为这些金属开发出其他重要来源，这将提供较有力的诱因，在产品中重新使用这些金属，从而增加消耗量。对钴以外的一种或多种结壳富含金属的需求，最终可能成为开采结壳的驱动力。

富钴结壳是现代海洋中最具潜在经济价值的矿产类型之一，对它的调查和研究早已为各发达国家所关注。对富钴结壳的勘查，早期集中在中太平洋（夏威夷附近）和南太平洋相关海域。后来逐渐扩展至西北太平洋、大西洋和印度洋。美国和德国于20世纪80年代初已开始联合开展该类矿床的调查研究，苏联从1985年开始进行调查，在10多年的调查研究中就勘查了三大洋各海域的90多座海山，获得大量调查数据，通过对比研究，最终选定并申报了在麦哲伦海区附近的矿区，俄罗斯于1998年向国际海底管理局提交了矿区申请。日本、韩国等也不甘落后，开展了对该类矿床的调查研究工作，韩国通过合作方式在南太平洋发现了优质勘探靶区，钴平均含量在1%以上。总之，对富钴结壳等海洋矿产权益的争夺已日益激烈，被誉为“蓝色圈地运动”。这不仅是对资源的争夺，也是高科技的竞争和综合国力的体现。通过对富钴结壳的广泛调查，不仅在更广的区域，而且在更深的范围发现了结壳。近年来对富钴结壳的勘探范围进一步扩大，日本在进行中太平洋富钴结壳调查时发现结壳不仅生长在平缓的海山裸露基岩上，还存在于钙质沉积物之下，中国在中太平洋和西北太平洋平顶海山发现了埋藏型结壳。据估计，如果考虑到埋藏型结壳，则富钴结壳的储量可能会增长3～5倍。这进一步证实了埋藏型结壳大量存在于海山顶部或部分斜坡区远洋钙质黏土层之下。

我国也正在积极地开展富钴结壳调查研究工作。我国于20世纪80年代开始国际海底区域勘查活动，1991年在联合国登记成为国际海底开发先驱投资者，并从90年代开始进行深海开采高新技术和冶炼加工流程的系统研究。在20世纪90年代中期以前，我国在国际海底资源调查方面主要限于多金属结核。在西方国家纷纷把注意力转向大洋钴结壳资源时，我国已逐渐感到形势的严峻，针对国际海底资源开发的新形势，有关部门积极考虑面向国际海底钴结壳资源的勘查活动及开发研究。

我国从20世纪90年代中期开始在中太平洋组织了多个航次的钴结壳勘查，1993年ODP第143和第144航次在中太平洋和西北太平洋平顶海山上钻取的岩芯中发现埋藏型富钴结壳层。通过在麦哲伦海山区和中太平洋海山区结壳靶区进行的深海拖网作业，采集到了大量的富钴结壳样品，取得了大量的第一手资料。钴结壳样品中钴含量一般达0.5%以上。我国研制了富钴结壳取样设备深海潜钻，它能够在较精确的位置准确判断结壳的厚度。同时开展了钴结壳的冶炼加工技术研究。长沙矿冶研究院和北京矿冶研究总院分别开展了火法—水法冶炼探索试验及亚铜离子氨浸法处理大洋钴结壳试验，并取得了比较好的结果，这为21世纪大洋钴结壳资源的开发和利用奠定了良好的技术基础。

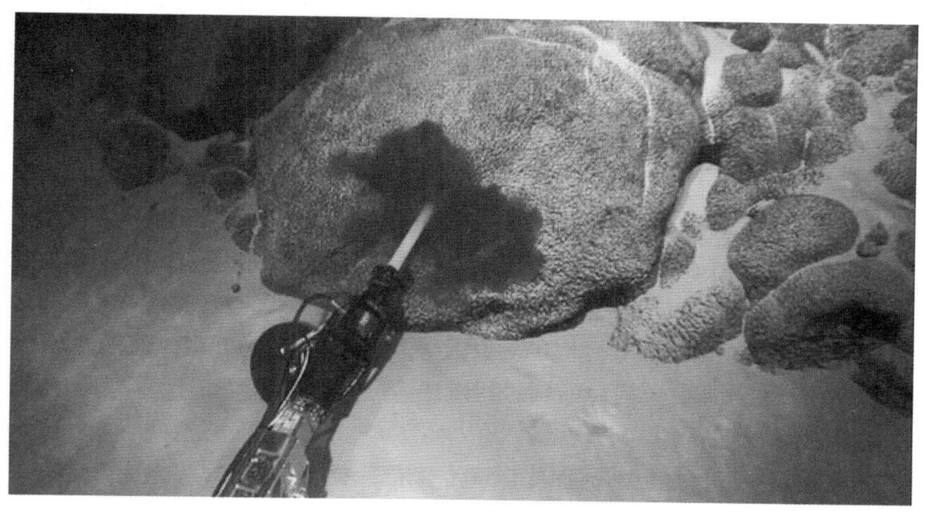

图2-17　钻取富钴结壳

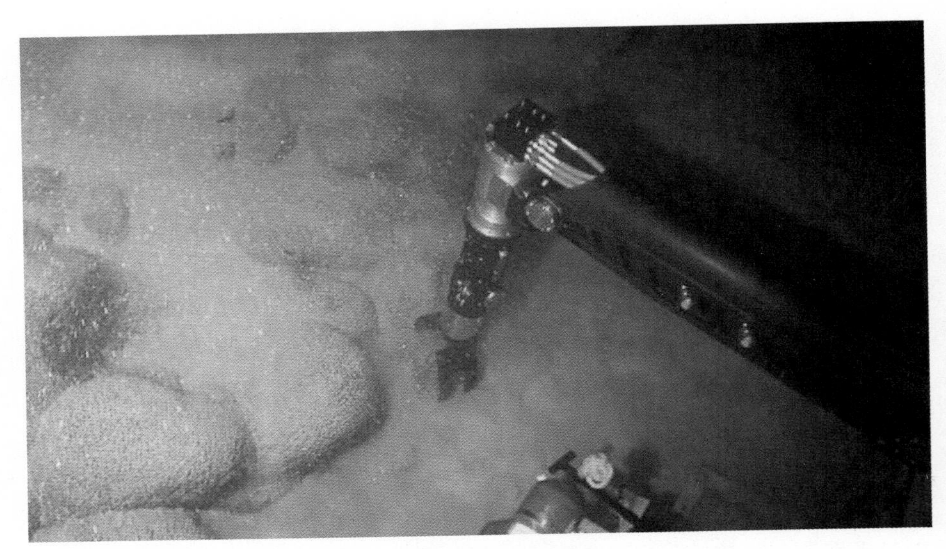

图2-18　机械手抓取富钴结壳

开采结壳的技术难度大大高于开采多金属结核。采集结核比较容易，因为结核形成于松散沉积物基底之上，而结壳却或松或紧地附着在基岩上。要成功开采结壳，就必须在回收结壳时避免采集过多的基岩，否则会大大降低矿石质量。一个可能的结壳回收办法是采用海底爬行采矿机，以水力提升管系统和连接电缆上接水面船只。采矿机上的铰接刀具将结壳铰碎，同时又尽量减少采集基岩数量。目前提出的一些创新系统包括：以水力喷射将结壳与基岩分离；对海山上的结壳进行原地化学沥滤，以声波分离结壳。除日本外，其他国家对结壳开采技术的研究和开发有限。尽管提出了各种想法，但这一技术的研究和开发尚在初期阶段。

与西方发达国家相比，我国在大洋钴结壳资源的勘查及冶炼加工等方面的投入有限，虽然钴结壳的商业开采还有待时日，但考虑到大洋钴结壳中富含钴等战略金属资源，且广泛分布于200海里专属经济区内，其开发又不会对环境造成明显的损害等因素，钴结壳有可能先于锰结核进入商业性开发阶段。对此，我国应积极进行大洋钴结壳资源的勘查、采矿和冶炼加工研究，以期缩小与西方国家的差距，确保我国在新一轮的国际海底资源竞争与角逐中占有主动地位。

大洋富钴结壳矿产资源经过30多年的勘探历史，目前对其在各大洋的分布情况有了详细了解，对其类型划分、成矿特征、成矿环境、成矿机制及分布规律等问题的研究都取得了重大研究成果。目前在富钴结壳勘探方面，俄罗斯、日本、韩国和中国等仍在开展富钴结壳调查。在资源调查的同时，各国都注重调查设备的改进与研发及新调查技术的应用，同时开展采矿及冶炼加工技术的试验与研究工作。在理论研究方面，虽然目前在多个方面取得显著成果，但受当前技术影响，有些方面仍有待深入研究。例如，目前虽然有多种手段可获取富钴结壳的年龄值，但由于富钴结壳自身复杂地质成因及测试分析技术原因，或是由于定年方法的局限性，目前积累的准确可靠的富钴结壳年代学资料并不多，影响了富钴结壳成矿作用过程的研究。未来富钴结壳理论研究的发展，很大程度上有赖于高精度的分析测试技术、高分辨的研究方法以及新技术新方法的应用。

21世纪中叶人类将会面临资源短缺，尤其是具有战略意义的金属如钴、镍等，而海洋底部富含多金属结核、锰结核及钴结壳等矿产，为人类解决资源问题提供了一种途径。目前中国的金属钴很大程度上依赖进口，因此有计划地开展深海资源勘探和开采研究具有重要的现实意义，同时还能带动遥感、机械、材料、运输、自动控制、海洋生物等相关高科技的发展，具有十分重要的战略意义。我国对富钴结壳的追踪研究从进行大洋多金属结核调查时就已开始，但大规模的调查研究工作则刚刚开始。这就需要我们紧紧跟踪该领域的最新进展，力争在短期内迎头赶上。对大洋多金属结核的调查研究使我国在海洋科学领域取得了长足的发展。通过对富钴结壳和其他多种资源的综合调查研究，使我国紧紧把握国际上海洋科学的发展方向，全面振兴海洋事业，维护海洋权益，并发展我国自己的海洋高新技术。

第三节　海底热液硫化物矿床

海底热液多金属硫化物（Hydrothermal Sulfide）是指热液作用形成的硫化物矿床及伴生的矿物资源。它主要分布于大洋中脊和弧后扩张带，富含Fe、Cu、Pb、Zn等多种金属元素，其主要矿物成分是：黄铁矿、黄铜矿、闪锌矿等硫化物类和钠水锰矿、钙锰矿、针铁矿及赤铁矿等铁锰氧化物和氢氧化物。多金属硫化物呈泥状、浸染状和块状产出。泥状的叫多金属泥，如红海的多金属沉积物；块状的则称块状硫化物，如东太平洋洋隆和加拉帕戈斯扩张中心的硫化物沉积。

海底热液多金属硫化物是20世纪60年代发现的一种新的多金属矿产资源类型，主要由富含Cu、Fe、Zn、Mn、Pb及Ag、Au、Co、Mo等金属和稀有金属的硫化物组成，具有易于开采、冶炼和资源量巨大的优点，被认为是最重要的潜在矿产资源之一，是最引人注目的深海矿产资源。

据不完全统计，当前已发现的海底热液成矿的硫化物矿床有350多处，规模比较大的近20处，其中多处资源量超过百万t。它们主要分布在10° S ~ 30° N，其水深范围为2500 ~ 2900m，集中在地质构造不稳定的区域，如洋中脊、板内热点和弧后盆地，这些区域大都与地震、火山、断裂、扩张紧密相关。海底热液硫化物最初发现于红海，继之在东太平洋洋隆、大西洋中脊、印度洋中脊顶部都有发现。

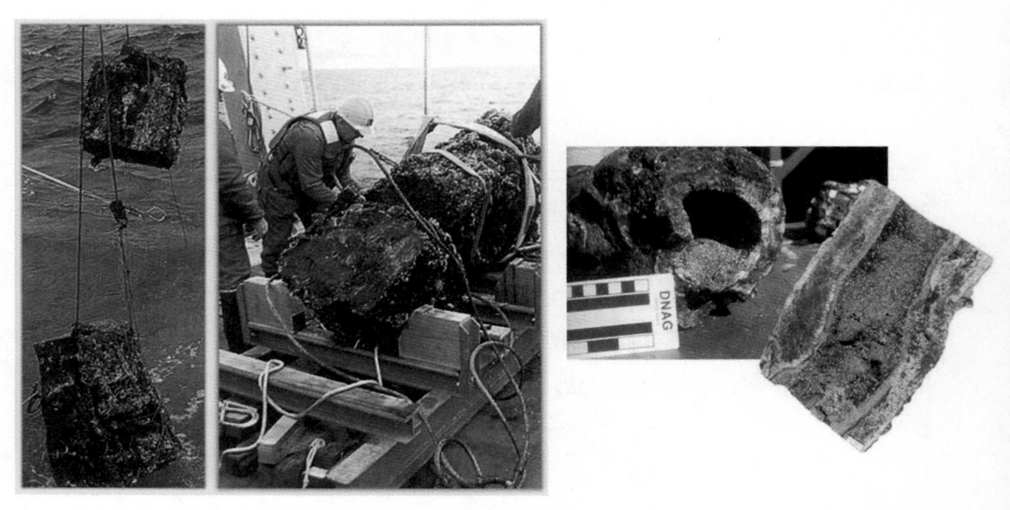

图2-19　块状多金属硫化物

图2-20　黄铁矿

图2-21　黄铜矿

图2-22　闪锌矿

海洋中大规模的区域温度升高现象是19世纪开始发现的。20世纪60年代，西方科学家在红海进行海洋地质调查时，发现海底存在规模巨大的热液硫化矿床和金属卤水，这一重大发现震动了整个科学界，使海底热液活动成为20世纪海洋科学领域最重要的发现之一。现代海底热液活动及资源效应的研究已成为当前地球科学研究的热点，海底热液多金属硫化物也成为受到国际关注的海底矿藏。

海底块状多金属硫化物是继多金属结核和富钴结壳等深海矿产资源之后人类认识到的又一种新的海底矿产资源，由于其赋存水深较浅、距离陆地较近，经济价值也较高，被认为具有较好的开采价值。海底块状多金属硫化物的开发已引起了国际采矿界的高度关注。日本完成了硫化物资源勘探相关工作，已选定了两个开采区。俄罗斯完成了多金属硫化物矿区的第一阶段勘探工作，进入了多金属硫化物资源采矿系统设计研究阶段。澳大利亚的两家公司在西南太平洋区域的巴布亚新几内亚和新西兰等国专属经济区内申请和获得了面积约50万km^2的勘探区。海王星矿业公司完成了热液矿区勘探工作，并于2010年进行试验开采；鹦鹉螺矿业公司完成了热液矿区勘探工作和采矿设备的制造，于2010年开始进行商业开采。2010年5月，经国际海底管理局理事会批准，中国在西南印度洋获得了1万km^2具有专属勘探权并在未来享有优先开采权的多金属硫化物资源矿区。

要想全面认识海底多金属硫化物矿床，并对这些潜在资源进行开发，首先需要了解海底热液活动的分布规律、海底多金属硫化物矿床形成的区域地质环境，以及区域地质背景条件对海底热液多金属硫化物矿体规模、成矿机制等的控制作用等相关科学问题。

图2-23　高温热液流体喷口硫化物烟囱体取样

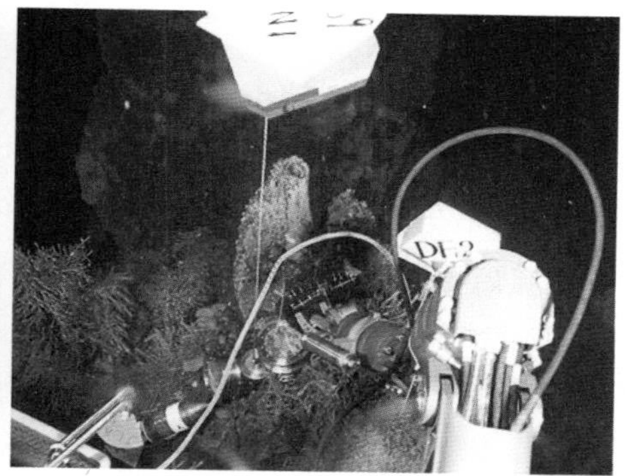

图2-24　低温弥散热液区喷口标志物布防及机械手取样

一、多金属硫化物的化学组成及类型

一般来说，海底多金属硫化物矿床的主要元素是Cu、Zn、Pb、Ag、Ba、Ca和Au等；微量元素的种类较多，有B、Bi、Cd、 Co、Cr、Cs、Ga、Ge、Hg、Mo、Ni、Pd、Pt、Rh、Sb、Sc、Se、Sr、Tr、Tl、U、Y、W、Zr等。海底多金属硫化物矿物以黄铁矿、闪锌矿、黄铜矿、斑铜矿、白铁矿、方铅矿、磁黄铁矿为主，也有一些热液型黏土矿物和非硫化物矿物，如硬石膏以及非晶质石英等。然而，不同的构造背景所形成的多金属硫化物具有不同的化学组成和矿物组成。

通过近 30 年以深海钻探（DSDP）和大洋钻探（ODP）为主体的海洋地质调查研究表明：海底热液活动在离散板块边界和汇聚板块边界均可出现，但都集中在拉张性构造带上，如快速扩张和慢速扩张的大洋中脊、沟弧盆构造活动带、轴向海山、火山及地幔热点区。总的来说多金属硫化物矿床产出的大地构造背景分为4类：大洋中脊（EPR 21° N型）、洋内弧后（Lau Basin 型）、陆内弧后（Okinawa Trough型）及陆内裂谷（红海 Atlantis Ⅰ海渊型）。根据大洋中脊有无沉积物覆盖的情况还可以进一步区分，此外，在弧前环境的火山凹陷中还发现了黑矿型多金属硫化物矿床。

（1）在洋脊环境，洋脊为相对富含Cu和Fe的玄武质岩石，因而矿床多为Cu-Zn型或Cu型。而在岛弧张裂环境，岛弧下部的“基底”多为陆壳或过渡壳，火山作用产物主要为相对富含Pb和Zn的长英质火山岩系。因而，在海水循环和水-岩反应过程中，岛弧环境的火山-沉积岩系无疑比洋脊环境的玄武岩系提供更多的Pb、Zn和较少的Cu、Fe组分。

（2）现代海底洋脊环境的硫化物矿床与岛弧环境的黑矿型矿床在次要元素方面也有所不同。岛弧张裂环境的硫化物矿床比洋脊环境的普遍低Cu、Fe和Se，显著高Pb、As和Sb，中等富Mn、Zn、Ag；黑矿型矿床的高As和Sb丰度，亦揭示了陆壳及长英质火山岩对热液流体的成矿组分的重要贡献。

（3）另一方面，不同的岛弧发育阶段，造就不同的矿床金属类型。年轻的弧后扩张系统，如冲渑海槽，其矿床类型为Zn-Pb-Cu型，Pb含量高于其他黑矿型矿床。而成熟的弧后系统，如北斐济和马里亚纳海槽发育大量玄武岩，其相应矿床的金属类型为Cu-Zn型，矿石的化学特征与洋中脊环境的相类似。由于岛弧亲和性火山岩系的分异，劳厄海盆介于洋壳和陆壳弧后背景之间。

二、多金属硫化物的成因

对于海底成矿热液来源问题科学界一直争论不休，争论的焦点为强调海水成因的热液淋滤模式和强调岩浆成因的岩浆热液模式。海水热液淋滤模式认为成矿热流体及矿质源自高温海水与岩石相互反应；岩浆热液模式认为深部岩浆房挥发组分直接释放形成的富含金属组分的岩浆流体对成矿体系有较大的贡献。

大洋钻探计划已积累了一些海水在洋壳中下渗深度与流体分布的资料，通过地球化学和同位素方法建立了示踪流体运动过程的模型。热流值最高、热液活动最强烈的地区明显受大地构造与火山活动的控制，大洋中脊与地幔热点区是海底金属硫化物的沉淀场所。热点与海洋断裂之间的联系不是偶然的。因为洋中脊是隆起轴（中心扩张），刚性板块垂直于该轴移动，并导致原连续的岩块断裂，使得玄武岩的熔岩流出来，玄武岩突然间与海水相接触，由于岩体中的应力作用造成了洋底的扩张中心张性裂隙和断裂发育，海水在高渗透性的岩石中下渗到较深的位置，受高热流或深部岩浆活动热驱动，在洋壳岩石中进行对流循环，从各种围岩中淋滤提取大量的成矿物质，形成高温并富含多种金属组分的成矿热液。它们在洋底喷发并与冷的海水相遇混合，析出金属硫化物，形成了“黑烟囱”，围绕高温热液的蒸发，含矿的热液所形成的硫化物沉积中含有大量有用金属。

Turekian（1983）建议用下面的模型模拟水对岩层的渗入，水被矿化后，从海底面上流出：在对流过程中，海水直接与岩浆体接触并冲刷岩浆上的孔洞而被矿化，并加热到约350℃。而后溶液返回到海底表面形成喷泉或黑色烟筒；海水渗入岩层系统中，而后与新加热水一起形成溶液的热源，远离海洋中脊的水未被加热，但改变化学成分并流出海底面。此后，Bonatti（1993）又建议了一个模型，其基本点为生成的环境。该作者论证说：在溶液流出以前就有沉积物在海底的岩浆覆盖层上生成，但在溶液流出过程中，沉积物则是溶液的沉淀结果，它与海底水流的作用还需要一段时间。假若溶液中富集了渗入的金属，则流出后金属会进入已形成的沉积物中，并形成中间沉积层。以水成方式形成的含金属沉积物（从海水中沉淀出来）与深成高温热液形成的沉积物相比较，其Fe ：Mn ：（Ni+Co+Cu）的比例是变化的。在水成含矿沉积物与深成高温热液沉积物之间还是相互联系的。

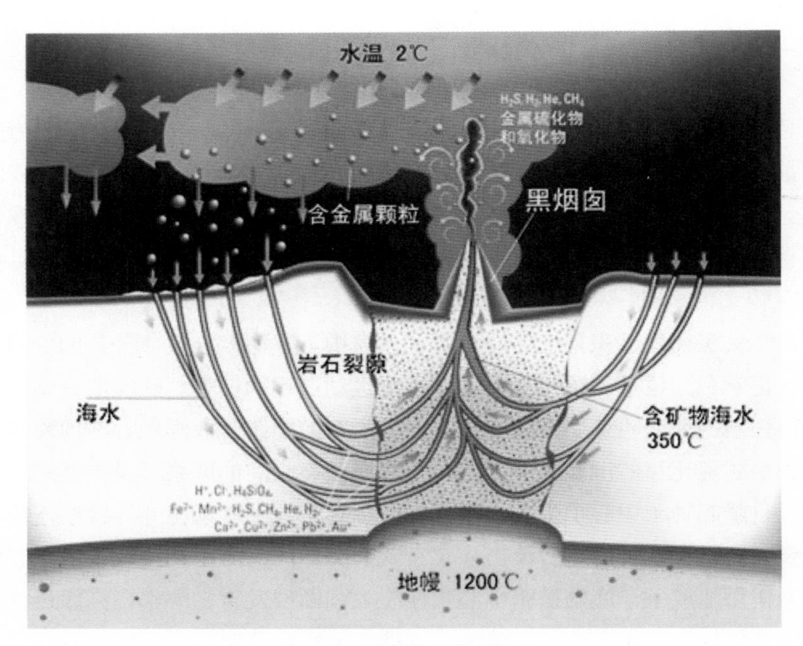

图2-25　海水对流循环模型

这种海水对流循环模式能有效地解释大洋中脊与洋壳生长等相伴的高热流异常及洋中脊的金属硫化物矿床，并逐渐成为各种构造背景下块状硫化物矿床成矿模式的基本内容。

现代海底热液沉积物中硫化物的硫源可大致分3种类型：①以火成岩来源硫为主，并有海水来源硫部分的加入（以EPR 21° N，大西洋中脊Snake Pit、Axial Seamount 和北胡安·德富卡洋脊为代表）；②以沉积物来源硫为主，并有海水来源硫和有机还原硫的加入（以Guaymas Basin 为代表）；③以火山岩来源硫和沉积物来源硫的混合硫为主，并有海水来源硫的部分加入（以Okinawa Trough和Jade 热液活动区为代表）。

对于成矿金属的来源主要有两种看法：含矿围岩及其下伏基底物质的淋滤，以及深部岩浆房易挥发组分的直接释放。一般认为，在有沉积物覆盖的洋中脊，热液沉积物的形成除了与深部岩浆活动有关外，沉积物也为海底热液成矿提供了部分甚至是主要的物质来源；而在无沉积物覆盖的洋中脊，洋脊玄武岩是成矿金属的主要供应者；在弧后盆地环境，有关热液沉积物来源的问题可能更为复杂。

基于对各种金属的热液活动性及不同热液相携运金属能力的研究，许多人认为较易溶元素（如Pb、Zn、Ag等）主要来自淋滤，而较难溶元素（如Cu、Sn、Bi、Mo等）主要直接来自岩浆，即同一矿床中与铜矿化有关的流体主要来自岩浆，而与铅锌矿化有关的流体多被解释为来自循环海水。但是，岩浆体系直接向块状硫化物热液成矿体系提供成矿物质的观点一直缺乏有力的直接证据，只能通过块状硫化物矿床与岩浆热液矿床的相似性推测。近年来已有许多研究者利用熔融包裹体进行了一系列精细的研究工作，其结果表明，岩浆演化过程中能够形成富含各种成矿金属的独立流体相，因而岩浆体系对成矿在物质方面的直接贡献越来越被研究者所重视。

而近几年来的研究表明，岩浆流体对海底成矿热水系统有不可低估的作用。目前研究人员发现，实际上同一个热液活动区乃至同一热液喷口的热液流体的盐度都有很大的变化，在同一地段的洋底热液系统中可以同时存在两种不同盐度的流体，有些流体的盐度低于正常海水，另有的盐度（NaCl）则高达15%～32%，热液体系深部的流体可能有蒸汽相和卤水相等不同的状态，活动方式也各有差异。大量证据证明，海底热液喷口的最高温度为350℃左右，这种高温能持续相当长的时间，沸腾将导致热液系统难以长期保持350℃左右的稳定高温条件；理论推算表明，已知岩浆侵入体驱动的热液系统所能导致的成矿规模要比实际情况小很多。另外，喷口热液的化学组成只能在近400℃的海水与玄武岩实验中产生，以上现象用以往简单的海水对流循环模式是难以解释的。

Bischoff和Rosenbauer根据野外和实验室重新验证，提出新的洋中脊海底热液循环模式——双扩散对流（Double-diffusive convection）模式。双扩散对流模式很好地解释了盐度变化以及其他化学和矿物学的问题。这一模式认为热液循环体系由两个垂向分离的对流循环胞组成：下方是高温高盐度的卤水，顺层分布并对流，卤水层的形成与下渗到深部的流体的相分离有关，还可能有岩浆流体的参与；上方是低温低盐度的海水对流圈，下部的高密度卤水层加热并驱动上部海水为主的热液流体对流循环。卤水层下方是一个隐伏的岩浆房，在岩浆房上部有一个破裂锋面，形成了热阻挡层。热阻挡层的温度估计为450～700℃。下方对流圈中的卤水一部分来自海水，一部分来自岩浆，流体在卤水库中发生相分离，即由于气相逸出使卤水盐度升高。上方海水循环对流圈是一个单循环圈，在该圈底部，海水通过扩散界面被卤水层加热，并且通过扩散界面传输部分溶解组分。卤水层主要形成位于下部的层状矿化，往上排泄时也可形成部分不整合矿化，上方海水层形成上部的不整合矿化。氧同位素证据也证明了纵向分布的上述两单独热液系统的存在，我国呷村黑矿型块状硫化物矿床的研究结果也为这一模式提供了证据。

三、多金属硫化物矿床的分布

大规模多金属硫矿的远景区域是洋中脊隆起带的轴部以及延伸性的火山弧区域，海底隆起区轴部的火山与深成高温热液的作用正好聚集了大量矿物，大面积的硫化矿首先是在深谷断裂的轴部及在平缓的中脊部形成，如大西洋和平区的中脊。洋中脊上升很快的东太平洋隆起区由不大的断裂深谷形成，但有大量的岩浆溢出、强烈的火山作用和深水高温热液作用，其结果产生了许多细雾状的“黑烟囱”。这些中脊是非对称的，受到了断裂深谷断层的限制。在深谷的轴部，存在新的火山带，在轴部及深谷的两侧都集中有强烈的火山作用和深成高温热液作用。大规模的硫化矿石聚集在中脊的平缓部位因而也经常有金属的高度富集。应当指出：在多金属硫化矿物邻近的火山弧（博宁及玛利亚斯基）以及弧型盆地会形成深成高温热液含锰层和深成高温热液的氧化铁层（Usui、Ligasa，1995）。

大规模多金属硫化矿物有两类有代表性的地球化学类型：锌-铜及铜-锌矿（Kotlinski，1997）。通常锌-铜矿石含Cu要比铜-锌矿石的含Cu量高，而Zn、Fe、S的含量低，但Hg、Se及Ag（百万分之四百零九）的含量高。这一类型的矿物通常赋存于东太平洋隆起的隆起轴两侧的火山截锥体上。例如赋存于加拉帕哥斯断裂带及西天罗斯断层区的矿石（Kotlinski，1997）。铜-锌矿石通常赋存于海洋中部中脊隆起轴部的沉积物中，Zn的含量较Cu要高许多倍，而Ag的含量的增高则是各不相同的。Au和Ni、Co、Ge、Ga、In的含量也很高。Cd的含量则与锌-铜矿石相似。属本类型的矿石的例子有让的福加断裂矿石Zn的含量甚至超过61%，还有如哥达断裂的矿石（Kotlinski，1997）。将当代火山岛弧相关的矿石与隆起轴部形成的矿石相比较，增高的金属含量有：Cu（达34.5%）、Au（达百万分之七十一）、Zn（达33.8%）、Sb（百万分之一万一千二百）及Cd（达百万分之三千九百五十）。然而与弧型盆地的矿石比较，最高含量的金属与非金属有：Pb（达25.5%）、Ag（百万分之一万零九百三十）及As（达百万分之九万三千一百）（Usui等，1994）。直接与隆起轴及分布在中脊两边的火山相关的矿石类型在太平洋的深度为1500～3000m，而在大西洋裂谷的深度为3000～3700m。

矿石的聚集取决于它的复训地点，并具有各种形式，在太平洋的快速扩张（大于12cm/a）及中等速度扩张（6～12cm/a）的隆起轴中，通常都有截锥体，一般高达5m，有时甚至高达25～35m，截锥体基础的直径达30m，在隆起轴部矿石聚集呈宽0.5～1.0km的带状，且每隔100～200m就形成上面提到过的单个“腔环”，它们经常是被熔化并造成10m×100m×200m（探险者）或40m×200m×1000m（加拉帕戈斯）大小的井。沿隆起轴分布在火山两侧的截锥体上，矿石自身的覆盖层尺寸甚至能达到800m×500m×9m（Ajnemer等，1988）。但在大西洋上，海脊的扩张速度缓慢（低于6cm/a）经常有高20～30m的半球状堆积，基底的直径甚至可达200m。

在前人研究的基础上，笔者对大洋中脊构造环境中的典型热液硫化物矿体的产出和构造特征进行了总结。大洋中脊扩张脊型构造环境为海底热液活动最频繁、形成多金属硫化物矿点最多的地区。洋中脊型热液活动主要产于板块增生边缘的洋中脊扩张带或转换断层处。大洋中脊扩张型构造环境由于板块扩张速率、两侧海底断裂/断块分布、沉积物覆盖情况等存在差异造成大洋中脊的海底地形地貌明显不同。快速扩张脊的海底地形特征主要表现为沿扩张脊中央的顶部发生隆起，形成与扩张脊平行、近乎等宽度的轴部裂谷，岩浆体沿地堑中央分布，这也控制了相关热液活动和硫化物堆积体等沿裂谷中央分布。中速扩张脊的海底地形相对平缓，扩张脊中央的水深与两侧海底深度相当，在接近扩张脊中央位置，海底地形会出现一些小型的“V”字形峡谷，与扩张脊近于平行，向两侧方向峡谷形态逐渐变为不对称型峡谷地形，一侧为深海丘陵，另一侧为杂乱的破碎区域。在慢速扩张脊、超慢速扩张脊等地区，海底地形破碎，扩张脊中央的水深较两侧海底深度要大许多，扩张脊两侧海底被大量转换断层隔断，形成一个深度较大、较宽、平面上呈短透镜形的轴部裂谷，在该轴部裂谷内广泛发育火山活动，有时会形成一系列正在喷发的海底火山，同时，在轴部裂谷最宽的位置处于一种强烈的张性构造应力环境下，海底热液活动也相对活跃和集中，海底热液喷口及形成的多金属硫化物矿体沿平行轴部裂谷方向呈群状分布，形成的矿床规模较大、品位较高。

表2–13　大洋中脊典型热液硫化物矿体特征

实例	扩张速率（mm/a）	水深（m）	区域地质特征
东太平洋中脊13° N硫化物矿体	91.1	2630	有宽几百米的轴部地堑，块状硫化物堆积在海底火山顶部和轴外边缘

（续表）

实例	扩张速率（mm/a）	水深（m）	区域地质特征
Galapagos扩张中心硫化物矿体	63	2600～2850	扩张中心呈东西向展布，具有一系列东西向断裂分布，广泛发育正断层构造，顶部有1～2条东西向裂谷，地形受平行于裂谷轴部的东西向断裂控制，热液丘呈东西向分布在海隆较为平坦的南翼。块状硫化物丘体位于扩张中心轴部裂谷南侧
Southern Explore脊硫化物矿体	56.3	1800	位于两个平行裂谷和被正交的断裂系横切的脊峰长约9km的线性块段内
MESO硫化物矿体	47	3200～4000	热液活动主要分布在平坦的内陷山脊顶部，受洋中脊总体走向平行或正交的断层、悬崖、断裂等控制
Snake Pit热液田	24.1	3450～3500	沿着宽约20km的中央裂谷中心扩张轴的线性玄武岩高地分布，喷口位于火山建造脊的侧翼，Kane转换断层交点以南30km热液活动受到平行于洋中脊的陡崖和裂隙构造的控制
TAG硫化物矿体	23.6	3625～3670	硫化物小丘体沿着扩张轴的线性块段分布在裂谷底和东侧1.5km宽的活动边缘延伸带的断层上，停止活动的Mir区和Alvin区位于不连续火山边缘，火山中心位于平行正断层的脊轴和横跨脊轴的转换断层的交点上
Mt Jourdanne硫化物矿体	9.6	2940	硫化物矿体主要发育在断裂构造上，位于东西向地堑内，沿走向平行或垂直于新生火山洋脊走向的裂隙分布

扩张速率高达 91.1 mm/a 的东太平洋 13° N 洋脊段轴部具有较窄的轴部地堑，硫化物矿体主要分布于轴向火山延伸带、海底火山顶部或轴外边缘，而扩张速率较低的Galapagos 扩张中心、Snake Pit 热液区等所在的洋脊均有宽达几千米到几十千米的大洋裂谷，其矿体的产出广泛分布于平行洋脊裂谷的断裂构造位置，有些硫化物矿体还出露于平行脊轴的正断层与正交断层或转换断层的交点区，如 Southern Explore 洋脊硫化物矿区和 MESO 硫化物矿区。

在大西洋，已拥有冰岛区及中大西洋中脊部分（15° ～26° N）的资料。在该中脊的裂谷，以下几个区域赋存有多金属硫化物矿石：TAG（26° N），MARK（23° N）及南美板块、北美板块与欧亚板块的三角连接带。介于卡因阿特兰提断层之间的扩张速度要比太平洋区低好很多，一般在2.3～2.5cm/a范围内变化。在24° N区域内的带延伸约300km。Scott等断定（1974、1978）在TAG

深成高温热液区硫化矿具有氧化锰和铁的热液壳体（Rona ，1980）。在该区的Mn和Fe以及示踪金属元素的含量比大西洋其他区域都高。比较东太平洋隆起区以及TAG区的沉积物中金属含量表明：前者的Zn、Cu及 Ag的含量要高许多倍。在45° N的带状裂谷中含金属的石灰岩沉积物中富集有Fe、As及Hg。

在印度洋中，深成高温热液硫化矿埋藏于裂谷的结晶岩层中，具有嵌入及脉状矿体形态（Lalou，1983；Gramberge、Smystow，1988）。此外，来自热液的铁、锰氧化矿与硫化矿赋存于中印度洋中脊与东南印度洋、西北印度洋（在5° N区域内）交汇处的含金属沉积物中，还有赋存在维尔茨基断层区（Szniukow等，1979；Egiagarow等，1989）。含金属软泥的赋存区基本上局限于热流等值线高于100mW/m^{2}的连接隆起中心活动转换断层带。此外，在安登断基湾的断裂带上采掘过含金属的沉积物。

目前，在非活动的中脊上，还未断定有含金属的高温热液沉积物存在。同样，在DSDP/ODP项目（深海钻探项目/海洋钻探项目，Deep Sea Drilling Project/Ocean Drilling Programme）钻探也未能断定有开采价值的硫化矿石存在。仅在DSDP的第四百七十一钻孔中，该孔位于加利福尼亚半岛附近的中新世的硅质页岩中观察到了有黄铁矿、黄铜矿及闪锌矿的互层。而以富集形式存在的热液硫化矿（磁铁矿与含铜笔石），在第二海洋层的上玄武岩层中DSDP的钻孔曾多次钻探到它（Gramberg ，1989）。

太平洋最高的热流量平均值为82.3mW/m^2，而大西洋的为67.6mW/m^2，印度洋的为62.1mW/m^2。而大陆上的热流量低一些，为59.9mW/m^2。太平洋上的硫化矿通常分布于隆起轴及轴部附近隆起区火山及其分支地区：如让的福加、加拉帕戈斯等。

在让的福加的隆起轴最活跃的深成高温热液活动地区，它是转换断层勃兰柯与隆起轴的相交处，在该处有可以看到白色和黑色的“烟囱”，从“白色烟囱”流出的水温约200℃，它的温度低于“黑色烟筒”形成的水

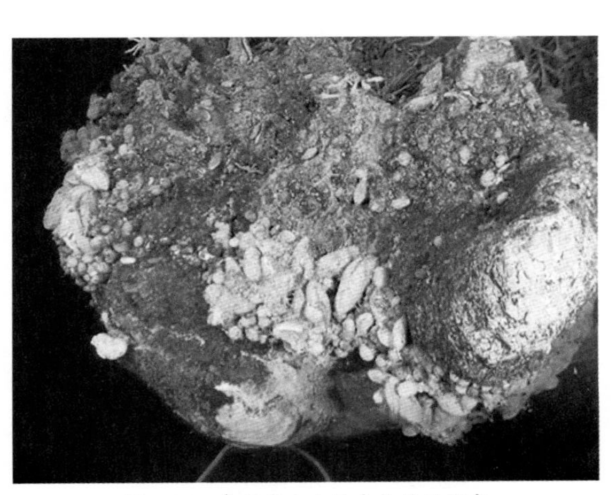

图2-26　表面产出大量生物的死烟囱

温，而且矿物成分的富集也比较低。Normark（1982）、Bischoff（1983）等曾借助潜艇“阿本文”及“蔡鲁”对让的福加断裂进行了强有力的研究，他们查明：从海底流出的热液温度达293℃，所聚集的矿物形成半球状及烟筒状覆盖，高度达到80m，每一个堆集体的储量粗略约200万t（Dimov等，1990）。多金属矿石的Zn含量很高（11%~38.6%），Cu的含量则低到1.5%，而且Ag的含量为百万分之一百八十二至百万分之四百三十六（Usui、Iigasa，1995）。

图2-27　高温大流量热液流体喷出的烟囱体

东太平洋隆起区位于8°~32° N的中心部分，沿隆起轴的一条窄长带的热流量最高（超过200mW/m^2）且扩张速度中等（9~11.4cm/a）。硫矿石的多金属矿物成分有：闪锌矿、黄铁矿、黄铜矿、石膏与硬石膏（Qudin，1983；Renard等，1985）。在8°~12° N的火山区的矿石覆盖层厚3m，距隆起轴5.9~29.6m，水深2090~2625m（Okamnoto，Matsuuro，1995），形状为半球形基础部分的直径300~950m，高20~80m。矿石的储量据单个形状粗估为几千t。在这些矿石中Cu的含量达22.2%，而在21° N区域中Cu的含量达到32.3%。在13° N以北的带状区域中，Zn的含量低（10.8%）而Cu的含量则相应地较高（7.9%）（Ballard等，1984），在该区域中含Cu量高是与矿石赋存于火山两侧有关。在隆起轴部的矿石中Ag的含量有百万分之五十九到百万分之一百二十二，Au的含量达百万分之六十一，而在火山两侧矿石中为锌-铜型矿石，其中Cu的平均含量为9.94%、Zn为7.87%、Ag为百万分之四百零九。

与在东太平洋隆起活动带高温热液沉积物相比较，火山岛弧活动区及太平洋北西走向的弧岛或菲律宾盆地中的大规模硫化矿种经常出现Zn、Cu、Au（百万分之七十一）相对较高的含量。

在加拉帕戈斯分支的隆起轴中，沿着拉兹卡及柯克斯板块的边界，有几处热水蒸发带，围绕着它们形成热液硫化矿物（Law等，1981；Sclater，1978），最富集的位置在位于89° ~84° W、100° W ~ 101° W以及1° S ~ 2° N。水以高于200℃的温度流出，甚至以约30MPa的压力喷出，这些流出物具有有节奏的间歇性喷泉的特性。此外，还确定有“冠羽状”热水，它可以从海底上升到两千米高度。冠羽状溶液通常温度比较低（约20℃），富集了Fe、Mn、Cu。美国潜艇“阿尔文”号在20世纪70年代末所做的研究表明：冠羽状烟筒的基底及半球形体（它们是在热水涌出地点直接长高起来的）的高度为12 ~ 30m。在增长轴部位出现井堤，它可延伸长到1km，宽度200m，高约40m，由硫化矿石构成，矿石的储量粗估为2500万t。海底的半球状体与烟筒，有几km^2，粗估在其中聚集的矿石储量约2000万t，矿石的主要成分为黄铁矿，含Cu量（4.5%）与含Zn量（4.0%）比较接近，平均含Ag量为百万分之四十六（Usui、Iigaza，1995）。在探险者深脊处Zn与Cu的含量也很接近（Tonnieliffe等，1984）。

在含矿的热液流出口处会遇到非常丰富的有机生命体，特别是微生物，例如，在东太平洋隆起区10° ~12° N的“黑色烟筒”活动区，存在的微生物有：Calyptogena magnifica、Serpulid polychaetes、Bathoraes thermdron以及Munidopsis SP（Okamoto、Matsuuro，1995）。这些组分中的H^2S、S^{2-}、$S_2O_3^{2-}$、NH^{4+}、NO^{2-}、Fe^{2+}以及可能有Mn^{2+}，构成了如同光合作用相同的化学合成的能源。表2-14给出了在流出的深成高温热液反应过程中微生物过程的主要种类（Jannash，1983）。

表2-14　在深成高温热液反应过程中微生物过程的主要种类

序号	过程的种类
1	CO_2还原有机碳化学自动合成，通过： 氧化硫细菌（S_2、S^{2-}、$S_2O_3^{2-}$） 与熔烧有机质有关的氧化硫 其他喜氧细菌化学自动合成 厌氧的可能高温的化学自动合成细菌（析出甲烷）
2	通过缓慢的生命细菌及可能的无旋体使用甲烷氧化
3	与氮和其他的微生物有关
4	作为化学合成结果的微生物的非生产过程

四、多金属硫化物成矿的主要控制因素

海底热液多金属硫化物是海水在洋壳中发生水–岩热液作用过程形成的，海底的热液循环是控制岩石圈向水圈能量和物质传输的基本过程。它的发生离不开海底热源和通道的作用，其分布和形成多金属硫化物矿体的特征受到洋壳热流系统和构造渗透性的控制。深部岩浆活动、断裂构造、沉积物盖层、扩张速率、基底岩石性质等多种因素对海底热液多金属硫化物的成矿起着控制作用，不同扩张速率洋中脊构造环境中深部岩浆活动强度、两侧海底断裂及裂隙的发育程度与分布，以及海底沉积物覆盖情况等均存在差异，造成在其上形成的热液多金属硫化物具有明显不同的矿体规模、类型和分布特征。以下将针对深部岩浆活动、海底断裂构造、沉积物盖层、扩张速率、海水水深以及围岩类型开展海底多金属硫化物成矿控制因素的分析。

（1）水深。

海水是一个具有巨大体积的弱碱性含盐溶液，热液流体与海水接触发生物质与能量的交换，使热液性质发生改变，热液中的成矿元素在海底界面附近发生沉积。另外，由于海水富含大量卤元素，海水下渗，在热液形成时与岩石中的金属元素结合形成卤化物，导致元素的富集和迁移。

不同构造环境下热液活动具有明显不同的水深分布特征（见表2–15）。海水水深的不同，热液喷口处的压力也不同，水深越大，压力越高，从而提高该水深环境下的沸点，改变热液中成矿物质沉淀的物理化学条件。通常位于水深3000m的典型热液喷口流体的温度为350℃，流体刚好处于该水深环境具有的压力所对应的沸点之下（Fouquet等，1997；崔汝勇，2001）。当热液流体运移到海底时会冷却，随之发生沉淀。而在浅水环境中，由于压力减小，沸点降低，流体与海水混合出现沸腾现象，沸腾和蒸汽相发生分离，使残余的液体温度降低，盐度升高、金属元素富集、亏损H_2S。该过程的发生使洋壳中形成网脉状矿化带，在海底表面形成低温贫金属矿化带。

表2–15　不同构造环境下热液活动水深分布特征

构造环境	热液活动水深分布特征
洋中脊	热液矿点集中分布于水深2000～4000m的洋中脊，在3000m左右的洋中脊发现的热液矿点数最多

（续表）

构造环境	热液活动水深分布特征
弧后扩张中心	热液矿点集中分布于水深1500～3500m的弧后扩张中心，其中在水深2800m左右的扩张中心发现的热液矿点数最多
岛弧型火山	集中分布于水深小于2000m的岛弧火山
板内火山	板内火山发现的热液矿点非常少，目前仅发现五处热液活动，最大水深达5000m，最小水深为150m

（2）沉积物盖层。

深海钻探调查表明，大洋中脊有无沉积物覆盖是造成热液硫化物类型存在差异的主要因素。覆盖在洋脊上部的沉积物盖层可以使海底热液活动形成一个有效的圈闭系统，沉积物盖层与玄武岩组合在一起形成洋壳的最上层，形成一个相对恒温的热液储存器，渗透率低的沉积物盖层可以防止高温热液热量的散失，从而在圈闭系统内部发生剧烈的稳定热液对流。典型实例为位于胡安·德富卡海脊最北端长约50km的大洋裂谷的Middle Valley热液硫化物矿体，在该海底硫化物矿体之下发现了补给矿化区，表现为上部补给区以垂向裂隙脉为主过渡到底部由沉积物原始构造控制的近水平矿化特征。Middle Valley 裂谷区表层由半远洋沉积物和浊积物充填，沉积物厚度超过90m，沉积层中的硅化软泥层对形成热液硫化物高温热液体系具有控制作用，当高渗透通道被封闭时，热液流体被迫横向流入渗透性较好的砂质浊积单元中，热液流体在传导中冷却时与硅质软泥反应，使热液流体矿物组分发生改变。

有沉积物覆盖的洋中脊，沉积物为海底热液成矿提供了部分乃至主要物质来源；在无沉积物覆盖的洋中脊，洋中脊玄武岩是海底多金属硫化物形成的主要物质来源（李军，2010）。所有洋中脊的矿物组成中均以黄铁矿、磁黄铁矿以及闪锌矿或纤维锌矿为主要成分，而有沉积物覆盖的洋中脊构造环境中含有方铅矿，从元素组成上分析，在玄武质的、无沉积物覆盖的洋中脊，多金属硫化物矿体以富铜元素矿物为主，主要沉淀于喷口附近，形成一些小型的矿体（戴宝章等，2004；李军，2007）；在有沉积物盖层发育的弧后盆地热液活动区内（如 Guaymas 海盆），上升的热液端元流体与沉积物会相互反应，金属元素强烈亏损，沉积层中形成很厚的硫化物矿体（曾志刚等，2003），沉积物中的有机质也会对热液起还原作用，形成的海底多金属硫化物矿体 Cu、Zn含量相对前者贫乏，Pb、Ba 含量相对富集（Herzig等，1995）。弧后扩张中心相对于洋中脊构造环境Fe含量少，Zn和Cu含量较多，形成的矿物缺乏磁黄铁矿，其中Ag、Au 的含量丰富，尤其是在陆内弧后扩张中心。在苏依约矿物中记录到的Cu含量最高（34.5%）（Watanabc、Kajamura，1993）；在边缘盆地的含硫深成高温热液沉积物中，Cu、Pb的含量要低很多（Usui、Iigasa，1995）。

虽然沉积盖层在扩张中脊热液硫化物矿体的形成过程中具有重要作用，既能影响海底热液储存器的形成，同时还可以改变热液流体的矿物组分，但是除了胡安·德富卡海脊的Middle Valley和Guaymas海盆之外，大部分的海底热液硫化物矿床并没有很厚的沉积物盖层。因此，沉积物盖层对海底热液硫化物的控制作用不具有普遍性。

（3）围岩类型。

海底热液活动的物质主要来自地幔或岩浆房、海底岩石的蚀变、沉积物及海水等。海底热液矿床的围岩类型主要有玄武岩、安山岩、流纹岩、浊积岩等。此外，在Logatchev热液矿区发现了为数不多的与超基性岩有关的海底热液多金属硫化物矿区。围岩是海底热液活动最重要的成矿物质来源之一，不同构造环境下热液矿区具有不同的围岩类型，将会造成热液硫化物矿体矿物组成及元素组合存在明显差异。

（4）扩张速率。

海底扩张速率与热液活动和多金属硫化物矿床分布之间的相关性研究开展较早，调查研究中发现不同扩张速率洋中脊构造环境具有明显不同的深部岩浆活动、断裂构造、地壳厚度等特征，观测到的热液活动也存在明显差异。Baker 等（2004）对不同扩张速率洋中脊的深部岩浆活动进行研究，从收集到的13个洋脊段的岩浆预算和扩张速率的研究发现，洋中脊岩浆预算与扩张速率之间存在较强的线性关系，海底扩张速率的增加，洋中脊的岩浆供应量增大，岩浆活动增强，而在扩张速率较低的洋中脊构造环境岩浆预算量少，岩浆活动较弱。不同扩张速率洋中脊新火山作用区（即板块边界火山喷发和热液活动的区域）的相关信息，典型新火山作用区的宽度、火山喷发间歇的时间以及单个喷口的容量均随洋中脊扩张速率的降低而增大，表现出很好的负相关性。由此可见，慢速扩张洋中脊比快速扩张洋中脊具有更稳定的热液活动系统，快速扩张洋中脊发生岩浆活动的频率明显高于慢速扩张洋中脊发生岩浆活动的频率。

在扩张速率大于20mm/a 的快速、中速和慢速大洋中脊，地壳厚度变化较小，大致在5 ~ 8km变化；对于扩张速率小于20mm/a 的慢速和超慢速大洋中脊，地壳厚度变化较大，地壳厚度在2 ~ 8km变化，甚至在部分地段缺失地壳。不同扩张速率洋中脊构造环境具有明显不同的区域地质背景条件，从而影响海底热液活动的形成与发育。

（5）深部岩浆活动。

近年来，应用海底地震仪和可控源大地电磁探测技术对大洋中脊、弧后盆地等地区开展了深部地球物理探测，获得了一些反映岩石圈上部和地壳内部结构的剖面，对热液循环系统和多金属硫化物成矿机理产生了一些新的认识。研究表明发生热液活动通常需要有岩浆房的出现，水-岩热液作用系统依赖于岩浆房形态和岩浆供给情况。岩浆供给的变化在所有扩张构造环境中均存在，海底地形与洋中脊轴下岩浆供给情况、岩浆房大小有关（Macdonald等，1988；Sinton等，1992；Macdonald等，2001），细微的岩浆供给变化就会引起洋中脊轴部地形地貌、地壳厚度、断裂分布、地壳裂隙等显著变化，同时玄武岩喷出岩层会影响沿洋脊侧翼熔岩流的分布（Canales等，2005），从而影响洋中脊热液硫化物的分布，形成不同规模的多金属硫化物矿体。高岩浆供给区岩浆房埋深浅且规模大，洋脊顶部水深较浅，洋壳厚度薄，轴部裂谷具有宽的截面积；洋壳下部存在较宽的低速带，熔融透镜体普遍存在，且深度和宽度不同，洋脊轴部裂谷除了在喷发期以外均存在，热液孔洞富集，但地壳裂缝和断层少且规模小，轴部裂谷的侧翼断层陡壁断距也较小，玄武岩平均年龄较小。

地壳磁化强度弱，沿轴部洋壳上段的玄武岩喷出岩层厚度薄，形成的多金属硫化物矿体具有高MgO富集、高温黑烟囱、低密度的特征。低岩浆供给区岩浆房深度大且规模小，洋脊顶部水深较深，海底地形表现为深地堑裂谷形态，具有宽的谷底；洋壳下部存在较窄的低速带，熔融透镜体非常少或缺失，洋壳厚度变化大，热液孔洞少，地壳发育大规模裂隙和断裂构造，断层陡崖断距大，尤其是在内部转折高地，断层断距更大；玄武岩年龄变化较大，主要为年龄较大的枕状玄武岩，地壳磁化强度高，位于轴部火山脊下方的玄武岩喷出岩层厚度较厚；形成的多金属硫化物矿体具有低MgO富集、低温、高密度的特征。

五、含金属软泥

在沉积物中若有锰的氧化物或铁的氢氧化物与硫化物，且铁与锰的总含量超过10%时则认定它为含金属的沉积物。这些沉积物赋存于深成高温热液剧烈活动带，并具有变化的物理参数，该参数能反映早期的成岩作用和不同的化学成分。实际上，在这些活动带（高雅姆盆地、东太平洋隆起的南部或红海）的沉积物中具有含量偏高的Fe（达19.5%），Mn（达5.8%）以及在褐色深水软泥中的中等金属含量Fe（5.4%），Mn（0.44%），它的SiO_2非晶质、C_{org}的含量也是增高的，含量增高的金属还有：Ba、Cu、Zn、Pb、Hg、V、Mo、Ag、Au、As、Sb、Cd、U、Sc。这些含金属的软泥状沉积物遍布于海底，接近深成高温热液剧烈活动的源泉，范围有几十千米（Thisse等，1983；Ajnemer等，1988；Dill等，1994），这些含金属沉积物的沉积速率非常高，为7～60cm/ka。

红海盆地为一个典型的断裂带，沿它的断裂轴分布有许多的热点。1963年探险者号发现在阿特兰蒂斯Ⅱ的断裂轴中，在深2000m处的热流值达到3310mW/m^2。在这一深度上有6km×15km规模的特殊沉积物——含金属硫化物软泥（Butuzowa等，1983）。在阿特兰蒂斯Ⅱ的硫化沉积物中有以下主要金属：Fe（15.24%）、Zn（10.93%）、Mn（1.17%）、Cu（2.32%）、Cd（百万分之四百六十）、Co（百万分之一百八十五）、Mo（百万分之三百三十）、Ti（百万分之四百六十）（Cronan，1982）。在其他几处地方，特别是在阿特兰提斯Ⅲ、发现者及契安海域，海洋记录器断定有强烈的热盐水流出（Guennoe等，1983）。在轴部出现了几十个下沉的洞穴即所谓的“热穴点”，穴中充满了约200m深盐水层，温度达60℃，含盐量25%，它比平均含量（20℃，含盐4%）高得多。它与普通的盐水相比，Fe含量高800倍，Zn含量高500倍，Cu的富集量高100倍。经研究发现这一带含金属沉积物中含有下列金属：Zn、Cu、Fe、Pb、Ag、Au。

在几百米厚的金属软泥沉积物的垂直剖面中赋存有直接位于玄武岩之上200m厚的碳质沉积物，热水层及含盐溶液直接位于这些沉积物之上，再往上即为海水。在含金属的软泥中，只是在阿特兰蒂斯Ⅱ的金属储量（面积90km^2）粗估为Fe2400万t、Zn320万t、Cu8000t、Pb8万t、Ag4500t、Au45t（Seibold、Berger，1993）。以上资料只是从沉积物表面算到10m深度。

红海的断裂带是连续的、剧烈活动的，说明非洲板块在远离阿拉伯板块，速度约为15cm/a。在1963年“发现者”号的探查中就确定：海底水流的温度约56℃。1973年的测量表明：在红海测得的水温为61℃。红海的深层高温热液溶液含盐量很高，这与海水冲刷沿岸含盐量很高的含盐沉积物有关，在南加利福尼亚所发现的相似的含盐溶液也证实了这一假说。

不仅是在断层带有含金属沉积物，在深水的软泥的沉积物中也有。1986年，美国的“托马斯华盛顿”号船对汤加盆地内的洞穴（深度约为2.5km）进行探测研究，取得了富含S、Zn、Fe、Cu的沉积物样品。虽然目前尚未观察到在该区域有热水盐溶液流出，但这些沉积物是和早期的高温热水溶液作用相关的，现已确定在帕拉姆西岛区（库伦斯基岛的阿尔西帕）的深水平原地带中有含金属沉积物的存在。

六、多金属硫化物研究开发现状及发展前景

对于海底热液矿产资源的分布和赋存状况的勘查，各国，尤其是先进国家，经历了从偶然发现到有计划地探测的不同阶段，世界海底热液矿点的圈定和划分也在逐步地扩大和完善。

1948年，瑞典科学家利用“信天翁”号考察船在红海中部Atlantis Ⅰ深渊附近发现了热液多金属软泥，揭开了海底热液活动研究的序幕。1965年科学家在红海发现高热卤水与Atlantis Ⅱ海渊热液多金属软泥，揭开了现代海底活动与热液成矿研究的序幕（Miller等，1966）；1976年美国伍兹霍尔和斯克里普斯海洋研究所在东太平洋和加拉帕戈斯裂谷发现了海底热液溢口；1978 年美国学者 Rona 确认大西洋中脊北纬260处有热液活动，并公布了世界海底 17 处热液“矿点”（Rona，1978）；1978年美法联合应用“西安纳”号深潜器，在东太平洋海隆北纬21° 首次发现海底热液硫化物，次年美国“阿尔文”号深潜器再度下潜发现了“黑烟囱”；1984年Rona和日本学者水野驾行又分别综合出63处和48处热液“矿点”；4年之后，Rona（1988）再次发表了102处热液“矿点”；到1993年已圈出世界海底139处热液“矿点”和“矿化点”。现代海底热液硫化物调查发现的过程，也是人类对其认识逐渐深入和发展的过程。在东太平洋海隆发现黑烟囱之后不久，人们又在快速扩张的洋中脊发现了许多热液矿床。2004 年发现的海底热液“矿点”超过了400处，其中近 280 处具有活动的热液喷口（Baker等，2004）。随着国际上大洋调查活动的深入开展，截至2010年，发现的海底热液“矿点”已达到了588处，并不断有新的热液喷口和矿点被发现。

中国于1988年和1990年两度与德国合作调查研究了马里亚纳海槽，中国还独立调查了冲绳海槽的热液活动及其产物，这标志着中国在大洋地质和新型海底矿产资源的研究上又有了新的开拓和发展。自1994年中国大洋协会成立以来已经组织完成了20多个航次的大洋考察任务，足迹遍布太平洋、大西洋和印度洋海域。尤其是2007年组织并实施的第十九次大洋科考，在西南印

度洋中脊发现了新的海底热液硫化物活动区，通过详细勘察确定了热液喷口的位置并成功获取了“黑烟囱”样品，实现了我国在海底热液活动调查领域“零”的突破。这是中国第一次完全依靠自己的力量在大洋中脊发现新的海底热液活动区，也是世界上首次在西南印度洋中脊和超慢速洋中脊发现热液硫化物活动区并取得其样品。

在目前已经发现的热液矿点中，已预测出多处资源量达到百万至千万t级的海底多金属硫化物矿床（Rona，1988；Herzig等，1995）。例如：东太平洋海隆北段勘查出海脊块状硫化物堆积体，直径为200m，厚为10m，储量大于1.5Mt；北胡安·德富卡海脊有7处活动热液堆积体，直径400m，高为60m，估计每个堆积体的块状硫化物至少有1.0Mt；红海的阿特兰蒂斯Ⅱ海渊有直径10km的海盆，它们不断积聚的多金属软泥金属含量至少有94.0Mt；大西洋中脊TAG热液场的椭圆形堆积体，宽度为250m，高度为50m，块状硫化物达5.0Mt。西南太平洋劳海盆黑白烟囱体无论从规模大小还是从硫化物的金属含量看，其储量都低于大西洋中脊TAG热液场。加上绵延在4000m长、200m宽的地带中存在的数百个锰烟囱，按一般厚度4.5m（实际最大厚度为20m）计算，资源量估计超过10.0Mt。若考虑东太平洋海隆加拉帕格斯裂谷区、西太平洋的冲绳海槽热液区，以及目前正在进行的世界海底热液“矿点”和“矿化点”的调查，资源开发前景十分诱人。

多金属硫化物矿床广布于世界各大洋底，并且不同矿床金属矿物含量及种类差异也很大，因此很难给出其冶炼加工方法的一个通式，但总体框架仍可确定，即首先通过选矿富集，然后再用处理多金属复合硫化矿的冶炼方法加工，以提高金属的综合回收利用率。目前在热液多金属硫化物方面，工作开展最多的应为由沙特阿拉伯、苏丹与德国普罗萨格公司组成的联合集团，在20世纪70年代就对红海的AtlantisⅡ海渊的多金属硫化矿软泥进行了深入的开发研究，对矿物的冶炼加工方法是首先浮选，再进行氯化冶金分离金属。其次就是美国，在广泛调查了大洋多金属结核的基础上，开始将部分注意力用在热液多金属硫化物的勘探研究上。其他西方发达国家也在运用一些最先进的科学技术竞相开展这方面的研究。近年来随着多波束测深、地磁勘探、保真取样技术，以及深潜器与深海可视取样技术等高新技术手段的应用，为热液多金属硫化物矿床圈定及评价奠定了基础。近几年来在过去大洋调查较少的西南印度洋中脊和北极加克海岭均发现了新的热液活动“矿点”。但是，由于受到深海恶劣条件和调查技术的限制，目前仅有大约20%的区域进行了多金属硫化物的粗略调查，在这些经过考察的区域仅对其中一半左右的热液活动区进行了充分、详细的统计处理研究（Baker等，2004）。

海底热液系统是研究矿床形成的天然的实验室，关于现代海底热液活动的分布，矿区区域地质背景条件与成矿控制因素等问题的研究一直是科学家们关注的焦点。通过几十年的努力，科学家们在多个方面获得了一些显著的成果与认识。

从目前研究程度来看，国内外大洋调查的重点大体上都集中于如何发现热液硫化物活动区、对已知调查区的详细调查，以及获取样品的地球化学分析等方面。由于受到深海恶劣条件和调查技术的限制、调查区域的局限，以及缺乏大量第一手热液多金属硫化物矿区的调查资料，至今对控制多金属硫化物成矿的区域地质背景条件仍不甚了解，还处于定性、理论分析的层面上开展研究，缺乏系统详细的分析以及缺少证明上述观点的直接有力证据。

这种情况尤其在我国开展的海底热液活动调查中比较明显，虽然近年来国家非常重视、调查屡有突破，但是由于起步较晚，理论研究相对落后，尤其在"矿点"的区域地质背景条件以及成矿控制作用的研究比较薄弱。这种不足会对我国拟定海底多金属硫化物资源远景开发战略和指导多金属硫化物找矿造成不利影响。

随着陆地金属矿产资源的日渐枯竭和人类对金属需求的不断增长，对海底块状多金属硫化物及多金属结核、富钴结壳等深海矿产资源的商业开采将是必然的选择。但块状多金属硫化物商业开采的时机是否已经到来却取决于它自身品质、国际市场金属需求和价格变化、开采技术能力与成本等必要性和可行性的多方面因素。就其开发而言，通过陆上相关成熟技术与海洋工程中最近发展的技术相结合实现开采具备技术可行性，但就目前的技术发展程度而言，要实现大规模海底商业开采依然是一项重大的挑战。

由于块状多金属硫化物赋存于一些国家的专属经济区或国际海底，因此采矿的实施必然将受到环境保护和法律政策两方面的制约。出于自身经济或政治利益的考虑，世界各国对深海采矿，特别是国际海底的深海采矿会有着不同的态度。作为这种局面的一个结果，深海采矿的实施必然会受到极为严格的环境保护限制。块状多金属硫化物的开采对环境的可能影响有多个方面，如：矿石切割可能造成海底生物栖息地的毁坏甚至周围火山生态系统的改变，采矿引起的沉积物漂流及声呐设备的声音干扰可能影响采矿区附近的海底生物，采矿过程排放的废水及机械泄漏将造成对海洋环境的污染等。

近年来，我国就深海采矿对环境的影响开展了大量的研究，联合国海底管理局的有关规章准则亦正在讨论制定中。一些观点认为可以通过各种努力将深海采矿对环境的影响限制在可接受的程度，也有一些学者认为深海采矿对环境的影响实际上小于陆地采矿对环境的影响，但要实施块状多金属硫化物采矿，还需要对环境影响评估方面进行更多的研究。

块状多金属硫化物采矿所面临技术方面的风险也是巨大的。尽管目前已进行过深海采矿的可行性试验，但在不同国家和财团进行的数次试验中，分别发生了海底作业车丢失、泵叶片折断、采矿船月池门打不开等问题而致使这些试验中断。这些都充分显现了深海采矿的高难度和高风险。此外，由于勘探和研究工作尚不够充分，海底矿床的质量、采矿对环境影响的可接受程度都可能导致块状多金属硫化物的开采得不到预期的经济效果，而且国际海底采矿的法律政策及有关沿海国的政局稳定性、陆地资源的开发情况和市场价格变化等都是块状多金属硫化物开采必须认真考虑的风险因素。

多金属硫化物以其高的金属品质而引起国际采矿界的高度关注。关于多金属硫化物的大规模商业勘探以及商业开采筹备活动正在西南太平洋地区加紧进行。尽管还存在环境影响评估和法律政策等制约因素，但迅速增长的国际金属价格和不断发展的深海作业技术有可能促使块状多金属硫化物的商业开采在不远的将来成为现实。

我国开发海洋矿产资源的时间晚于发达国家，所以目前更要重视深海采矿技术的研究，缩小同发达国家的差距。我国从“八五”以后开始研发设计深海采矿系统。中国大洋协会秘书长提出，深海采矿系统在不断发展和应用的过程中，必须解决的最基本问题是怎样以最高的效率采集海底矿石，并且提升到海面。由于海底环境比陆地空间更恶劣，更加难以控制，所以与陆地资源相比，海底资源开发难度大、风险系数高，对深海作业及装备的要求极高：海底工作设备要承受20～60 MPa的压力，作业材料需有较高的耐腐蚀性；电磁波在海水中传播衰减严重，水下定位困难；海洋环境的风、浪、洋流构成难以预测的多流场；同时生物多样性保护等在科学和法律制度上需要提高和完善。因此我国须借鉴国外的经验技术并吸收近海石油煤炭开采的提升技术，立足于我国国情进行研制，就其技术难题进行攻关，为大规模商业化开采提供技术储备。

第三章

滨海砂矿及海底非金属矿产

浩瀚的海洋蕴藏着丰富的生物、矿产和动力能源，是一个巨大的资源宝库。

第一节　滨海砂矿

在滨海的砂层中，常蕴藏着大量的金刚石、砂金、砂铂、石英以及金红石、锆石、独居石、钛铁矿等稀有矿物。因为它们在滨海地带富集成矿，所以称“滨海砂矿”。滨海砂矿的形成与近岸出露的基岩关系密切，其物质来源于一定的成矿母岩，不同的母岩则往往决定了不同的砂矿类型。我国滨海砂矿不同矿种的分带现象足以说明其分布与含矿基岩的出露是密切相关的。我国砂矿物质主要是陆源的，某一地区原生岩中含某种重矿物较多，往往在其周围形成某种具有工业价值的砂矿床。如我国山东半岛石岛锆石砂矿区的滨岸出露为燕山期正长岩，其本身的锆石含量可达1000g/m^3，因此，在滨海带形成大型锆石砂矿床。仅有少数的滨海砂矿矿床的物源来自邻近浅海，它们是由沿岸流携带部分重矿物离物源区一定距离而富集成矿。大量的人工重砂分析所获得的数据表明我国具工业价值的砂矿物质主要来自以下各期岩类：前寒武纪变质岩，加里东期混合岩，第三纪、第四纪玄武岩及广泛出露的印支—燕山期岩浆岩。通常是物源基岩出露面积愈大且重矿物在其中含量愈高，则在滨海区愈易形成较大的砂矿床。

滨海砂矿在浅海矿产资源中的价值仅次于石油、天然气和“可燃冰”，居第三位。我国海滨砂矿资源主要有钛铁矿、锆石、独居石、金红石、磷钇矿、铌钽铁矿、玻璃砂矿等几十种，此外还发现了金刚石和砷铂矿颗粒。我国的海滨砂矿主要有7个成矿带：海南岛东部海滨带、粤西南海滨带、雷州半岛东部海滨带、粤闽海滨带、山东半岛海滨带、辽东半岛海滨带、台湾北部及西部海滨带，特别是广东海滨砂矿资源非常丰富，其储量在全国居首位。

我国大陆东部，因经受多次地壳运动，岩浆活动频繁，为形成各种金属和非金属矿床创造了有利条件，钨、锡、铁、金和金刚石等很丰富。在大面积分布的岩浆岩、变质岩和火山岩中含有多种重矿物。现已发现锆石钛铁矿、独居石金红石砂矿、钛铁矿锆石砂矿、独居石磷钇矿、铁砂矿、锡石砂矿、砂金矿和砂砾中富含铁、锆、铍、锆、钨、金、硅和其他稀有金属，这些重矿物主要分布在辽东半岛、山东半岛、福建和广东沿海以及台湾岛周围的砂矿中，以台湾和海南岛最为丰富。

台湾是我国重要的砂矿产地，盛产磁铁矿、金红石、锆石和独居石等。磁铁矿主要分布在台湾北部海滨，以台东和秀姑峦溪河口间最集中。北部和西北部海滩，年产铁矿砂约1万t。在西南海滨、独水溪与台南间的海滩为独居石、锆石砂矿区，已采出独居石3万多t、锆石5万多t。南统山洲砂堤的重矿物储量在4.6万t以上。嘉义至台南的海滨，又发现5万t规模的独居石砂矿。海南岛沿岸，有金红石、独居石、锆石等多种矿物。现在，一些滨海砂矿已向大陆架延伸，像台湾橙基煤矿已在海底开采多年，辽宁大型铜矿也从陆上进行到海底开采。山东的金矿、辽宁某些煤矿，以及山东龙口、蓬莱的一些煤

图3-1　挖砂船

层，也伸至海底。

我国海岸类型可分为侵蚀海岸、加积海岸和平衡海岸3类。滨海砂矿主要分布于平衡海岸岸段，即胶辽地块和闽粤台背斜的部分地区，以上地区总体为长期稳定或缓慢上曲，侵蚀和堆积作用处于相对平衡阶段，对砂矿形成有利，而加积海岸区的河北、山东莱州湾及江苏等岸段，目前尚未探明工业价值的矿床。

砂石矿是一种具有巨大经济价值的海洋矿产资源，砂石矿是第四纪堆积的砂、石，过去一直不作为资源对待，由于沿海城市建设需大量砂石，所以砂石矿现在成为十分宝贵的资源。海洋是人类生存和发展的未来空间，随着社会经济的发展，海洋成为人类解决“资源、环境、人口”三大问题的重要途径。当前世界各个海洋国家都把合理开发利用海洋资源作为发展经济的基本国策之一。海洋砂石矿资源以开采运输方便、不破坏土地、成本低廉的优势日益引起政府和社会的高度重视，具有巨大的经济价值。随着社会、经济的快速发展，我国沿海地区重大工程建设对砂石矿资源提出了巨大的需求。但是，由于我国以往对海洋砂石矿资源的调查工作较少，砂石矿地质成矿因素不清，资源不明，致使其开采处于盲目和无序的状态，不但浪费了巨大的资源，而且导致了部分地区海岸带环境破坏、海滩和岸堤被侵蚀、海水倒灌等恶果，因此，砂石矿资源的科学、合理规划已成为国土资源管理部门当务之急。在合理开发海洋砂石矿资源的同时，必须注意海洋环境的保护，协调砂石矿资源勘查开发与其他海洋功能之间的矛盾，必须考虑砂石矿资源的勘查开发与海域采矿秩序综合治理。

一、我国滨海砂矿种类及资源储量

我国海砂资源大致可以分为两类：一类是分布在海岸和近岸海域的海岸海砂；另一类是分布在陆架浅海的浅海海砂。目前已探明我国海滨砂矿的矿种达65种，但具有工业开采价值的海滨砂矿只有13种。我国海滨砂矿类型以海积砂矿为主，其次为海、河堆积砂矿，多数矿床以共生形式存在。全国海滨砂矿累计探明储量为31×10^8t，其中海滨金属砂矿27.65×10^4t，海滨非金属砂矿30.7×10^8t。

我国滨海砂矿的基本工业类型主要有以下几类：

（1）黑色金属：磁铁矿、铬铁矿、钛铁矿、金红石。

图3-2　黑色金属

（2）有色金属：砂金矿、砂铂矿、锡石。

图3-3　有色金属

（3）稀有金属：铌钽铁矿、锆石、独居石、磷钇矿。

铌钽铁矿　锆石

独居石　磷钇矿

图3-4　稀有金属

（4）非金属：金刚石、石英砂。

金刚石　石英砂

图3-5　非金属

我国大规模的海滨砂矿工作始于新中国成立后，经过多年的勘探调查，找到了一些具有工业开采价值的矿区和矿种。现已探明具有工业开采价值的海滨砂矿有13种，即锆石、独居石、锡石、钛铁矿、磷钇矿、金红石、磁铁矿、铬铁矿、铌铁矿、褐钇铌矿、砂金、金刚石和石英砂（见表3–1）；重要矿产地有上百处，各类矿床195个，其中大型矿床48个，中型矿床48个，小型矿床99个，此外还有110个矿点。

表3–1　我国海滨砂矿种类、规模及储量

类别	矿种	储量（$\times10^4$t）	大型矿（个）	中型矿（个）	小型矿（个）	矿点
金属	钛铁矿	2340	10	9	19	15
	磁铁矿	76	0	2	15	8
	锆石	318	12	12	26	38
	独居石	24	6	7	10	17
	金红石	4	0	1	2	7
	铬铁矿	1.6	0	0	3	0
	锡石	9400	0	0	6	6
	磷钇矿	900	2	2	1	0
	铌铁矿	60	0	0	0	3
	褐钇铌矿	104	0	0	1	3
	砂金	22.6	1	0	4	10
非金属	金刚石	144	0	0	0	2
	石英砂	307000	17	15	12	1

二、我国滨海砂矿资源的质量

1. 矿种种类多，经济矿种少

从总体上来看我国海滨砂矿种类众多，但具有工业开采价值的矿种只有13种，而且有些矿种储量很少，开发前景很不乐观；有些矿种目前还没发现或不具备工业开采价值。已经发现的矿床中，大型矿床所占比例不多，以中、小型矿床为主。

2. 砂矿以非金属矿为主，使用价值很高的金属砂矿所占比例太小

我国滨海砂矿总储量中，非金属矿占98%以上，而使用价值很高的在航空、航天、兵器、冶金、电器、化工、医药、陶瓷、精密仪器和核工业等方面有重要用途的海滨金属砂矿所占的比重太小，还不足2%。

3. 砂矿品位偏低，且砂矿成分复杂

我国海滨砂矿的品位与某些国家相比，均偏低，例如独居石，在每平方米砂矿中仅含有120 ~ 1472g，金红石为48 ~ 1553g，磁铁矿为50 ~ 723g，铬铁矿为100 ~ 2000g，钛铁矿为2100 ~ 41900g，都远远低于国外海滨砂矿的平均品位。

我国海滨金属砂矿的矿物成分复杂，常处于共生状态，矿种混杂，给选矿带来较大的困难，需增加工序，增添设备提高选矿技术。同时，我国海滨砂矿资源开发程度很低，资源潜力较大，海滨砂矿累计探明储量为31×10^8t。另外，在浅海区圈定的重砂矿物高含量区有20个，一级异常区26个，二级异常区26个，砂金和金刚石砂矿在浅海亦有一定的开发前景。

三、滨海砂矿的分布及其特征

按滨海地质地貌以及砂矿类型，可将中国滨海砂矿分成辽东、鲁东、台湾、闽粤、粤西、雷州及海南7个成矿带。其砂矿情况、地貌景观、基岩地质、第四系沉积物、气候形势、径流形势、海洋动态形势，均有各自的特点。

我国滨海砂矿主要分布在海南、广东、广西、福建、台湾、山东和辽宁省区。而河北、江苏、浙江三省虽有少量矿点和异常区，但因品位低，均未形成工业矿床。就工业矿种而言，独居石、磷钇矿、钛铁矿、金红石、锡石、铌钽矿主要分布在广东、广西和海南三省区；锆石、石英砂、砾石遍布于沿海各省；砂金分布在辽宁、山东、台湾三省；金刚石则见于辽宁省复州湾。按其所处大地构造位置，我国滨海砂矿的分布受华北、华南两大地块控制。华北地块以富含砂金、金刚石等矿产为特色，华南地块区则以有色、稀有、稀土矿物砂矿为主体。

在我国滨海带上，可划分如下滨海砂矿成矿带系列。华南滨海成矿大带：海南岛东-南滨成矿带（海南带）、雷州东滨成矿带（雷州带）；粤西滨海成矿带（粤西带）、闽粤滨海成矿带（闽粤带）；台湾北-西滨成矿带（台湾带）。华北滨海成矿大带: 鲁东滨海成矿带（鲁东带）、辽东滨海成矿带（辽东带）。

1. 海南岛东—南滨成矿带（海南带）

本带包括海南岛东海滨带和南海滨带，北起铺前港，南止保平港。内有大小砂矿数十个，占全国滨海重矿物总量的86%，以钛铁矿为主，占全滨海带的

92%，锆石占79%，独居石占18 %，此外，还含微量锡石与自然金，北段有些矿区伴生铬尖晶石，个别矿区有金红石。按国内现行矿物价计，其价值比率，钛铁矿占13%，锆石占84%，独居石占3%。该带多大型和中型砂矿区，蕴藏量居全国之首。矿物组合为独居石–锆石–钛铁矿，滨海重矿物资源雄厚，是发展海南经济的又一资源优势。

地貌景观：五指山的主峰海拔1867m，略偏于岛的东南，由此向四周地势渐低，西南部陡峻，东北部低缓。位于岛东缘及南缘的滨海成矿带，由3类地貌组成，琼海以北为玄武岩台地，崖县一带为低山丘陵，其余除万宁乌石至陵水坡尾局部有低山外，均为丘陵。次级地貌单元的阶地和小平原，分布于文昌西洒、琼海、万宁、崖县三亚等地。阶地有5 ~ 6m、12 ~ 20m、30 ~ 50m三级。滨海小平原及阶地外侧，断续有沿岸沙堤和沙坝。沙坝上遍布沙丘和沙岭，高为5 ~ 59m，由南向北渐高，水下地貌别具一格。200m水深内海域宽度较窄，坡度较陡。50m水深线距岸2 ~ 17m，反映出近岸水下地形呈较陡的台阶状。水深15 ~ 20m范围内，有多处毗岸海底基岩平台，有的是呷角和山地的水下延伸，有的属沙坝的水下基石。水下珊瑚礁平台多处，近岸或毗岸砂质平台发育，砂砾质平台仅见于三亚以西。近岸泥质平台多见于乌石以南，且多在基岩平台、珊瑚礁平台、水下陡坡外侧。带内，上述阶地、平原、沙坝、山地、丘陵、呷角、残丘、海底基岩平台的空间配置，构成一系列与海连通的浅丘间小盆地，形态各异，大小悬殊，间距不一。从北到南，为西洒盆地、琼海盆地、万宁盆地、陵水盆地和三亚盆地。盆地之间为长短、宽窄不等的滨海山麓平台，这些盆地对中晚更新世的陆相沉积和全新世的海相沉积，都具有控制作用，而它们又是多组多级断裂活动所造就的。

基岩地质：海南带出露基岩有3类，按大小依次为印支侵入岩、燕山侵入岩、早晚更新世玄武岩，上白垩统、上侏罗统、上泥盆统、寒武系沉积岩，震旦系变质岩。印支侵入岩，主要是花岗岩、二长花岗岩，呈岩株分布于中段和北段，南段零星分布。辉长岩见于万宁南，燕山晚期侵入岩，以花岗岩、二长花岗岩、花岗斑岩、石英斑岩为主，还有少量早期花岗岩、二长花岗岩。它们规模不等，形态各异，呈岩株或岩脉穿插于印支花岗岩岩基和各时代地层中。更新世的两期火山岩，为玄武岩、凝灰岩、火山角砾岩，大片分布于北段。变质砂岩、板岩、片岩及硅质岩组成的震旦系，砂岩、页岩组成的寒武系陀烈群，分布零散，主要见于万宁龙滚至琼海、崖县榆林港、文昌等地。上白垩纪报万群砂岩、砾岩，集中于琼海西南部和文昌北部。上泥盆统页岩、砂砾岩、砾岩，出露于崖县一带。上侏罗统高基坪群砂页岩、砂砾岩，大片出露于崖县中部和北部。

除玄武岩紫红色风化壳、花岗岩红土风化壳及沉积岩碎屑层外，分布最广的是河、海、湖、沼的第四系沉积地层。层序从上到下为：全新统烟墩组，为黄色中细砂，构成沿岸沙坝。新统鹿回头组，为珊瑚碎屑堆积。上更新统八所组，棕黄色和黄褐色黏土质砂、砂、砂砾及砾石，含标志干热气候的稀林–草原植被景观的孢粉组合，组成二级阶地，平行不整合于北海组之上，可能属冲积层。中更新统北海组，上部为棕红色黏土质砂，下部为棕红色砂砾层，属冲积物，常见网纹，上下之间常有一层褐铁矿结核，含玻璃质陨石，含反应热带森林–草原植被景观的孢粉组合，常成三级阶地。北海组，沿陵水、万宁、琼海、西洒盆地陆侧边部断续分布。八所组，或沿盆地陆侧边部，或沿北海组的向海侧，或沿山麓断续分布南北各段。鹿回头组仅见于崖县鹿回头，烟墩组几乎遍及沿海平原区。第四系地层分布状况，明显受演化着的滨海丘间盆地与滨海山麓平台控制。较晚形成的地层，还受较老地层组成的阶地控制。

气候形势：海南带地处热带湿润区，气温高，温差小，降水量大。高降水中心位于万宁西，沿南岸向西降水量递减。以万宁为界，南北分属两个风区。西沙区，冬半年（每年10月至来年5月）盛行东北风和东风，风力强；夏半年（5～9月）盛行南风、西南风、东南风，风力弱。万宁以北与雷州带同属粤西海区，沿岸风场与海区风场基本一致，地处台风频繁登陆带。

径流形势：海南带有河流约18条，13条经东岸入海，短而小。万泉河长180km，经博鳌入海。西沙区的4条小河，均为向海流的内源河，其余经南岸入海。万宁至琼海为高径流深度区，径流系数较大，高值仍在万宁至琼海之间，其输砂量模数中等，属全国十级制输砂量的七级。从海南岛看，成矿带的位置与高径流深度区一致。但从成矿带看，砂矿富集程度的变化与径流深度的变化并非同步关系。

海洋动态形势：此地冬半年盛行北东浪，作用水深38～50m，最大176 m；夏半年多南浪及南西浪，作用水深20～50m，最大176m。冬半年主要为北东涌，夏半年主要为南涌及南西涌。潮汐为不正规全日潮弱潮带。最大底潮流流向北北东至北东，流速0.13～1.02m/s，对沉积物有起动作用。相邻的南海浅部，常年有稳定海流定期往返，夏半年，平均海流流向北东，底海流流向北北东至南东，流速都小；冬半年，平均海流流向南西，底海流流向南西至南南西，流速不大，对海底沉积物搬运能力均较小。风暴潮方向与出现率均取决于台风。风暴潮为能量最大的海洋动力，它是酿成灾害的“祸首”，也是形成砂矿的“元勋”。

2. 雷州东滨成矿带（雷州带）

本带位于雷州半岛的东海滨及附近岛屿，有数个中小型砂矿及矿点。重矿物量占全滨海带的5%，钛铁矿占3.4%，锆石占6.9%，独居石占6%，金红石占100%。本带矿物平均量比：钛铁矿56%，锆石27%，独居石2%，金红石14%。价值占比：钛铁矿4%，锆石65%，独居石8%，金红石23%。以独居石、锆石、钛铁矿、金红石为特征。

地貌景观：雷州半岛由火山丘陵台地及阶地平原组成。火山丘陵台地，分布于半岛南部与北部岭北地区及硇洲岛、东海岛。南部熔岩地貌，以徐闻-龙门为界，东西有别。东区特点有三：首先，构成丘陵的火山口较高、较大、较少，并呈近东西向排列。多座200m以上的火山口，以259m高的石赤岭为中心，构成高火山丘陵区。高火山口呈锥状和盾状，少数呈火山盆地。其次，在火山口四周，围以四级玄武岩台地。再次，早更新世形成的火山岩，经长期强烈化学风化，普遍覆有巨厚的红土风化壳，岩石露头罕见。紫红色风化壳，经长期侵蚀，形成赤状地形。相反，西区包括岭北、硇洲岛等，景观迥然不同。火山口较低，较小、较多，并呈北西西向排列，构成小于150m的低火山丘陵台地，风化壳较薄，露头多见，火山锥和火山口完好，有的集水而成火山湖。雷北阶地平原，展布于火山丘陵台地外围。65～85m的阶地仅见于雷南西区北端台地间。5～35m的阶地平原，大片展布于海康以北，为雷北主要地形。13～20m的阶地平原，见于乐民港以北的沿海地区等。5m以下的阶地平原，见于霞山-湖光岩沿海区等，面积较小。

大陆架与近岸水下地貌，具有下列特点：大陆架宽度和坡度均较小，近岸水下有海底基岩平台，海底砂质平台也较发育，其上局部显沙坡和沙陇，还有水下三角洲、海底泥质平台。

基岩地质：此处基岩为玄武岩、集块岩、凝灰岩、层凝灰岩、角砾凝灰岩等。对全新统而言，湛江组和北海组也可属提供物质的“基岩”。

第四系：全新统烟墩组滨海相砂层，分布于外罗-赤坎湾沙坝外缘，新寮岛、东里岛全境、东海岛、南山岛边缘，霞山-湖光岩沿海外缘。鹿回头组分布于外罗赤坎湾沙坝烟墩组内侧及南三岛中部等。灯楼角组为白色珊瑚礁灰岩，含有孔虫及贝壳，分布于外罗-红坎湾沙坝内侧。上更新统湖光岩火山岩，厚157m，为橄榄玄武岩、凝灰质砂岩、层凝灰岩、凝灰砾岩与火山集块岩等，构成低火山丘陵台地。中更新统北海组，岩性同海南带，分布于雷北和东海岛的二、三级阶地平原。下更新统石赤岭火山岩，厚20m，为集块岩、层凝灰岩、橄榄玄武岩，夹多层红土层，构成高火山丘陵台地。湛江层厚284m，为粉砂质黏土、黏土质粉砂、砂、砂砾等互层，夹泥炭层，下部或底部夹凝灰岩、玄武岩，含能反映干热气候的热带森林–草原植被景观的孢粉组合。

气候形势：海区冬半年盛行东北风及东风，风力强，夏半年盛行南风、西南风、东南风、东北风，风力弱。沿岸风场与海区近似，台风常在此登陆。

径流形势：从雷州半岛流出的17条河流，均为短小的外流河，呈辐射状，从东、南、西入海，径流的强度和能量明显减弱。

海洋动态形势：与海南带的不同在于，本带常有北西向的风暴潮兴起。东侧常年有稳定的逆时针向环流，底环流流速不大，为不正规半日潮区，潮差向北增高，近底最大潮流流向或北西，或北东，流速较大。环流和最大底潮流对海底沉积物有微弱作用，风暴潮才能在潮间带促成重矿物富集。

3. 粤西滨海成矿带（粤西带）

本带西起鉴江口，东至珠江口和海陵岛等沿海地区。有大小砂矿数处，矿点数十处，重矿物总量占全滨海带的4%。以磷钇矿、锆石、独居石为特色，有大中型砂矿出现，本带存在东西两个不同的成矿地段。

地貌景观：属粤桂低山丘陵区的滨海带，呈小片状，散布于本带中界和东段。此处山丘低小坡缓，常覆红土风化壳，分布于陇状丘陵与滨海小平原之间广大地域，为主要地貌单元。本带大陆架宽度坡度中等，近岸海底以泥质为主，砂质平台较少，且多在西段或远岸处。这是本带地势和珠江入海造成的，与滨海砂矿的空间分布趋势也一致。

气候形势：地处亚热带湿润区，气候炎热，温差小，降水量大，降水区位于海陵岛至崖门间的陆地。与雷州带同处粤西海区季风区，季风场基本一致。沿岸风场虽略有变化，但与海区相差无几。

径流形势：本带有北江、西江、潭江、漠阳江、鉴江流经入海。还有数条短小河流呈南东或南西向入海。径流量较大，大于1600mm的大流量区位阳江以北远岸陆地。变为河流的降水量较大，高值区同前，下川岛以东较大，以西较小。本带大中型砂矿出现在高径流区附近，而大部分砂矿却分布于输砂少的西部。从本带看，滨海砂矿的形成可能与径流量有关，而与径流输砂能力的相关性较弱。

海洋动态形势具有以下特点：海区内仍为不正规半日潮带，潮差增大；最大底潮流流向改变，在北西-南西西象限变化，流速减小；近底海流，冬半年流向变为南西-南南东，夏半年流向北西-北东东，流速均小；沿岸海流平均方向季节性改变，与海南带相同，但贴岸流终年保持南西向，流速大；直接登岸的风暴潮减少。

4. 闽粤滨海成矿带（闽粤带）

本带即珠江口至厦门之间的滨海带。有中型以下砂矿数处，重矿物量占全滨海带的2%。本带穿越粤东中低山丘陵区与闽粤沿海花岗丘陵区。以海丰为界，景观各异。西区为莲花山海岸山余脉，陇状丘陵此起彼伏，构成崎岖蜿蜒的基岩海湾。大陆架宽而缓，海水深，偶现海底基岩平台，大亚湾为砂质海底，而大鹏湾、红海湾等为泥质海底。

此处基岩主要为燕山期花岗岩及花岗闪长岩，其次为侏罗系中酸性火山岩。大亚湾附近局部有中上泥盆统及老第三系碎屑岩，福建东山岛、古雷岛、金门岛，有下古生界建欧群变质岩，佛芸一带有玄武岩及油页岩碎屑岩。花岗岩以黑云母花岗岩最常见，与粤西带一致。侏罗系火山岩组合与分布状况都较复杂，闽粤有别。粤境内出露下侏罗统金鸡群砂岩与页岩互层，上部夹炭质页岩，局部夹安山岩及安山质凝灰岩。还有上侏罗统高基坪群，为两套局部夹炭质页岩的安山质火山建造，多近海或贴海岸断续分布。闽境内只有上侏罗统上组，为火山岩及碎屑岩建造，远离海岸出露。

第四系与粤西带近似，以残坡积层广泛分布，全新统上组多见，八所组偶现为特征。全新统上组，包括烟墩组与冲积层，前者分布于海积平原、三角洲及沙坝上，以海丰、练江、榕江、韩江三角洲等分布较广，中段许多港湾内，有多处小片出现。冲积层呈条状分布于河谷两侧。八所组呈小片偶见于神泉港东南等地。

本带气候形势与粤西带也相似，不同点是气温略低，温差略大，降水量也略低。大于2000mm高降水区，位于红海湾—揭石湾一带，离主要砂矿区不远。此外粤东海区冬半年盛行东北风、东风，风力强，夏半年行东北风、西南风、东风、南风、东南风，风力弱。

径流形势：本带内的大河有韩江、九龙江，树枝状河流有8条，短小河流16条，以南西至南东东向入南海。转为河流的降水较多，而河流量减少，高径流区距海岸远。河流输砂能力提高，陆丰甲子与厦门最高。

海洋动态形势：此处具有多样的潮汐形式和强度，红海湾—神泉港为不正规全日潮弱潮带；闽佛以北为正规半日潮强潮带，其余地带为不正规半日潮弱潮带。最大底潮流流向北西至北东，流速大。稳定海流也有新变化，夏半年平均海流流向无分解，保持北东向，但流速增大，底流流向北东—北东东，流速也增大；冬半年，在红海湾东部滨外发生分流。

5. 台湾北—西滨成矿带（台湾带）

本带北起金山，南止杭寮，包括北部及西部滨海带。具有安山岩与第三系碎屑岩混合供给的特征。本带出现黑色独居石变种。

地貌景观：台湾山脉，沿北东向，从东部纵贯南北，向西地势递降，构成沿北东向展布的阶梯状景观，依次为冰川高山区、冰川中山区、中山区、陇状丘陵区、冲积平原区，还有大屯山熔岩低山、诸岛屿熔岩丘陵区及珊瑚礁岛。本带位于台西丘陵平原区，有熔岩低山、陇状丘陵及冲积平原。直径20km的圆形大屯山上有火山口多处。陇状丘陵分布于阿里山西部。冲积平原包括：台南平原、屏东平原、台北平原。本带中北段，临台湾海峡，最大水深约85m。台南以南，紧靠岛坡，岛架极窄。

基岩地质：本带基岩有两类——碎屑岩与火山岩。前者有上新统头科组砂岩页岩砾岩，断续分布于平原东缘；卓兰组与锦水组砂岩页岩砂质页岩，大片分布于陇状丘陵区南部；中新统3组煤系，呈条状分布于北部陇状丘陵区东部。火山岩有更新世-上更新世的安山岩、集块岩、火山碎屑岩，分布于北部大屯山，偶见玄武岩。

第四系较发育，从新到老为全新统砾、砂、黏土及新珊瑚礁，分布于平原区及沙坝上。更新统碎屑物、黏土、古珊瑚礁，多构成阶地，小片断续出现在平原区边部，新竹以北较广。

气候形势：台湾地跨热带与亚热带湿润区，气温高，温差小，无霜期，但高山区年均气温较低，可见积雪。此处降水量大，大于4000mm的高降水区位于东部高山区。季风场属台湾西部海区，冬半年盛行东北风、北风，夏半年盛行东北风、西南风、南风，风力均强，台风频繁。

径流形势：源于中部和东部的河流，多从西岸入海，河流短，坡度陡，流量大，险滩瀑布多。最长的浊水溪，长170km，经中部西流入海峡；淡水溪长159km，沿南南西向入南海；淡水河长144km，沿北北西入东海。还有近30条小河，从西岸入东海、海峡、南海。

海洋动态形势：新港基隆段为正规半日潮强潮区，新港以南段为不正规半日潮弱潮区，为北东向风浪及涌浪活跃区，也是风暴潮活跃带。

6. 鲁东滨海成矿带（鲁东带）

本带为南起岚头山北止虎头崖的鲁东沿海带。荣成湾—灵山湾段，有数个小型锆石砂矿及数十个矿点，虎头崖—黄山馆段，有若干砂金矿及矿点，日照石臼所段有磁铁矿富集。

青岛以南，属鲁中南中低山丘陵区的东边缘，以北属胶东低山丘陵区南、东、北边部。带内陇状丘陵广泛分布，低山突起，波状丘陵紧围其外。波状丘陵与大海之间为不规则的带状平原。海湾内沙坝发育，岬角与海岛之间沙堤多见。在一些较深大的海湾内，淤泥粉砂沉积物发育。与本带为临的黄海与渤海，宛如中国大陆与朝鲜半岛包围而成的巨大半封闭海湾，水深小于百米，距大陆斜坡很远，坡度很小，粉砂质或淤泥质发育。

荣成湾—灵山湾段以燕山期侵入岩为主，元古代花岗岩，下白里统青山组安山岩，上侏罗统莱阳组碎屑岩，太古界胶东群上部变粒岩、片麻岩、石英岩次之。虎头崖—黄山馆段，为大面积元古代花岗岩基，次为燕山晚期花岗岩株。它们构成大泽山低山丘陵区，为广阔滨海平原的后盾。日照段，主要是燕山晚期花岗岩、花岗闪长岩，胶东群中上部的变粒岩、片麻岩、石英岩等。

本带内第四系全新统最常见，断续出现于北段及东南段。上更新统仅见于西北段。全新统海积层为砂、泥沙、夹泥炭，冲积层以卵石、砂、粉砂、黏土为主。海积层见于海湾内的沙坝、沙堤、沙咀及三角洲。上更新统为亚砂土、亚黏土、黏土、砂砾层，常含钙核及锰核，主要出现在西北段滨海平原内侧。

气候形势：本带东南段，属温暖湿润区，气温较低，温差较大，降水量较小。冬行西北-东北风，夏行西南-东南风，风力不大，台风偶见。西北段，属温暖半湿润区，降水量略减。

径流形势：此处大小河流有30 条，大者有胶莱河、大沽河、五龙河。它们从北东南三面入海。东南段径流量小，降水转径流能力低，但输砂能力高。西北段，径流量更小，降水转径流的能力更差，然而输砂能力最大。

海洋动态形势：沿带潮汐形式强度多变，岚头山风城段为正规半日潮中潮带，风城威海段为不正规半日潮弱潮带，威海洼里村段为正规半日潮弱潮带。风浪，夏季南西-南东浪略占优势，冬季北西-北东浪为主。风暴潮极少见，海动能较小。

7. 辽东滨海成矿带（辽东带）

本带为辽东半岛东南岸至西北岸的滨海带。东南段有小型金、锆石砂矿，西北段有经搬运而磨蚀的重达38mg的大粒金刚石出现。重矿物极少，仅为全滨海带的0.1%。本带地处辽东低山丘陵区周边，为千山山脉的余脉。低山位于西北部，丘陵在东南部。因此，东南段海积阶地平原与丘陵衔接，而西北段则与低山毗邻。与鲁东带处同一海洋环境，水下地貌相似。20m水深海域最宽，坡度很小，海底多细粒物质。

本带东南段，以前震旦纪花岗岩、混合花岗岩，鞍山群为主。还有下震旦统出露。西北段，以下震旦统为主，北部还有燕山早期花岗岩和鞍山群零星露头，南部有寒武系或寒武–奥陶系灰岩、页岩以及鞍山群小露头。下震旦统中穿插许多含金刚石的金伯利岩岩筒。

第四系：与滨海砂矿有关的第四系，主要是全新统的沙滩、沙堤、沙坝相砂层，分布于大小海湾内。本带地处最北，气温最低，温差最大，降水量最小。季风风向不稳定，风速较小，台风罕见。入海河流有18条，从东南岸和西北岸入海。较大的有大洋河、碧流河和复州河，径流量小，输砂量也不大。

海洋动态形势：本带东南段为正规半日潮中强潮带，冬季多北西–北东浪，夏季多南–南东浪。西北段为不正规半日潮中潮带。风浪，冬季多北东浪，夏季多西南浪。风暴潮偶有侵犯，海水动能不高。

上述有关我国滨海砂矿成矿带的划分和剖析，对揭示滨海砂矿成矿规律，建立滨海砂矿成矿理论，进行矿产预测，帮助有关资源战略决策，都具有重要的现实意义。

四、我国陆架区砂矿的分布规律

沿中国滨海带，从北到南，砂矿密度具有剧增趋势，而独居石、金红石、金刚石和自然金砂矿则有局部富集的趋势。钛铁矿、锆石和独居石3种矿物的量比，明显受侵蚀–沉积成矿盆地的基岩岩石组合控制。在地质作用过程中，滨海砂矿主要形成于全新世，特别是它的晚期。

1. 从北向南砂矿密度呈不规则的剧增趋势

沿中国滨海带从北向南，砂矿的富集程度显示出不规则的剧增趋势。实际资料表明，成矿带中单位空间的砂矿个数、重矿物及钛铁矿的单位空间重量与重量百分量以及单位空间价值指数值，都显示出从辽东带到海南带的急剧增长。如成矿带单位空间重矿物重量指数，辽东带为4，鲁东带为80，闽粤带为140，台湾带为460，粤西带为900，雷州带为2840，海南带为18000，从北到南增长了近4500倍。锆石的密度指数，除鲁东带因有冲积型锆石参加计算略偏高外，其余也显示出从北到南的增长趋势。这种趋势说明，海南带是我国滨海砂矿最富集的成矿带。86%的滨海重矿物，92%的钛铁矿，79%的锆石，18%的独居石都富集在这个成矿带，每千米海岸线重矿物的潜在价值可达460万元，占整个成矿带总潜在价值的70%。因此，在开发我国滨海砂矿时，应特别重视海南带，在海南岛的经济建设中，应把滨海砂矿作为开发重点之一。

这种滨海砂矿富集趋势还说明，我国滨海带重矿物的分布极不均衡。99%的滨海重矿物，100%的滨海钛铁矿，95 %的滨海锆石，100%的滨海独居石集中在华南滨海成矿大带。这种分布趋势，是地壳物质的不均匀性和外动力地质作用的不均衡性造成的。

2. 砂矿密度局部富集趋势

稀土砂矿密度指数的空间变化比较特殊，独居石砂矿各指数的最高值都出现在粤西带，而唯一的磷钇矿砂矿密度指数值也重叠在该带上，从而显示出粤西带是稀土砂矿高度富集的滨海成矿带。自粤西带向两侧，稀土砂矿的富集程度不规则地锐减。由于稀土矿物价格较贵的缘故，价值呈百分量指数值的空间变化，把存在于我国滨海带上的前述两种富集趋势都综合反映出来了，即在从北到南砂矿富集程度剧增的曲线上，重叠有粤西带稀土砂矿高度富集的峰。此外，金红石砂矿密度指数值还表明，雷州带有金红石富集的趋势，鲁东带西北段有自然金富集的趋势，辽东带西北段有金刚石出现的趋势。

根据以上我国滨海砂矿空间展布规律，将滨海砂矿划分为两大成矿区：胶辽地块滨海砂矿成矿区和闽粤台背斜滨海砂矿成矿区。滨海砂矿沿我国岸线方向断续分布，分段富集，由于成矿条件的差异，形成了不同的矿床分带。据此可进一步将我国滨海砂矿划分为11个成矿带。

（1）辽东半岛庄河—金厂湾锆石英、砂金矿带。辽东半岛东海岸金、钛铁矿、锆石成矿带：该区出露岩石主要为前寒武系片麻岩和花岗岩，有较多石英脉、含金破碎带，是本区滨海砂矿物质来源。砂金矿在旅顺等处，锆石英分布在庄河至金县沿海一带，此外还有金红石、磁铁矿、独居石等砂矿。辽东半岛西海岸金刚石、金、金红石成矿带：在离海岸线数十公里处分布着我国著名的原生金刚石矿床，沿复州河和岚固河流域形成沟谷与河流阶地砂矿，在两条河流入海口时有可能形成具有一定规模的金刚石滨海砂矿。

（2）山东半岛掖—招滨海砂金矿带。

（3）山东半岛黄—荣玻璃石英砂矿带。

（4）山东半岛黄—日锆石英、钛铁矿、磁铁矿带。

（5）福建闽南玻璃石英砂矿带。闽北沿岸钛铁矿、独居石砂矿成矿带：区内滨海砂矿以钛铁矿为主，其次为独居石，分布在南镇到厦门沿海地带。也可见锆石英砂矿，但规模小。

（6）台湾西海岸锆石英、独居石、钛铁矿、磁铁矿矿带。台湾沿岸钛铁矿、磁铁矿、锆石英、独居石成矿带：分布在台湾的北部、西部和西南部沿岸的海滩中。重砂矿物来源于更新世台东火山岩组的安山岩、安山凝灰集块岩等。钛铁矿砂储量4.4万t、锆石2.4万t、磁铁矿3.6万t、独居石0.8万t。

（7）粤东锆石英矿带。粤东沿岸锆石英成矿带：从饶平至海丰一带有以铅英石为主的滨海砂矿，伴生钛铁矿、独居石。

（8）粤中砂锡矿矿带。粤中沿岸锡石成矿带：分布于珠江口以西至阳江北津港。

（9）粤西独居石、磷钇矿矿带。粤西沿岸独居石、磷钇矿、钛铁矿、金红石成矿带：从北津港以西至吴阳的滨海砂矿以独居石、磷钇矿为主，伴生锆石英、钛铁矿，是广东省独居石、磷钇矿的主要产地。湛江以西的滨海砂矿主要是钛铁矿、金红石，次为锆石英。

（10）雷州半岛—海南岛东部岸线钛铁矿、锆石英矿带。海南岛沿岸钛铁矿、锆石英、独居石、石英砂成矿带是我国主要滨海砂矿产地之一。分布于海南岛东南岸和东岸。钛铁矿品位高、储量大，已发现几个大型砂矿床。

（11）广西滨海玻璃石英砂矿带。

五、滨海砂矿形成的控制因素

（一）成矿的原始物质——基岩

在砂矿成矿带或成矿环境中，砂矿物源区基岩的岩石组合，对砂矿矿物组合起决定性的控制作用。例如在海南带，以印支期花岗岩为主的砂矿区，形成以锆石–钛铁矿为组合的砂矿。粤西带以加里东混合岩为背景的砂矿区，形成以锆石–独居石砂矿组合为特点。闽粤带以燕山期花岗岩为背景基岩的砂矿区，则形成钛铁矿–锆石为组合的砂矿。以玄武质火山岩为背景基岩的雷州带柳尾矿区，滨海砂矿的重矿物组合为独居石–钛铁矿–金红石–锆石。台湾带北段，由大屯山第三纪安山岩供给的滨海砂矿以钛铁矿–磁铁矿组合为特色，来源于第三系碎屑岩的西南段滨海砂矿，而矿物组合为独居石–钛铁矿–锆石，来源于安山岩与第三系碎屑岩混源区的西北段，滨海砂矿的矿物组合则为独居石–锆石–钛铁矿–磁铁矿。鲁东带以元古代花岗岩为背景的西北段，形成金砂矿。辽东带附近金伯利岩出露的西北段，在海滨发现有大粒金刚石。此外，海南带中北段的少数滨海砂矿区有铬尖晶石富集，个别滨海砂矿区有金红石富集，则是由于附近有玄武岩出露。总之，砂矿来源于基岩，砂矿重矿物来源于基岩岩石中的副矿物，滨海砂矿是经过分选富集了的基岩碎屑。基岩的岩石类型势必要影响并决定与其有关的滨海砂矿的矿物成分、矿物组合及矿物量比，所以基岩是控制滨海砂矿形成的物质基础。

（二）气候对成矿的决定性作用

1. 高湿热度造就了成矿直接物质

我国沿海从北向南，随大气湿热度的升高，以各种指数显示的砂矿密度均急速增长，其间具正相关关系。辽东带年均气温8～10℃，降水量50～800mm，砂矿密度指数（以重矿物单位空间重量为例）为4；粤西带年均气温21～23℃，降水量1300～2500mm，砂矿密度指数为9；海南带年均气温23～25℃，降水量1200～3000mm，砂矿密度指数为18。这种状况说明，在砂矿形成过程中，重矿物微粒的富集程度，在很大程度上是取决于成矿环境的湿热度的。尽管湿热度对砂矿成矿的作用非常明显和重要，但它的作用只是间接的，砂矿成矿是通过它所造就的风化壳而对其起作用的。湿热度，更准确地说是地壳表层潜水的丰度与温度，是造就风化壳的重要条件，温暖而丰富的潜水利于形成巨厚而广布的风化壳。而巨厚且广布的风化壳的存在是砂矿成矿的直接物质基础。因此，在某种意义上说，在砂矿成矿过程中，湿热度充当着松散易碎物质的化学碎样工角色。实际上，湿度对砂矿成矿的作用，就是降水转化成的潜水对地壳表层岩石的作用，而温度的作用很大程度上是太阳能的作用。总之，随着地理位置的转移，太阳能越大，地表层潜水越丰富，化学风化作用就越强烈，风化壳也就越发育，越厚越广，对砂矿的形成也就越有利。

2. 风的成矿作用

砂矿密度从北向南的剧增趋势，还与台风登陆活动频率的增高相一致。这种一致增长关系表明，台风频繁登陆活动，同样对滨海砂矿的成矿及地理分布具有密切关系。在滨海砂矿成矿过程中，台风起着直接与间接的双重作用。台风，包括六级以上季风活动的直接作用，就是风速大于5m/s的贴地气流，直接对沙坝表面的碎屑进行吹扬搬运，使轻的颗粒顺风迁移异地，堆积成上隆的沙丘，使密度大的重微粒保留原地，相对富集起来。不过这种残留富集作用是比较微弱的。更为重要的还是台风的间接作用——那就是由台风掀起的风暴潮的作用。

（三）地貌提供了成矿的最佳空间

1. 我国滨海带地貌体系

我国滨海带的地貌景观，形形色色，气象万千。这多姿多彩的地貌形态，构成了独特的中国滨海带地貌体系。

下沉-平原区滨海带：三角洲滨海带，淤泥粉砂质平原滨海带，多岸沙淤泥粉砂质滨海带，海蚀淤泥粉砂质滨海带，砂砾质平原滨海带，三角湾滨海带。

上升-山地丘陵区滨海带：中山断层岩岸带，低山丘陵呷湾带，低山基岩呷湾带，低山多岛淤泥粉砂质呷湾带，丘陵有砂砾基岩呷湾带，丘陵（熔岩台地）砂质呷湾带，丘陵淤泥粉砂质呷湾带。

生物滨海带：珊瑚礁海岸带，红树林海岸带。

图3-6　珊瑚礁海岸

图3-7　红树林海岸

因构造下降而沉积成的巨大平原，展布在杭州湾以北的广大地区，由长江中下游平原、华北平原及东北平原组成。还有珠江平原与台西平原等小片出现。其中的三角洲滨海带见于滦河口、黄河口、长江口、珠江口及蚀水溪口等地。淤泥粉砂质平原滨海带出现在辽河平原南部、津冀平原及苏北平原的东部边缘。苏北平原的滨海带，以扁担港口南为界，以北属旧黄河三角洲组成的海蚀淤泥粉砂质滨海带，以南为淤泥粉砂质滨海带。砂砾质平原滨海带，只见于台西平原西缘，而三角港仅限于平原滨海带与山地滨海带分界处的杭州湾。

由于地壳构造上升而侵蚀造成的山地丘陵滨海带，连绵起伏于杭州湾以南，台湾岛、海南岛及杭州湾以北的山东半岛，冀北辽西地区，辽东半岛的沿海地带，占全滨海带的大多数。台湾岛东岸有世界著名的断层岩岸，低山多岛淤泥粉砂质岬湾带在闽北浙东沿海，丘陵砂砾基岩岬湾带在珠江口两侧及台湾岛西北等地沿海，而低山基岩岬湾带仅见于台湾岛南北两带沿海。丘陵淤泥粉砂质岬湾带，主要在辽东半岛东南侧东段及冀北辽西地区沿海。丘陵砂质岬湾带广泛分布于广东、福建南部、山东半岛及辽东半岛等地沿海。

基于生命过程的生物滨海带，其中的珊瑚礁滨海带出现于北回归线以南的东沙、西沙、南沙及澎湖列岛部分岛屿，红树林滨海带在福建福鼎以南的一些小型泥质海滩中发育。以台湾海峡为界，中国滨海带及其毗邻的大陆架，可分为南北两部分，二者具有明显差别。渤海、黄海、东海淹没的北部大陆架，外围日本—琉球岛弧，内接中国三大平原，有黄河与长江两条巨型河流注入，大陆架表面宽阔，坡度极小，细粒沉积物发育。与此相反，南海覆盖的南部大陆架，南临浩瀚的南海洋盆，北接山地丘陵区，大陆架变窄，坡度增大，而且又无巨大河流注入，粗粒沉积物较发育。这种差别，势必会对滨海带的沉积与砂矿的形成有直接而重大的影响。

2. 控制成矿的大陆地貌类型

滨海砂矿成矿带的形成与展布，受上升-山地丘陵滨海带控制。将滨海砂矿成矿带与滨海地貌带对比可看出，除台湾带情况特殊外，绝大多数滨海成矿带都与上升-山地丘陵区相重合。因此可认为，上升-山地丘陵滨海带是滨海砂矿成矿带形成和展布的先决条件。

在控制滨海砂矿成矿带展布的山地丘陵滨海带中，滨海重矿物砂矿的成矿又主要是受丘陵（熔岩台地）砂质岬湾的控制。我国所有已知滨海重矿物砂矿实际资料表明，几乎全部的滨海重矿物砂矿区都出现在砂质岬湾中，而在多岛淤泥粉砂质岬湾、淤泥砂质岬湾、有砂砾基岩岬湾中极为少见，至于基岩岬湾及断层岩岸中那就更为罕见了。这充分说明，丘陵砂质岬湾是控制重矿物富集成矿的最佳滨海地貌单元，还有少数砂质凸岸也是重矿物富集成矿的有利场所。在砂质岬湾及砂质凸岸地貌环境中，绝大多数滨海重矿物砂矿的矿层，都选择沿海沙滩、沙堤或沙坝作为聚集与储存的地貌场所。从我国滨海重矿物砂矿区的第四纪地层、沉积物与砂矿层的相互关系说明，绝大多数的滨海重矿物砂矿层都赋存在现代或全新世沙、沙坝及沙滩内的砂层中。实际上沙滩、沙堤、沙坝的形成过程，也正是重矿物从贫到富的富集过程，作为地貌形态的沙滩、沙堤、沙坝与作为经济地质体的砂矿层，都是海洋地质作用的孪生产物，只不过在规模上前者大些，后者小些，前者包含后者。在成矿作用上前者既是成矿场所又是储矿的地貌单元，对后者有控制作用，二者关系极为密切。显然，地貌对滨海重矿物砂矿富集成矿及区域展布都具有明显的控制作用，大至成矿带的展布及砂矿区的出现位置，小至砂矿层的空间形态与厚富矿体的排列，无不受不同级次的滨海地貌体系的严格控制。丘陵与熔岩台地区，容纳细—粗砂沉积物的岬湾及凸岸，是极利于滨海重矿物富集成矿的最佳滨海地貌类型。尽管如此，但也并非凡砂质岬湾必有砂矿存在，因为滨海重矿物砂矿富集成矿，除地貌要素外，还受其他要素的控制和影响。

3. 利于成矿的大陆架地貌类型

当把滨海重矿物砂矿密度变化与大陆架宽度变化对比时不难看出，随着大陆架宽度的变窄，滨海重矿物砂矿密度却反而急剧增大，二者具有负相关关系。如辽东带大陆架宽度大于800km，重矿物单位空间重量砂矿密度指数为4；粤西带大陆架宽度200～250km，砂矿密度指数为9；海南带大陆架宽度70～110km，砂矿密度指数为18。由此可见，濒临窄大陆架的滨海带，极利于重矿物微粒的分选富集成矿，特别是台阶式窄大陆架的滨海带，对砂矿的形成与富集更加有利。这是因为，窄大陆架的滨海带，利于暴发性的海洋高能抵达并造成强大的海洋动力场，而台阶式滨海海底，则便于被高能海水搬运的沉积物按阶分级沉积并保存。同时，在几乎所有的大中型滨海砂矿区的近岸水下，往往存在水下海底陡坡，在水下陡坡的向陆侧部，有砂质碎屑覆盖，在水下陡坡的向海侧部，则有淤泥粉砂质沉积。这也进一步说明，台阶状近岸海底地貌形态，是利于形成滨海重矿物砂矿，特别是大中型砂矿的最佳水下地貌空间环境。

总之，滨海成矿带的展布，从北向南砂矿富集程度的剧增趋势，砂矿区的出现部位、排列，无不受滨海带地貌的严格控制，既受大陆架地貌的制约，又受大陆地貌的左右。地貌是控制形成砂矿的物质，经历侵蚀、搬运、富集成矿的空间要素。地貌及其地理位置是决定滨海砂矿分布与富集的第一位的直接的原因，地质构造对滨海砂矿成矿的控制，也必须通过地貌来实现。

（四）风暴潮是成矿的主动力

我国滨海砂矿主要分布在北纬27°以南，越向南砂矿规模越大，品位亦高，这可能与炎热多雨的气候条件有关，这种气候条件可形成较厚的风化壳，在南方某些地区风化壳可达数十米，地表水系易于切割风化壳，当入海河流切割冲刷含矿母岩时，则可能携带大量重矿物入海，在浪、潮、流等外营力的进一步作用下，在有利的地貌部位富集成矿。

能量强大的台风、具有高能量的风暴潮能对风暴期间扩大了的浅海海底沉积物进行大距离横向向岸搬运，使前滨碎屑向潮间带运移，同时对沿岸沙堤强力冲刷，使沙堤的碎屑物崩落潮间带，使潮间带与水下沙堤带变成极为活跃的沉积物交换场所，极有利于重矿物微粒的富集。可见在滨海砂矿成矿过程中，在潮汐、风浪、涌浪等海水动力之中，风暴潮充当着富选重矿物的主要作用。据调查了解，在雷州带外罗地段，每次风暴潮活动过后，在潮间带能比平日多收获200t以上的毛矿砂。在滨海砂矿里，黑色的重矿物微层、黑富矿层、不规则团块状富矿大多也是风暴潮的产物。风暴潮的富选成矿作用，在迎潮岸带表现得最强烈，在经潮岸带表现强烈，而在背潮岸带表现得很微弱。海南岛与雷州半岛迎风暴潮的东岸，滨海砂矿极为发育，而在背风暴潮的西岸，砂矿便特别贫乏，就是最好的证明。可见，极利于滨海砂矿成矿的风暴潮是向岸的风暴潮，频繁的向岸风暴潮是形成重矿物区域性富集的最佳主要海动力。

（五）中–细硅砂是最佳成矿沉积物

我国滨海砂矿种类繁多，不同矿种所赋存的沉积物粒级不尽一致，其中金、锡石、金刚石多赋存于粗粒级沉积物中，即粗砂或砾、砂泥混杂的沉积物中，而重矿物砂（锆石英、独居石、磷钇矿、钛铁矿、磁铁矿、金红石等）则往往赋存于相对较细粒级的沉积物中，如中粗砂、中砂、中细砂。玻璃石英砂以中砂为主。砂矿床往往以一种或数种矿物为主，而伴生其他矿物、构成复矿物型砂矿床。特别是广东滨海砂矿在一个矿床中往往具工业价值的矿种可达5～6种。

1. 控制重微粒成矿的硅砂类型

对我国主要滨海砂矿区富含重矿物的石英砂样品进行的粒度分析可以知道硅砂类型对滨海重矿物富集成矿的控制状况。总体看，我国滨海带含矿硅砂，分散在7种砂类型区，也就是它们分别隶属于7种不同类型的砂，从细到粗为细砂，中砂质细砂，中粗砂质细砂，细粗砂质中砂，粗细砂质中砂，中砂质粗砂，中细砂质粗砂。含矿硅砂具有明显的地区性差别，海南带的含矿硅砂的粒度偏粗，恰恰是向岸风暴潮频繁活动的高能环境的反应。相反，从海水动力场看也属高能环境的雷州带柳尾矿区，含矿硅砂却为细砂，这主要是受细粒玄武质火山岩物源场所决定的，附近入海河流带入的泥沙可能也有一定影响。

2. 利于重微粒成矿的硅砂粒度特征

我国滨海带含矿硅砂的粒度分布，无论成矿带，或者含矿沙堤，甚至一个砂矿剖面，都具有绝对的变化性，同时这种绝对变化着的粒度分布又存在多种多样的形式。正是这种形式多样的变化才显示出了含矿硅砂的粒度特征与区域性规律。含矿硅砂粒度集中趋势具有多级性，即0.125～0.25mm的细砂级，0.25～0.5mm的中砂级，0.5～1.0mm的粗砂级。总体看，细砂级与中砂级的占大多数，粗砂级的仅占少数。

各粒度集中趋势指标，都反映出我国滨海含矿硅砂以中粒级与细粒级为主的特征，还表明在区域上文昌清澜港以南粒度偏粗，雷州带偏细，粤西带与闽粤带居中的区域特征。

从滨海砂矿分选程度的区域变化趋势来看，砂矿的分选程度与搬运富选砂矿的海动力能量关系不密切，而与成矿环境反倒存在一定关系。此外，砂矿生成后新物质的加入和进一步的风化等也有影响。例如：柳尾矿区的砂矿分选程度极好，粒度偏细，很大程度上是玄武质火山岩物源环境本来就偏细的缘故。而甲子矿区最富集的深咖啡色砂矿层与南山海橘红色砂矿层，之所以分选程度较差，很可能是砂矿层裸露地表，其中的长石与黑云母经再风化生成了少量黏土，使细尾含量增高所致。

3. 含矿硅砂的粒度象

我国滨海带的含矿硅砂，除雷州带的柳尾矿区外，滨海砂矿区的所有样品，均属于海湾沉积环境的沉积物。地处外罗的柳尾矿区滨海成矿环境，是玄武岩台地陇槽平台海岸成矿环境，与海湾成矿环境本来就是有区别的。含矿硅砂粒度恰好显示出了这种区别，外罗成矿环境中由大陆与大陆架的近岸地带物源场偏细特征所决定，而且该地带在地貌上也确实不是海湾。

4. 重矿物的原生粒度是选择容矿硅砂类型的依据

黑富矿层实际上就是天然淘洗富集的重砂。天然重砂的粒度成分因成矿环境的不同而异。外罗玄武岩台地海岸环境产出的天然重砂粒度最细，众数级最小，为0.063～0.125m的细砂级，平均粒径0.12mm。海南带万泉河口处的南港混源区海湾环境生成的天然重砂粒度较粗，众数粒级在细砂级甚至中砂级，平均粒径0.31mm。

不含石英砂粒的人工重砂的粒度也因带而异：海南带的较粗，众数级为细砂级，平均粒径0.14mm；闽粤带的较细，众数粒级在细砂级与极细砂级，平均粒径0.13mm；雷州带的最细，众数粒级为极细砂级，平均粒径0.11mm。

重矿物的粒度组成有3种形式，即左高双级型、右高双级型和单级型。左高双级型就是95%的重矿物微粒，集中在细砂级与极细砂级两个粒级内，而众数级位左边的细砂级，出现率为2%。右高双级型与前者对称，众数级位右边的极细砂级，出现率高达56%。单级型即95%以上的重矿物微粒集中在极细砂级一个级内，出现率为2%，就同种重矿物而言，双级型的粒度比单级型的要粗一些，左高型的要比右高型的略粗一些。对同种重矿物的同种双级型而言，两粒级的级差越小，重矿物微粒的组成便越粗。从不同地区来看，海南带的重矿物粒度组成一般也偏粗，而雷州带的重矿物粒度组成一般也偏细。唯独锆石的粒度组成出现反常现象，也就是雷州带的锆石粒度由较粗的粒度组成，或为左高双级型，或属右高双级型，独居石的粒度组成为右高双级型与单级型，金红石的粒度组成属左高双级型与右高双级型，微量的锡石粒度组成为单级型。总之，我国滨海砂矿中重矿物微粒的粒度组成，以0.063～0.25mm的细砂级与极细砂级占绝对优势，以平均粒径0.08～0.14mm为基本特征。这种特征的结构很大程度上在供矿母岩结晶成岩时便已决定了的。这种细粒原生结构，在地表搬运富集过程中，对它们选择所依存的硅砂类型时，起了决定性的作用。

5. 高能环境是形成滨海砂矿的最佳环境

滨海砂矿中的石英颗粒，多呈极圆状和圆状，少数呈次圆状。极圆状颗粒表面，普遍有多姿多态的溶蚀沟，溶蚀沟中有时还生长有硅质颗粒。风成沙丘上的石英颗粒表面，可见到再磨蚀的隆纹磨钝的贝壳状断口及碟形坑。不同的滨海成矿环境在石英颗粒形态上也有所反映。例如甲子成矿环境中的石英颗粒，不仅圆度较高，为圆状至极圆状，而且表面也比较光洁，溶蚀沟少小浅，然而南山海成矿环境中的石英颗粒状况出现明显区别，滚圆度有所降低，为次圆状至圆状，表面也比较粗糙，溶蚀沟多大深。

滨海沙坝砂矿中的石英颗粒形态特征，除滚圆度外，在很大程度上，多是风化阶段，甚至是原生阶段石英颗粒形态继承性演化而来的。甲子与南山海的石英颗粒表面形态的差别，早在残坡积阶段便明显地表现出来了。甲子的豹皮状角砾砂质黏土风化壳中的石英颗粒，同样比较光洁，溶蚀沟的边棱稀疏级次较少，然而南山海矿区褐红色砂质黏土坡积层中的石英颗粒，则较不光滑，溶蚀沟边棱密集，级次也较多，从而显示出花岗岩区与混合岩区石英颗粒表面形态的差别。

在所观察的重矿物中最硬、解理又不发育的锆石硬度为7.5，多呈棱角受到不同程度磨蚀的四方柱与四方双锥的聚形，少量为圆状与极圆状颗粒。在较光滑的磨圆表面上，布有或疏或密或大或小的V 形坑及碟形坑。可见到多种形态的断口及断块，光洁闪亮的晶面上，可见溶蚀坑和微细矿物的原生印痕。不同成矿环境中的颗粒，圆状和极圆状者的份额略有不同，文昌港门、万宁乌场、陆丰甲子等矿区较多，徐闻柳尾矿区的较少，而阳江南山海矿区的极少。

未经搬运的花岗岩中的锆石与它们相比，显然棱角清楚。与锆石相反，较软的独居石多呈极圆状与圆状，磨圆的表面上V形坑较深较密，密集的V形坑进一步发展，可成沿（100）解理的解理剥落坎线，溶蚀沟坑多见，还有典型的带盖溶蚀坑，断口极少见，可见晶形完好的板状晶体。

钛铁矿除断裂面及碎片外，一般呈圆状和极圆状，在磨圆面上碟形坑多见，有的密布呈鱼鳞状，溶蚀坑也不少，可见较少的晶面，呈平整光滑的镜面，间或有几组方向不同的晶纹密布和微晶印痕。

金红石多呈极圆状和圆状，可见少数完好晶体，呈六方柱与六方双锥聚形，还有长柱状者。也呈圆状和极圆状的磷钇矿，在磨蚀的（110）面上，除可见到V形坑及溶蚀坑外，也可见解理剥落面，偶见晶面平整完美无缺的四方双锥晶体。微量的锡石也呈极圆状和圆状，有时可见到轻微磨蚀的四方柱与四方双锥的聚形。与冲积砂矿中的锡石比较，不仅粒度细，而且均呈单体。

总之，滨海砂矿中的碎屑颗粒，包括石英颗粒与重矿物微粒，都具有某些共同的次生形态，这就是较高的磨圆度，多见的V形坑及碟形坑，深密的溶蚀沟（坑），还有可见的硅质球。这些颗粒表面形态表明，滨海砂矿的成矿环境都是具备高化学能和高物理能的环境的。标志着高化学能环境的溶蚀沟及硅质球，反映了形成砂矿的高湿热气候环境。标志着经历高物理能环境的磨圆度和V形坑、碟形坑，反映了滨海砂矿成矿环境的强大海动力。此外，全新世高海面波动递降的海面升降模式，滨海带缓慢间歇式分异构造运动，也是决定滨海砂矿成矿的有利要素。

我国滨海砂矿的成矿时代具有多期性、多阶段性，可分为五期：中更新世、晚更新世、早全新世、中全新世和晚全新世，不同矿种成矿期又有所不同，目前已发现的砂金矿和金刚石矿其成矿期以中-晚更新世为上，而其他重矿物砂矿则多以全新世中-晚期为主。新构造运动的变化影响着砂矿的形成与富集，特别是与新构造运动的强度有密切关系。当地壳迅速上升时，大量被剥蚀的物质未能得以良好的分选而快速堆积则不利于成矿；而只有当上升速率使风化物质来得及分选的情况下，才有可能形成较有意义的砂矿。如雷州半岛东西两岸地质条件类同，但其东部滨海区形成较多砂矿，而西岸尚未发现具有工业价值矿床。新构造运动在两岸的差异可能是其原因之一。

综上所述，反映地壳构造运动的地貌形态，作为地壳物质组成的基岩岩石类型，决定地表岩石风化壳厚度广度的气候湿热度，由热带气旋所决定的风暴潮动态，标志沉积环境能量的沉积物特征，海平面升降模式类型等，它们具体的历史的因地而异的组合佳度，决定并控制着滨海重矿物微粒富集成矿与区域展布规律。单因素观点与静止观点是无法理解和解释滨海重矿物微粒富集成矿现象的。其实，滨海砂矿与地球的岩石圈、水圈及大气圈有着十分密切的关系，它是三者在全新世漫长地质历史过程中对立统一的产物。

六、我国滨海砂矿产业发展现状及未来开发战略

我国有悠久的砂矿开发史，但真正从事滨海砂矿调查研究是在新中国成立后才开始。几十年来，总的进展不平衡，有两个主要发展期：一是1955—1965年，此期重点在滨岸，在广东、海南、广西、福建、山东和辽宁等省区沿海地带找到了一批有工业价值的滨海砂矿床。二是20世纪70年代以后，为总结深入时期。工作范围已由滨岸推向浅海区，发现了一批包括砂金、金刚石、锡砂矿在内的国家急需的砂矿远景区，在浅海圈出40余个重矿物异常区，进行了成矿规律、成矿理论研究，提交了一批有价值的科研报告和砂矿专著。

由于滨海砂矿资源具有重要的工业价值和经济价值，而且比较容易开采，故近10年来，世界海洋砂矿资源开发发展很快，其产值目前仅次于海底石油的产值，已成为第二大海洋矿产开采业。我国开发利用海砂资源的历史久远，但众多企业和个人下海开采海砂是近十几年才发展起来的。二十世纪七八十年代，开采者主要开采了具有重要经济价值和工业价值的海砂，用于提炼金属、非金属矿物质用作工业原料。当时开采规模并不大，20世纪70年代全国约10万t，80年代20余万t。进入20世纪90年代，建筑行业的需求不断扩大，而海砂粒径适中、含泥量少、易于处理，是价廉质优的筑路材料和混凝土建筑材料，因此海砂的开采生成规模迅速扩大。尤其是近几年，国际国内市场对海砂的需求成倍增加。在国际市场上，缺少矿石资源的日本动工兴建了几个大工程，例如大阪关西机场、神户机场和东京世界公园的填海工程需要大量的填海砂石。其中大部分要从周边国家进口，海砂出口已经成为一个重要的创汇渠道；在国内市场上，由于国家加大基础建设规模和投资力度，带动了建筑砂石市场的空前繁荣。随着我国填海规模的增加，也需要大量的砂石。由于国际国内市场的强劲拉动，我国许多企业和个人纷纷下海采砂。据不完全统计，2000年前后，我国从事海砂开采的从业人员数万人、海砂开采量每年约0.18亿t，海砂产值约22亿元人民币。从2002年开始，国家严格控制海域勘查、开采建筑用砂活动。截至2006年4月，国土资源部颁发的采砂许可证仍在使用的有23个。

表3–2　沿海地区海洋矿业产量　　（单位：t）

地区	2007年	2008年	2009年
浙江	24137754	40015300	47554400
福建	2030700	2063800	2082500
山东	385665	3308591	3423889
广东	153000	—	—

（续表）

地区	2007年	2008年	2009年
广西	1266456	887998	564820
海南	1608000	1810000	2281000
合计	29581575	48085689	55906609

1. 我国滨海砂矿资源开发现状及问题

20世纪70年代前，我国主要采用常规的地质勘查方法（如地质填图、重砂测量、山地工程和钻探等）对滨海砂矿进行勘查；70年代后，随着科学技术的发展，勘查技术趋于综合化、合理化。除用常规方法外，包括浅地层剖面勘查，回声测深、核子旋进磁力勘查、声呐浮标、微测距仪等先进的物探仪器和遥感技术也有了较广泛的应用。在测试手段上，常规的重砂鉴定仪器有了改进，X光衍射仪、电子探针、电镜扫描、同位素测试等新技术也相继应用到砂矿测试和研究上，并开始引进和推广新的重矿物分离技术和选矿设备等。在目前已探明的12个矿种中，具有一定规模开发利用的有锆石、钛铁矿、金红石、独居石、磷钇矿和石英砂等。有色、稀有、稀土矿物集中在广东、广西和海南沿海，其他省区沿海只限于石英砂矿开采。在已探明的90余处滨海砂矿中，能从事生产的国有和地方矿山有十余座，民营企业百余个。

在20世纪70年代以前，滨海砂矿调查方法主要是地貌–第四纪地质测量、重砂测量、山地工程等，以及室内重砂、光谱、化学和粒度等常规的分析处理方法。近年来随着科技的发展，调查区由陆地扩展至海区，调查手段趋于综合化，除常规调查方法外，同位素测试、遥感技术、重砂矿物分离等方法有了较广泛的应用。

由以上内容可知，我国的滨海砂矿地质勘查工作，重点在于母岩类型、水动力条件、海岸类型和地貌类型、第四纪沉积作用及新构造运动对砂矿的控制作用和以全新世为主的成矿年代学研究，但没有对滨海砂矿的地质勘查进行总结，导致我国仍没有一部完整的、可指导生产实践的滨海砂矿地质勘查规范。

我国滨海砂矿不论在勘查方法上，还是开发利用上，虽取得一定成效，但由于起步较晚，同世界上一些先进的开发国相比还存在较大差距，主要表现在：砂矿调查范围目前仍侧重于近岸，水下调查仅在少数单位进行试验。调查范围限于浅水域（10～25m水深），在陆架区进行的综合地质调查中所涉及的重砂部分，其资料处理不统一，不足以对该资源做出评价。而国外一些先进的开发国，其调查范围已到陆架区50～100m水深，最深达700～1200m，且采用的技术手段先进。生产能力低，目前国内砂矿生产仅限于滨岸，为中小型，多数采矿场年产量在几千到一万t以内，而国外一些生产大国（如澳大利亚、印度和东南亚一些采锡国）的采选厂，年产矿量多年保持在几十万到上百万t范围内，其开发范围不仅在滨岸，还扩大到水深20～30m的浅海，最深达70m。在开采手段上，我国以土法生产为主，兼用机械、半机械化采矿工具。而国外一些先进生产国，多采用一些设备齐全、机械化程度较高的挖泥采矿船，用人少、效率高，使生产成本大大降低。选矿工艺较简单。国内多数生产厂家采用粗选（混合）和精选（分离）两道工序，前者在采矿场完成，后者是将矿砂运到选矿厂进行分离。而国外一些先进生产国新建立的选矿厂，工艺流程先进，自动化程度高，电磁分离、静电分离以及计算机控制的选矿系统都得到充分应用，有的国家还能在采矿的同时，直接在采矿船上进行选矿和分离。

目前，我国滨海砂矿采选场规模一般为中、小型，开采的机械化程度还不高，工业矿物回收率较低，选矿技术有待改进，综合利用程度还有待提高，因此在滨海砂矿勘测时，必须进行重砂矿物的综合利用研究。但目前有关这方面的工作，主要是重砂矿物成分种类及组合、重砂矿物粒度特征与矿床富集程度之间关系的研究，而对重砂矿物元素之间的富集相关性研究不够，影响了重砂矿物的分离和综合回收利用，从而降低了矿区的经济效益，浪费了宝贵的矿产资源。

2002年12月1日，中华人民共和国国土资源部颁发了地质矿产行业标准《砂矿（金属矿产）地质勘查规范》，此规范从2003年1月1日开始实施。该标准规定了除滨海砂矿以外的金属矿产（贵金属、锡、钛铁矿、金红石、稀有金属、稀土等）砂矿勘查的目的任务、勘查研究程度、控制要求、工作质量、可行性评价、矿产资源/储量分类及其类型条件、矿产资源/储量估算等。由于没有滨海砂矿地质勘查规范可遵循，在滨海砂矿地质勘查生产实践中，无法确定矿床的勘查类别，无法确定野外的纵向、横向工程间距，无法确定与工程间距相关的目的矿物的储量级别。

另外，重砂样品分离鉴定是滨海砂矿地质勘查室内分析工作的全部，由粗淘、缩分、磁选、电磁选、精淘和鉴定等组成，最后得到品位以用于储量计算。粗淘是室内分析工作的第一步，其原理是把样品放入淘洗器中，利用重砂矿物比重的大小差异，在水中借助手旋转或前后移动淘洗工具，让轻矿物进入水中，重砂矿物则留在淘洗器中，最终得到可用于下一步室内工作的灰砂。显然淘洗次数越多，则留在淘洗器中的重矿物越多，淘洗质量越好，从而得到的品位也越准确。但由于目前没有滨海砂矿勘查规范，导致无法把握淘洗次数与淘洗质量之间的关系。淘洗次数越多，淘洗质量当然越好，但会增加成本，甚至会浪费人力、物力和财力。

就我国目前已探明滨海砂矿床中，已建成国有和地方矿山十余处，除少数已探明的滨海砂矿床未进行开采外，多数矿床已不同程度地开采过，有的富矿体已采完，有的因种种原因而停采。锆石砂矿一般采用船型淘洗盘淘洗、流槽水力冲洗及粒浮选方法，前两种方法回收率低，后者高；钛铁矿采用七制流槽水力冲洗和螺旋水洗法，效率高，但回收率低；独居石砂矿采用粒浮选法；砂金和锡石采用土制流槽水冲洗和淘沙盘法。由于土法开采方便、简单、成本低，所以山东、福建、广东等很多矿区都进行过开采，尤其是海南岛东部海，大都进行过土法开采。近年来，采矿设备有所改进，除继续使用土法开采外，机械化程度有很大提高。广东省某些滨海砂矿矿山采用浮选、磁选和电选等方法进行精选，总回收率达到40%～50%。

在我国沿海地区如海南岛、辽东半岛、山东半岛、广东等地具有丰富的海滨砂矿资源，其砂矿床的矿物组成主要为锆石英、金红石、独居石、钛铁矿和自然金等。通过近几十年的开采，目前水面以上的砂矿资源已消耗殆尽。故水面以下的砂矿开采就显得非常重要。水下浅层的砂矿可用链斗式采砂船或砂泵抽取的方式进行开采。但对深层（水下7m以下）砂矿而言，用这些方法开采就存在以下问题：首先，从理论上讲只能开采水下7 m以上的疏松矿物，而大量位于水下7m以下的高品位砂矿得不到有效开采，资源浪费严重；其次，对滨海砂矿中存在的硬土层、黏土层无能为力，需借助爆破才能抽取；再次，砂泵叶轮的磨损严重，短则几天多则两周就要更换叶轮；最后，设备操作不便。为此，研究者们提出用气举（Airlift，也可称为气力提升泵）和自激振荡脉冲射流相结合的方法来开采滨海砂矿。与砂泵相比，这种方法能够利用振荡脉冲射流破碎Ⅳ～Ⅵ级土岩，能使开采与抽取同时进行；还能开采水下几米至数百米处的矿层；此外，工作部件无旋转零件，磨损小，设备简单、工作可靠、能连续工作。

《全国海洋功能区划（2011—2020年）》、国土资源部《关于加强海砂开采管理的通知》以及国家海洋局《海砂开采使用海域论证管理暂行办法》和《海砂开采动态监测简明规范（试行）》等政策法规的出台对海砂的开采做出了相关规定，逐步构建了海砂的开采管理的政策体系。但开采受利益驱使，违法采砂的事件在沿海各省、市、区时有发生，层出不穷。由于我国海砂开采者大多是小型和个体企业，设备简陋，技术落后，加上多在近岸海域作业，以及对周围海域的生态、环境及其他海洋开发活动影响的论证科学性有待提高，故带来了一系列的生态、环境和管理上的问题。为此，多年来海洋主管部门逐步加强了对海砂开采的执法检查活动，中国海监各级队伍每年都组织专项检查行动打击违法采砂活动。据《南方日报》2010年5月8日讯，由中国海监南海总队和广东省海监总队联合举行的“靖海2010–2”海砂开采专项执法检查在珠江口展开，海监飞机和15艘海监船艇联合出动，当场发现一艘涉嫌无证非法采砂船。同日，在广州南沙蕉门水道，也有两艘无证采砂船被海监人员发现。以2001年为例，海洋主管部门共组织行动138次，发现无证开采公司26家，采砂船368艘次；越界采砂船68艘次，越界开采公司16家。

总体而言，我国有比较完善的海砂管理制度，在海洋环境保护和资源合理利用等方面做了较好的规定。但实际上，由于执法能力和处罚力度不够，很多采砂业主往往在巨大利益驱使下，不经过论证，甚至在限制开采的海域违法采砂，对近岸海洋环境造成了很大的破坏。此外，我国至今尚未制定海砂开采规划，对可采海砂资源量与分布、满足国家建设的能力、每年允许的可采量等没有一个权威数据。这不利于海砂资源的持续利用，直接影响了海砂的管理与政策制定。

2. 滨海砂矿开采区的选划原则

由于海砂开采的利益驱动，违法开采海砂的行为时有发生，已成为海洋主管部门执法检查的重点。因此，功能区划海砂开采区的编制应以科学监督管理、可持续开发利用为目标，明确提出禁止海砂开采的区域，在海域使用管理中实现严格的审批程序。因此，海砂开采区的选择规划应遵循以下原则：

（1）在合理预测需求的基础上从严设置海砂资源区数量。

在海洋功能区划的编制中，应以资源的自然禀赋为基础，在资源的富集区合理设置功能区。针对海砂资源，应在充分调查、了解全国海域海砂资源分布、储量的基础上，对海砂资源富集区域进行适当的等级评价，选出建议开发区、建议保留区、禁止开发利用区等。根据对海砂资源的评估结合社会需求及相关管理要求，设置海砂功能区。

对海砂资源情况充分了解后，应结合我国海砂开采行业的发展前景，合理预测我国海砂开采的未来需求，依次界定海砂区的功能区范围。同时还应注意全国功能分区和省级功能分区的衔接，对于省级功能区划的修编，应以全国功能区的划分为依据，进一步细化、量化功能分区。

（2）禁止岸滩河口开采、严格控制近岸开发，功能区趋于远海设置。

通过有关研究发现，在近岸开采海砂资源环境风险较高，对海洋生态、地质条件破坏较大；同时，近岸海域为其他用海活动密集区，随着我国海洋经济的快速发展，近岸海域逐渐稀缺，对于这些海域应重点布置环境友好、经济效益大、社会发展急需的产业。因此，开采区域趋于远海应成为今后我国海砂开采的导向。其他发达国家也多是在远海开采海砂。

在功能区划编制当中，应积极引导海砂开采向远海迈进，将功能区更多地布局在资源富集的远海。同时，禁止在海洋保护区、侵蚀岸段、防护林带毗邻海域及重要经济鱼类产卵场、越冬场和索饵场设置海砂的功能区；禁止在岸滩河口、水交换能力差的封闭或半封闭海湾、基底不稳定海区及可能因海砂开采造成水质条件、沉积物条件进一步恶化严重影响海洋生态环境的海区设置功能区。

（3）注意和相邻功能区的衔接，避免影响其他功能区运行质量的。

海砂资源属于不可再生资源，本身是海域自然环境要素的一部分，同时在开发利用当中对环境具有一定影响，因此，对于海砂的开发利用应科学安排时序，合理配置功能区分布，尽量减少对海洋环境及其他功能区的影响，实现海砂资源的可持续开发利用，保障海洋经济建设的健康发展。

3. 海砂开采对环境及其他用海的影响

海砂是一种重要的海洋不可再生资源，同时海砂又是一种重要的海洋生态环境要素，它与海水、岩石、生物以及地形、地貌等要素一起构成了海洋生态环境的平衡。合理地开发利用海砂能够使其服务于经济建设，促进海洋经济的发展，但盲目地、不科学地开采会导致资源的枯竭，破坏生态环境，乃至影响整个海洋资源的可持续利用。

海砂开采对环境及其他用海的影响大致分为以下几点。

（1）海砂开采会造成海岸侵蚀、后退。

海砂开采可能造成海域输沙量失衡，导致海床地形的改变，从而引起附近海域流场和波场改变。在距离岸滩较近的区域开采海砂，会造成底层沙层被抽吸后，引起海岸坍塌、后退等地质灾害。另外，在对海床地形地貌改变的同时，水动力条件也会改变，潮流场的改变对附近海域冲淤环境也将造成一定的影响，如果流速增大，将对附近岸滩形成冲刷，造成岸滩的不稳定和侵蚀现象。尤其是河口海域的海砂开采，不当、过量的开采会对海岸地质条件造成重大影响。

（2）海砂开采会造成港口、航道淤积。

海洋环境在一定的条件下处于较长期的动态平衡之中，一旦由于人为的过量开采海砂，改变了自然条件，就会造成环境的破坏。例如将砂场的开采点定在港口航道附近，过量的海砂开采就会破坏港口的屏障，改变水动力条件，造成港口、航道的淤积。我国南方海域曾发生过类似事件，随后被主管部门叫停。

（3）海砂开采会影响海洋底栖生态环境。

在海砂开采过程中，由于机械的搅动作用，使得施工区域底栖生物生存环境遭到破坏，导致位于施工区内海域的底栖生物部分或全部死亡。海砂开采过程中产生的悬浮物会不同程度影响作业点周围的生物，附近的浮游动植物的生长受到影响，鱼卵、仔鱼部分死亡，浮游生物被驱散或死亡。

（4）海砂开采对其他用海活动的影响。

海砂开采会对海水养殖、滨海旅游等行业造成不同程度的影响。

邻近采砂作业区可直接导致鱼类和其他水生生物死亡。采砂后，采砂区内的底栖生物将被毁灭，采砂作业引起的泥沙扩散对浮游生物有一定的影响，减弱海域的饵料基础。大颗粒悬浮物在沉降过程中将直接覆盖底栖生物，如贝类、甲壳类，尤其是它们的稚幼体，长时期的累积覆盖影响将导致底栖生物的减产或死亡。悬浮颗粒黏附在动物体表面，也会干扰其正常的生理功能，滤食性游泳动物尤其是鱼类会吞食适当粒径的悬浮颗粒，造成内部消化系统紊乱。

海砂开采作业使作业区和附近的水体悬浮物量增加，水体的浑浊度起了变化，作业过程产生的扰动、噪声等干扰因素，将对这些鱼类等动物产生“驱赶效应”。

海砂作业扰动了海底泥沙，引起水体浑浊，作业船只带来噪声，这本身便是一种环境的污染，对周围的旅游业带来不同程度的影响。

4. 我国滨海砂矿产业的发展策略

我国是一个海域辽阔、岸线曲折而海底砂矿资源较丰富的国家。其潜在资源优势和经济价值在我国整个资源位置中占有一定比例。超前做好我国海洋砂矿的找矿和研究是地质工作的当务之急，也是各级决策部门必须考虑的现实问题。海滨砂矿具有易找、易产、易选、易炼以及成本低、收效快等特点。因而加强滨海砂矿地质勘查是一项重要的工作，对国民经济发展有一定的意义。

滨海砂带是防止海水进犯陆地的天然堤坝。对这条防护堤所起的环境保护价值，应予以高度重视。滨海砂带是滨海砂矿的储存场所，又是生物的繁衍场所，是既可绿化成林带，又可改造成良田或鱼塘的沿海地带。有些砂带还是吸引游客的娱乐场所和旅游胜地。因此，在开发滨海砂矿时，应以保护环境，保护生态平衡，综合开发和综合治理为基本指导方针。在砂矿采空区，因地制宜，或平整为良田，或开辟成鱼塘，或复原绿化成林带，既可阻挡台风袭击，又可作为缺煤区的薪炭林基地。对于某些由砂矿引起的放射性异常区，开采砂矿对人类生存环境也是一种净化。砂矿本身又是具有多种经济价值的矿物原料，所以有计划有步骤地开采滨海砂矿，是一项一举多得的事业，当地政府和有关部门应予以高度重视。滨海砂矿是一种用途广泛的宝贵资源，在搞活经济、民间采矿业大发展的今天，应特别注意砂矿资源的保护，避免浪费。要防止采浅弃深、采富弃贫、破坏矿体、破坏环境的现象发生。

目前我国滨海砂矿尚未纳入国家开发计划之内，需要统一规划。要有专业队伍，配备相应的技术力量和设备，对沿海地区加强滨海砂矿的调查研究。对滨海砂矿的开采应按照矿产资源法的规定加强管理，做到统一安排，合理开采，注意综合利用、环境保护等问题。做好基础地质工作是寻找滨海砂矿的前提。对以往滨海砂矿的地质资料要综合分析整理，同时认真研究沿海地带区域地质、第四纪地质特征以及基底建造的金属矿化作用，分析滨海砂矿形成过程中的各种控制因素，编制各种有关图件，提出滨海砂矿分布规律和远景区域，建立综合性滨海砂矿形成模式。我国滨海砂矿矿种多、分布广，如何根据国民经济建设需要和成矿地质条件，提出重点工作的矿种和区域，是加速滨海砂矿工作的关键。

以锆石、独居石、金红石、钛铁矿为主的我国滨海砂矿，分布极不平衡，这在开发资源时应给予充分考虑。在总体布局上，应将辽东半岛和山东半岛两侧的金、金刚石、锆石英，福建、广东、海南岛沿海的锡石、稀有金属、石英砂作为重点。首先开发海南滨海砂矿，作为发展经济、积累资金的一个基地。在开发滨海砂矿业中，大的精选场已趋饱和，不宜再建新场。结合滨海砂矿分散的特点，采矿应以小型采矿和民采方式为主，精选场以小型采和收购民采毛矿相结合方式经营最为经济合理。

滨海砂矿形成与沿海基底岩石建造的矿化有密切的关系。加强沿海地区的矿产资源评价分析，结合地形地貌和第四纪地质条件，从已知区推测新区，从陆地伸延到水下，是加快滨海砂矿勘查工作的重要途径。

目前我们应用于滨海砂矿调查的技术设备较落后，手段单一，开采方法简单，综合利用较差。因而加强新技术、新方法的应用是加速滨海砂矿勘查的重要环节。

近几年，我国从事滨海砂矿地质工作的专业队伍重新组建了起来，但还不能适应国家需要。要注意专业上配套，不断提高技术素质和业务水平，才能使我国滨海砂矿工作在近期内有较大进展。

（1）以高科技为支撑，发展海洋勘查、测试手段 。

由于滨海砂矿成因和分布上的特殊性，海洋砂矿的调查较陆上砂矿复杂得多，因此，加强高精度、高质量和高分辨率的探测仪器和测试技术的攻关和技术引进非常必要，走一条引进、消化、开发、研制的道路，以发展我国滨海和浅海开发技术，加快海洋砂矿的调查和评价。

（2）加强对以往海区调查资料的再研究。

我国在以往海区综合地质调查中做过大量底质取样（表层和柱状样）、沉积物和重矿物分析，并进行了充分研究。但限于当时调查范围、时间不同，各单位采用规范要求不统一，所反映的成果也不一样。加上原始资料分散在各调查单位，使这部分资料一直未得到充分利用，造成了浪费。因此，首先归拢这些已有的研究资料，然后组织技术力量对这些资料进行重新整理、重新综合研究，这对我国的海洋砂矿进一步评价大有益处。

（3）建立滨海砂矿勘查试验区。

我国滨海砂矿在区域分布上具有南北分带之规律，根据这种规律，结合我国国民经济需要矿种，建立滨海砂矿勘查试验区。试验区的设置以成矿远景区为依据，以急需资源需求为基础，以金刚石、金、锡、稀有稀土矿种为目标。

（4）建立滨海砂矿评价专业技术队伍 。

海洋固体矿产调查研究和评价是一个系统工程，单纯依赖调研单位分散的勘查不足以解决问题。必须建立一个综合性专业技术队伍，整理和综合以往海上做过的全部砂矿调查成果和正在实施的项目资料。通过对全国砂矿资料的综合研究，才能对该资源做出客观的总体评价。

第二节　海底非金属矿产

磷钙土是产于海底的磷酸盐自生沉积物，又称为磷钙石，是一种富含磷

（P）的海洋自生磷酸盐矿物，它是制造磷肥、生产纯磷和磷酸的重要原料。另外磷钙石常伴有含量高的U、Ce、La等金属元素。据估计，海底磷钙石达数千万t，如利用其中的10%则可供全世界几百年之用。海底磷钙石的形态有磷钙石结核、磷钙石砂和磷钙石泥3种，其中以磷钙石结核最重要。磷钙石结核是一些大小各异、形状多样、颜色不同的块体，直径一般几厘米，最大体积可达6万cm^3。磷钙石砂呈颗粒状，大小只有0.1～0.3mm，颇似鱼卵，它是在上升流强盛的厌氧环境中经生物化学过程沉淀而成。海底磷钙土是一种复杂的钙质磷酸盐岩，由碳酸盐-氟磷灰石组成。通常含有F（3.5%～4%）和少量的U（0.005%～0.05%）、Ba（0.01%～0.03%）以及稀土元素，P_2O_5的含量变化极大（5%～25%），但很少超过30%。

磷钙土矿层主要赋存在大陆架边缘、陆坡上部和中部、海台等地貌构造中，与生物（钙质和硅质）、陆源和海绿石沉积物有关。海底磷钙土主要分布在陆架区，其次是海洋的海山区和海台，磷钙土主要分布在5个海区：东大西洋区、西大西洋区，加利福尼亚区、秘鲁—智利海区和澳大利亚—新西兰海区，产出水深由几十米至几百米，甚至2000～3000m，其生成时代为晚白垩纪到全新世。

由磷钙土组成的海底沉积物产于太平洋、大西洋、印度洋的陆架区（包括陆坡的上部）以及大洋区（主要是在海山上），大部分陆架区磷钙土集中分布在4个巨大的海洋磷钙土带：东大西洋带、西大西洋带、加利福尼亚带、秘鲁—智利带，储量约为300亿t。布莱克海台的磷钙土主要分布在海台的北部和西部的浅水带，由北向东，那里的磷钙土被富钴结壳所覆盖，有时这种结壳聚集成一个连续的薄层。海山区的磷钙土大部分见于北太平洋中西部，少量分布于西南太平洋和印度洋东部，它们一般都产于海底300～400m深的平顶山上，这种磷钙土并非结核状的，而是结壳状的，它们由不同种类的磷酸盐化岩石（如石灰岩、玄武岩、玻璃碎屑岩）组成。此外，在马库斯—贝克海岭范围内产有厚蛤灰岩、灰屑-生物碎屑灰岩和磷酸盐化灰岩、有孔虫-超微浮游生物灰岩，它们也常被富钴结壳所覆盖。

在美国加利福尼亚、卡罗来纳和佐治亚州、秘鲁、智利、南非的大陆架上以及非洲北部和近赤道带都发现了大规模的磷钙土堆积，P_2O_5的含量达30%～40%。据估计，在已研究过的海区，P_2O_5的推测资源量为28亿t，目前正在开采的重要矿区主要位于西非沿岸陆架区、澳大利亚—新西兰岛架和南美洲秘鲁—智利等陆架区。

据有关资料估计，世界海洋磷钙土资源量为85亿～100亿t，占陆地总资源量的30%～35%，具有较大的潜在开发前景。随着世界范围内对海洋资源的进一步研究，有人预计富钴结壳可能早于深海多金属结核被商业开发，开发时产生的富钴结壳尾矿中必然有磷钙土，因此为了综合利用海洋资源，对海底磷钙土的深入研究具有重要意义。

一、海底磷钙土的产状与分布

海底磷钙土常呈结核状或粒状产出，断面多呈鲕状或层状构造，多分布在水深小于1000m的岸外浅滩、浅大陆架、陆坡上部、边缘台地和海山或海台上。磷钙土主要产于非洲西岸外摩洛哥、加蓬、刚果、安哥拉、纳米比亚陆架区，北美东岸外布莱克海台、北卡罗来纳的陆架，美洲西岸加利福尼亚和墨西哥湾、秘鲁—智利陆架及陆坡区，西太平洋海山区和新西兰北部查塔姆海台区。

图3-8 结状磷钙土

（1）太平洋区。

磷钙土赋存在马绍尔群岛和马尔丘斯—内克岛山系的海山上（1000～2500m），形成时代为早白垩纪到晚始新世，主要类型为被铁锰结壳和薄膜覆盖的磷钙土化灰岩，P_2O_5含量4%～32%。日本海的磷钙土有3种类型：板状磷酸盐化硅薄土碎屑、团块状磷酸盐结核、具磷钙土化胶结物的板块砂砾质岩石。它们的P_2O_5含量分别为25%～29%、29%～31%和11%～13%，大多见于新第三纪沉积层的底部，出露在海底隆起1150～2150m深度的侧坡上。

（2）东大西洋区。

磷钙土在该区北起葡萄牙大陆架，南至南非厄加勒斯滩，呈不连续的带状分布，区内有3个地段（南非沉没边缘、摩洛哥大陆架和西南非洲大陆架）的磷钙土研究得较为详细。南非沉没边缘的磷钙土为第三纪，以角砾状、砾状、细粒状及鱼骨残骸4种形态产出，其中P_2O_5含量为7%～24%，一般为15%～20%。西北非洲大陆架（包括摩洛哥和撒哈拉大陆架）的磷钙土也是第三纪形成的，呈砾状、角砾状和细粒状3种形态，产出水深可达300m。砾状磷钙土含P_2O_5为11%～23%，角砾状磷钙土含P_2O_5为19.7%，而细粒状磷钙土仅含10.6%的P_2O_5。西南非洲大陆架地段包括纳米比亚大陆架、南非大陆架西北部（至好望角），这个地段的含磷沉积为全新世和新第三纪，有陆源碎屑质和生物成因钙质两类。前者沉积物中的中粒和细粒砂级的磷钙土中P_2O_5的含量达22.9%，一般为8%～19%；后者钙质沉积物中P_2O_5含量一般小于10%，但经过晚期改造的再生磷钙土中P_2O_5的含量可增加到28%，一般在15%以上；全新世的磷钙土中P_2O_5含量为23%～32%。

（3）西大西洋区。

该区分为北美和南美两个亚区，北美的磷钙土由美国东海岸南端的佛罗里达半岛向北延伸到乔治滩，包括布莱克海台、普尔特里斯沉没阶地、佐治亚和北卡罗来纳陆架，这些地区磷钙土的时代为新第三纪。佐治亚海台磷钙土结核的P_2O_5含量为20%～23%，CaO含量为33%～52%，不溶性残留物含量为0.52%～15%，部分地区已经开采。南美沿巴西东南岸和阿根廷海岸分布的磷钙土，现已开采利用。

（4）加利福尼亚海区。

加利福尼亚海区的磷钙土分布在美国和墨西哥的西岸，北起旧金山以北的雷耶斯角，南至下加利福尼亚半岛的南端，其时代均为新第三纪。加利福尼亚陆架和陆坡区的磷钙土中P_2O_5含量为20%～30%；墨西哥下加利福尼亚西部陆架区的磷酸盐颗粒中P_2O_5的平均含量为30.2%。含磷灰石大于5%的沉积物的分布面积估计有1800km^2，厚度约20m，P_2O_5的储量为35亿～40亿t。

（5）秘鲁—智利海区。

磷钙土分布于秘鲁和智利大陆架和陆坡上部（水深100～450m），其产出形态与西南非洲的相似，为松软的、未固结的、致密的磷酸盐颗粒和结核，磷酸盐化岩石、鱼骨和其他海洋动物骨骸。结核大小为0.3～0.5cm到5～10cm，其形态有等轴状、平板状和不规则状。那里的磷钙土大部分是全新世的，少数为新第三纪。磷结核的主要矿物成分为磷灰石、斜长石、石英，其次为云母、高岭石、钾长石，有时还见到少量的黄铁矿、白云石、透闪石，各种结核中P_2O_5含量为15%～26%，平均22.6%。

（6）澳大利亚—新西兰海区。

在印度洋中，磷钙土主要见于西澳大利亚和东新西兰海域中的海山上，该区磷钙土分布于澳大利亚东、西部岸外和新西兰东部岸外。东澳大利亚陆架区的磷结核富含海绿石和针铁矿，是一种Fe含量高而Ca、P含量较低的磷结核，P_2O_5平均含量仅为9.8%。磷结核有两种类型：第一种类型结核较小（直径小于4cm），土状、固结较差，产于水深360～420 m处，是全新世的产物；第二种类型结核产于水深小于300m处，为中中新世形成的残余结核，一般较大（直径大于5cm），高度固结，含Fe量多。

新西兰以东查塔姆海岭的磷结核产于水深350m处，形状不规则，大小不超过1 cm，其矿物组分中常见海绿石和黄铁矿。磷钙土含P_2O_5为16%～25%，平均含量约20%～21%，形成时代为新第三纪，其储量约为2亿t。

二、海底磷钙土的矿物组成与化学成分

目前已知的磷酸盐矿物有150多种，但是组成磷钙土最常见的矿物是磷酸盐类的类质同象系列——磷灰石类变种，最主要的是碳氟磷灰石、氯磷灰石和羟磷灰石等磷灰石类矿物。

图3-9 磷灰石

图3-10 碳氟磷灰石

图3-11 氯磷灰石

图3-12 羟磷灰石

磷钙土的化学成分变化很大，一般P_2O_5>18%，此外还含有CaO、U、Sr、Cd和稀土元素。

三、海底磷钙土的形成时代

根据磷钙土岩石地球化学、古生物学和地质年代学的研究结果，海底磷钙土形成于白垩纪到全新世的各个时期。最老的磷钙土发现于北赤道太平洋的中太平洋海山区，但更多的陆架磷钙土形成时代是中新世。全新世和晚第四纪的磷钙土只在三个地方发现：纳米比亚、智利—秘鲁和澳大利亚东海岸的陆架区。

磷钙土的形成时代主要根据所含生物时标、同位素年代学和岩石组合来判断。最重要的手段是同位素年代学。$^{234}U/^{238}U$是测定磷钙土形成年代最好的方法，这主要是因为海水中$^{234}U/^{238}U$的活度比是1.15，这一方法对于具有较高含U量的磷钙土来说是很合适的。虽然现代大陆架磷钙土主要分布在洋流上升区，但是绝对年代学测定的结果显示，磷钙土的形成年代很少是现代，而主要是中新世–更新世。

四、海底磷钙土的形成模式

在海洋沉积物中，磷存在于碎屑物质内、吸附在铁的氧化物和黏土矿物表面，构成生物残骸和有机质组成部分，碎屑矿物中的磷不是很活泼，有机质中的磷很活泼，吸附状态的磷则在还原环境中是活泼的。全新世磷钙土层区域内生物成因的还原沉积物中，分散磷的主要形式是有机质的，因而在成岩过程中有可能发生强烈的再分配和富集作用。

成岩作用的驱动力是有机质，全新世磷钙土层区域沉积物中较新鲜有机质的富集导致特别强烈的成岩作用，它的一个标志就是空隙水的成分。西南非洲陆架和秘鲁—智利陆架上磷酸盐沉积物中空隙水的成分与海水明显不同。其中缺乏硫酸根离子和钙，但富含溶解的有机质、生物源元素和某些微量元素。由于有机质分解和硫酸盐还原的结果，硫化氢、碳酸离子、氨、二氧化硅和磷在沉积物的液相中聚集起来。最初，磷主要以有机质形式从固相沉积物转化为液相，然而当有机化合物分解后，无机磷就聚集在空隙水中，其浓度可达8～9mg/L。空隙水中如此高浓度的磷实质上是过度饱和的磷酸钙，磷酸钙开始存在于各种不同成因和成分的物质中，例如：硅藻壳瓣、碳酸盐碎屑、有机质微粒、鱼骨和鳞片、碎屑矿物颗粒或原先生成的磷酸盐颗粒。一旦磷酸钙开始沉淀，空隙水中磷的浓度就急剧下降。相对于具有沉淀中心的磷酸钙而言，这种“混沌”状的磷酸钙的组成可能是沉积物颗粒表面存在着由于碱化作用造成的高pH值的微沉淀中心所致，碱化作用是由于硫酸盐还原细菌的活动，而从有机质中释出氨以及碳酸盐的溶解造成的。在很多前第四纪海洋磷钙土中，见到碳酸盐被磷酸盐交代的现象，这可能是晚期成岩作用所引起的。

海洋陆架上形成磷钙土的完整周期包括5个阶段: ①上涌海水中的磷进入陆架区，由于流入海洋中的河水几乎不含磷，也不存在海底热液磷的任何显示，因此现代海洋磷钙土生成区溶解磷的唯一来源就是上升流。如果海水上涌区的面积为10万m^2，那么上升海水每年就能提供将近1000万t溶解磷。②浮游植物和其他生物对磷的消耗。世界海洋上涌区的浮游植物每年从海水中吸取近1亿t溶解磷，并产生高达40亿t有机碳，进入大陆架的溶解磷全部为浮游植物所吸用消耗掉。③磷以生物碎片状态沉淀于海底以及具有高含量活动性生物成因磷的沉积物的堆积，在现代海洋上涌区，磷只是作为生物成因碎屑，如浮游动植物的残骸、粪石、骨骼和介壳的一部分沉淀于海底。由于磷在水体中的再循环作用，只有一小部分沉淀在海底，而且其中仅有极少量（1%～2%）埋藏在沉积物中。④沉积物中形成凝胶状并逐渐硬化的磷酸盐结核，以吸附状态存在于碎屑矿物表面的磷的活动性较弱，而有机质中磷的活动性却很强。由于有机质的分解，磷就堆积于沉积物的孔隙水中，其浓度可达8～9 mg/L。在随后的石化过程中可能发生磷酸盐结核成分的实质性转变，P_2O_5的含量增至20%～32%。⑤沉积物的再造和结核的残留富集。原始的磷酸盐沉积物主要是半液态泥质和粉砂—泥质软泥，含磷酸盐的砾、砂和粉砂组分只占百分之几。沉积物中细粒、轻质非磷酸盐组分被海流或波浪的活动带出大陆架，而较重的磷酸盐组分在原地残留富集。

在海洋陆架上，强烈的磷钙土生成作用只有在生物沉积作用和沉积物的短暂再造作用最佳组合的条件下发生，即在上述的多阶段周期多次重复情况下才有可能发生。在分选良好的磷钙土堆积物中，磷酸盐物质富集所必需的条件之一就是相对于未被带走的物质来说，原始沉积物具有尽可能“最纯的”成分，因为沉积物的任何粗粒碎屑物质和生物质非磷酸盐成分都将与磷酸盐结核一起残留富集起来。显然，富集在堆积物中的结核，在数量上比分散存留在沉积物中的结核要少得多。海洋陆架上全新世和晚第四纪磷钙土形成的潜在速率约为每年10000t磷，考虑到强烈上涌区的面积（30万km^2），那么磷钙土堆积为每千年零点几毫米。因此，如果西南非洲和秘鲁智利陆架上的现代沉积机制已经持续了100万年的话，那么磷钙土沉积物将堆积数十厘米厚，磷的总储量接近100亿t。

上述成因模式对解释秘鲁—智利和纳米比亚沿岸有机质含量高的海水上涌区的现代磷钙土的形成是合适的，但不能解释澳大利亚东部海区上升流不强、有机质含量有限的沉积区的磷钙土的生成。有人报道了东澳大利亚磷钙土中碳酸盐氟磷灰石产于细菌中的证据，提出了有限沉积区内磷钙土通过细菌缓慢吸收海水中的磷而形成的细菌成因模式。由这种成因模式构成的磷灰石，在秘鲁—智利和纳米比亚沿海地区的磷钙土中也是存在的。如果证实它们是细菌成因的，那么所提出的磷钙土细菌成因模式就可能代表了一种普通的成因过程。

五、海底磷钙土的开发现状及发展前景

随着农业生产的扩大，对磷钙土的需求不断上升，在大陆水下边缘，P_2O_5资源量估计为200亿～250亿t，在海山上可超过10亿t。很多具有出海口的国家和地区不具备陆上磷钙土资源保障，这就推动了对其开发可能性的研究。大部分海洋磷钙土是陆架上的磷酸盐砂和团块矿层，对它们的开采技术并不复杂。美国、苏联、南非、新西兰的专家们对这些矿层中的磷钙土不止一次地进行过工艺的和农业化学的试验。海洋磷钙土具有很好的农业化学品质，并能以磷酸盐粉末的状态加以使用。它们也可以用来生产普通和复合磷酸盐、磷酸铵、磷酸和饲料磷酸盐。由此看来，在开发海洋磷钙土道路上的障碍是暂时性的。

磷钙土是一种复杂的钙质磷酸盐岩，它早就是制造肥料和化学品的磷酸盐的一种来源。最常见的磷酸盐矿物为碳酸盐氟磷灰石，其通常含有3.5%～4%的F和少量但很重要的U（0.005%～0.05%）、V（0.01%以上）以及结合在晶格里的稀土元素。海底磷钙土是由挑战者号在1873年考察期间在南非岸外厄加勒斯海台所采挖的样品中发现的（Murray、Renard，1891）。1937年，在加利福尼亚南部岸外海底浅滩顶部的样品中又发现了磷钙结核（Dietz等，1942）。此后，大洋考察在南北美洲、非洲、澳大利亚和新西兰岸外很多分散的地方均发现了磷钙结核，大多位于外陆架和上部陆坡区，或位于海底浅滩和海山的顶部和侧翼。据悉，从离岸很近之处直到岸外约300km处，从水深20～3000m处均有磷钙结核产出，但在水深不到400m处最为

常见。在中纬度（40° N ~ 40° S）的现代碎屑沉积作用不十分剧烈的陆架和陆坡区均可能有星散分布的磷钙结核和磷块岩产出。在过去的十年内除了对海底磷钙土进行这些科学调查外，还在下加利福尼亚岸外块和加利福尼亚南部岸外地区，以及在西南非岸外、澳大利亚和新西兰岸外进行了一些初步的勘探。但迄今近海还未有商业性磷钙土生产。

第三纪和更老的磷酸盐层已知为陆上磷酸盐矿床在滨外的延伸并出露于陆架和陆坡区的一些地方，大多隐伏于磷钙结核产地之下或与其毗邻。比如，在佛罗里达和佐治亚岸外，中新世磷酸盐层可能出露海底构成不连续的薄层（Emery and Uchupi，1972），在其出露处，P_2O_5的含量可能为10% ~ 25%（McKelvey等，1969）。第三纪和上白垩纪的磷酸盐层海底露头还产出于摩洛哥和西属撒哈拉岸外。在南加利福尼亚岸外，中新世地层中的低品位磷酸盐页岩常常出露于海底浅滩上。一般来讲，即使能够发现品位数量均合适的矿床，出露于海底的磷酸盐基岩目前似乎也没有经济前景。固结岩石的开采成本，即使在陆上，也比未固结的松散物质的高。

浅水陆架区和近岸带的磷钙土通常是砂粒般大小的磷酸盐和鲕石，大小从0.1mm以上不等。低品位的磷酸盐砂矿床已发现于美国北卡罗来纳州的费尔角岸外（Pilkey、Luternauer，1967），南非吕德里茨和沃尔维斯之间的岸外（R.Dgers等，1972），下加利福尼亚岸外，以及沿下加利福尼亚海岸的几个海滩和后滨区（英国硫业公司，1971）。未固结的低品位的磷酸盐砂矿床广泛地产出于下加利福尼亚西部的陆架区，在20世纪60年代海洋研究机构和采矿公司曾对矿床进行过调查，在一片覆水达50 ~ 130m的广大地区，磷酸盐砂广泛分布并含有15% ~ 40%的磷灰石颗粒（D.Anglejan，1967），约相当于4.5% ~ 10%的P_2O_5。据估计，在该地区蕴藏有约为200000万t的磷酸盐物质（Mero，1967），但目前尚未确定哪一处矿床（如果有这样的矿床的话）可能具有经济价值。水深小，固结性差，以及矿床上实际上无盖层，这些都是有利的因素。但未来是否可能进行有利的开发尚取决于近海采挖作业的成本和处理的成本。

佐治亚和北卡罗来纳州陆架上的浅海磷酸盐砂矿床未被开采，主要是由于在该地区有已开采很久的佛罗里达矿床（在世界市场上仅次于摩洛哥）。在纳米比亚陆架上的磷酸盐砂矿床未被开采，是由于该国不具备自己的工艺潜力，而邻国南非利用自己的资源则能保证对磷酸盐原料的需求。位于查塔姆水下高地上的团块状磷钙土矿床（新西兰以东）被公认为具有远景，但为了生产肥料而对其进行的开采方案引起了新西兰生态学者的抗议，因为团块中铀的含量高。

大约130年前发现了海底锰结核和磷钙土，首次证明了在海底存在着金属与非金属矿产资源。按某些矿产的资源量来说，海洋不次于陆地。这首先是指钴–锰金属矿石结壳和磷钙土，而硫化物也有前景。至今已完成的普查勘探工作、技术和工艺试验成果证明了开发海底金属与非金属矿产资源的可行性，同时也保证了相应的环境保护措施。然而由于世界政治形势的变化，当前已暂时停止这些综合性工作，只有当陆地上已有的资源逐渐枯竭，开采这些矿产的成本大幅增加，而开发海底矿产资源在经济上的竞争能力提高之后才能恢复。

第三节　海洋盐业

早在5000年前，中国人便开始煮海为盐。海洋盐业可谓我国最为古老和传统的海洋产业之一。海洋盐业指海水晒盐和海滨地下卤水晒盐等生产和以原盐为原料，经过化卤、蒸发、洗涤、粉碎、干燥、筛分等工序，或在其中添加碘酸钾及调味品等加工制成盐产品的生产活动。盐业作为关系国计民生的重要产业以及其带动的相关产业在海洋经济中有不可或缺的地位。振兴海洋盐业，发展海洋化工，推进海水综合利用，是当代盐业人义不容辞的使命。海盐生产具有局部性、周期性的特点，因此，在发展海洋盐业的同时，必须发展海洋化工，推进海水综合利用。

一、我国盐资源概况

海盐是人类最早从海水中提出的矿物质之一，我国在5000年以前（仰韶时期）就已从海水中提取过海盐。海水资源的重要用途就是制盐和以盐为原料发展盐化工，我国是世界海盐第一生产大国，年产量2000万t左右。

制盐属于资源开采型产业，拥有资源是可持续发展的根本条件。世界盐资源极为丰富，其储量在非金属矿里仅次于石灰石。据美国第四届科学讨论会报道，世界盐的总储量为6.4×10^8多亿t，其中海盐（包括海底沉积物的含盐量）为4.3×10^8亿t，矿盐为2.1×10^8亿t，河湖和地下水之中的盐为3100亿t。中国的盐蕴藏量十分丰富。沿海各省及台湾地区、海南省盛产海盐，历来是中国主要产盐区。湖盐蕴藏量极大，青海、内蒙古、新疆、西藏、甘肃、宁夏、陕西等省区都有储量丰富的盐湖。井矿盐主要分布在四川、湖南、湖北、江西、江苏、河南、安徽、云南、重庆等省市。目前尚有广西、贵州、辽宁、吉林、黑龙江等省区未发现井矿盐。

海盐区是中国的主要产盐区。在中国长达1.8万km的海岸线和台湾地区、海南省均有海盐生产。海盐生产按照不同的地理位置和自然气候条件分为北方海盐区和南方海盐区。北方海盐区包括辽宁、长芦（天津市、河北省）、山东、江苏4个主要产区，其产量占海盐总产量的75%以上。我国的三大盐场包括：长芦盐场、布袋盐场、莺歌海盐场。

长芦盐场是我国海盐产量最大的盐场，主要分布于河北省和天津市的渤海沿岸，其中以塘沽盐场规模最大，年产盐119万t。长芦盐场南起黄骅，北到山海关南，包括塘沽、汉沽、大沽、南堡、大清河等盐田在内，全长370km，共有盐田约230km^2，年产海盐300多万t，产量占全国海盐总产量的四分之一。长芦盐区的开发历史悠久。远在明朝时期，在沧县长芦镇就设置了管理盐课的转运使，统辖河北全境的海盐生产。到清代，虽然被这一机构转移至天津，但是袭用旧名，一直称长芦盐区。这里海滩宽广，泥沙布底，有利于开辟盐田；风多雨少，日照充足，蒸发旺盛，有利于海水浓缩；这里盐民善于利用湿度、温度、风速等有利气象要素，具有丰富的晒制海盐经验。上述这些条件，都为该盐场大规模发展制盐业提供了良好的基础。长芦盐场所产之盐，数量多，质量好，颗粒均匀，色泽洁白，中外驰名。

布袋盐场是台湾地区最大的盐场。在台湾岛西南沿海。这里海滩平直，地势缓斜，且冬半年干燥少雨，常常两三个月滴雨不下，日照充分，季风强劲，对晒制海盐十分有利，是台湾唯一晒制海盐理想岸段。目前从大肚溪以南的鹿港到高雄附近的乌树林，连绵分布着一系列盐场，总面积约40多km^2，其中以布袋、七股、北门、台南、高雄五大盐田最为著名。布袋盐场在嘉义县西部布袋镇附近，其盐田面积虽不及北门盐田，但年产量却大大超过北门。这里海水含盐量高达35‰以上，约等于长江口外的7倍多，是我国含盐度最高的水域之一。布袋一带海水含盐度之所以很高，主要是因为沙滩广布，河流注入淡水量少，全年日照时间长，气温高，蒸发快，使海水出现相对的高浓度。布袋附近海岸，因有上述优越条件，所以自古以来就是我国台岛盐场富集区，每年生产着60多万t食盐，素来被人们誉为“东南盐仓”。所产之盐成本低、色泽纯白，堪称上品。

莺歌海盐场位于乐东西南海滨，是海南岛最大的海盐场，在华南地区也是首屈一指。盐场建在山海之间，尖峰岭的连绵群山挡住了来自北方的台风云雨，使这里常年烈日当空，有充分的光热进行盐业生产，其盐场早已闻名海内外。莺歌海盐是一片约3000km^{2}的海涂地带，年产原盐20万t，化工原料15万t以上。盐田总面积37.966km^2，生产面积28.236km^2，占全岛盐田总面积的63%。盐场初建于1955年，1958年投产。莺歌海盐场一带海水含盐量高达3.5度，即100kg的海水含盐有3.5kg，是制盐、煎熬海盐的好地方，盐产素为华南之冠，同塘沽盐场、淮北盐场齐名。

二、中国海洋盐业发展现状

近年来我国海洋盐业的发展出现了两个趋势：一是南方海盐萎缩，少量海盐以保证当地民食为主；二是随着城市化、工业化进程加快，海盐生产面积大幅度减少，海盐产量逐年下滑。目前，山东由于拥有众多海盐场和莱州湾地区拥有达到12波美度的地下卤水资源而保有较高的产量，在气温高、降雨少的年份，其盐产量可以左右全国盐的价格。中国岩盐总储量约为65012.92亿t。其中：河南省储量约2300亿t，江苏省约1735亿t，安徽省约20亿t，湖北省约356.6亿t，四川省约170.2亿t，重庆市10.89亿t，江西省113亿t，湖南省约166亿t，云南省约141.23亿t，陕西省储量最为丰富，约6万亿t。中国最早在四川、云南开采井矿盐，20世纪60年代开始，采用水溶压裂法和真空制盐工艺，先后在湖北、湖南、江西上了一批井矿盐大型项目。近年来，随着内陆省份不断探明岩盐新的储量，又相继在河南、安徽、江苏、陕西新建了一批井矿盐项目。四川、湖北、江西、江苏成为井矿盐的主产区。

2010年中国原盐生产实现了新的突破，原盐的生产和销售又创出了历史的新高。在国内宏观经济形势进一步向好，化工行业以及下游相关产业市场需求不断扩大的拉动下，原盐的价格一路震荡上行，基本恢复到了2008年的水平。盐业企业的经济效益有所提高，亏损面减少，盈利增加。2009年全国海盐区的利润总额是9.03亿元，2010 年全国海盐区的利润总额达到了12.71亿元，增幅为40.75 %。

海盐产量逐年下降，在原盐中的比重也呈现下降趋势。2010 年全国的海盐产量3286万t，比上一年减少了214万t，减幅为6.1%。海盐减产的数量主要集中在北方海盐区。北方海盐区的生产特点就是季节性强，每年只有春季和秋季收盐，其余时间都要植被卤水，即从盐场的头道扬水站汲取海水纳入盐田，在制卤区、蒸发区、结晶区经过太阳能的作用，蒸发水分，海水结晶为氯化钠。

虽然近年来，中国北方海盐区普遍采取了“塑料薄膜苫盖”技术，以避免降水对高浓度卤水的稀释，减少天气对海盐生产的影响。但2009年冬季和2010年春季，北方的气温较常年偏低，且春季后，2月下旬天津、河北、山东、辽宁等地区出现了多年罕见的寒潮袭击并夹杂暴雪。蒸发量比常年大幅度下降，下降了15%～20%。初级卤水的聚集浓度受到严重影响，对于正在等待灌池的制卤工艺流程带来困难。仅山东潍坊地区2010年2月28日的大雪带来的降水量就达22mm，这是原盐生产企业多年未曾遇到的特殊天气状况。

化工企业的设备运行一般要有充分的连续性保证，否则会造成堵塞罐体、管线等不良后果，影响生产和设备的正常使用。对工业盐的供应也考虑到稳定持续的货源要求，正常年景，原盐的前一年库存和当年的春季收盐能够相互衔接。如遇特殊不利天气影响，则会产生供不应求的现象。化工企业为保证生产，都要考虑主要原料原盐的充足库存储备。2011年，中国的纯碱和烧碱逐步走出低谷，对原盐的需求量有明显上升趋势，农药、化肥、玻璃、造纸等下游行业的复苏程度明显强于2000 年，已经数月处于停工、半停工状态的化工装置陆续开启，短期内对原盐的需求量突然放大，而当年盐业企业普遍推迟了春季原盐的产出时间，这时只能靠海盐的上一年库存满足工业盐市场需要。

中国海盐生产分散在沿海10个省市区，产量的分布差异很大。2010年海盐产量依次为：山东省2273万t、河北省429万t、天津市204万t、江苏省149万t、辽宁省146万t、福建省30万t、海南省15万t、广西壮族自治区14万t、广东省14万t、浙江省11 万t。其中，山东省是中国原盐生产的主要产区，山东省的原盐产量占全国原盐产量的35%；山东省的海盐产量占全国海盐产量的70.71%。山东省海盐的生产进度、天气变化情况、工业盐的价格走势对全国的工业盐市场都在产生重要的影响。

三、中国海洋盐业面临的问题及对策

盐矿资源的开发常常引发地表沉陷、植被破坏、水资源污染和土地盐碱化等生态问题。这些问题严重威胁国土生态安全，也直接影响矿区的生态环境和居民的生产生活。现行盐矿资源开发补偿制度偏重于资源经济价值补偿，没有考虑资源的生态价值以及开发带来的生态环境破坏修复补偿，生态补偿管理体制不健全，生态补偿市场化制度缺失，不利于盐矿区生态环境的保护和恢复，不利于盐矿区经济社会可持续发展。着眼于建设生态文明、实现可持续发展，国家“十二五”规划提出“按照谁开发谁保护、谁受益谁补偿的原则，加快建立生态补偿机制”。党的十八届三中全会审议通过的《中共中央关于全面深化改革若干重大问题的决定》指出，“必须建立系统完整的生态文明制度体系，实行最严格的源头保护制度、损害赔偿制度、责任追究制度，完善环境治理和生态修复制度，用制度保护生态环境”。

1. 外部环境压力越来越大

中国海盐生产面临的外部环境压力越来越大，一方面是盐田面积呈现逐步退让减少趋势，开发区占地致使盐场原有的海盐生产工艺布局需要大规模的调整改进。盐矿资源开发利用过程中，由于对岩屑、钻屑、废水、废气、废渣等处理不当、伴生天然气外溢、卤水泄漏等，对大气、水系、土壤、生物造成了既包括暂时性污染，又包括潜伏性和长期性污染在内的严重生态破坏，给盐矿区人们的生产生活和经济社会发展带来了极大危害。盐矿资源开发带来的生态环境问题主要集中在环境污染、生态恶化和区域发展能力受损等方面。如天津塘沽盐场原有盐田面积250km^2，现还剩下的盐田面积为110km^2，海盐生产延续形成的纳潮、扬水、制卤、结晶等有序的海盐生产工艺路线被分割，打乱了正常的生产秩序。企业要维持正常的海盐生产就要投入巨大的资金，在现有的盐田面积区域内改变历史形成的走水线路，重新规划摆布工艺格局。这样的工程一般都要动用大量的土方，工程浩大，企业需要3~5年才能见到成效。

2. 浅层地下卤水过度开采

中国莱州湾一带的浅层地下卤水的过度开采也是海盐生产面临的大问题。浅层地下卤水的浓度一般在10~15波美度，埋藏深度在30~50m，可直接用于海盐生产。节约盐田面积可带来的极大益处，据经验值推算，节约盐田面积20%~30%，对海盐降低生产成本具有直接作用。2010年，使用地下卤水的海盐生产企业普遍反映，地下卤水的浓度在下降，打井的深度也在增加。这是由于过度无序开采造成的后果。卤水中除NaCl以外，还同时含有伴生的K、Br、Mg等金属微量元素。化工企业为提取其中的化学物质也成了地下卤水开采的大用户。中国85%以上的工业溴产量的原料来自沿海地下卤水，其余的15% 是海盐生产后的母液回收提取制得。2010年初起，工业溴的下游产品需求量强劲反弹，带动了工业溴生产的复苏。工业溴的价格从2009年底每吨8000～9000元/t，短短3个月之间一路蹿升到每吨21000元/t。制溴企业增产的意愿强烈，增加设备，连续增加大新井200多口，致使地下卤水过量开采，海盐企业汲取卤水的浓度下降了10%～20%，采掘深度加深了3～5m，对海盐企业的生产产生了巨大的影响，预计对今后的影响将会更加明显。对于盐矿开发企业开发前生态环境保护投入和措施、开发过程中的即时修复和对当地受损居民（企业）的即时补偿、开发后生态恢复情况等没有专门部门或机构进行全程监管，也没有制定强制性的规定和执行标准。有些地区环境污染后，盐矿开发企业赔偿直接损失后，对后续污染不再赔偿或采取恢复治理措施，没有机构或制度对其监管，强制其进行治理，因而污染仍然存在。

3. 相关对策

海盐生产企业正在着力改变目前单一产品的企业运行格局，向着综合利用全面发展增强企业抵御市场风险能力的目标努力。2010 年4 月，中盐沧州盐化集团公司以“打造循环产业”为目的先后论证了《渤海化工园海水综合利用至新材料循环经济项目规划建议书》和《苦卤综合利用工程项目》并获得了国家批准，已列入了当年的中央企业国有资本金经营预算。

（1）坚持谁污染谁付费原则。

在盐矿资源开发利用过程中，盐矿开发企业造成的环境污染、生态破坏、矿区可持续发展能力下降问题，完全由破坏者承担补偿，对利益受损者进行补偿，并有责任将损害的矿区环境恢复治理。如果污染企业不愿意恢复治理，就让其支付恢复治理费，由第三方治理。

（2）把生态补偿纳入盐矿资源开发的全过程原则。

从源头开始控制盐矿开发的环境污染与生态破坏，从盐矿开发审批开始就提取矿区恢复的保证金或者备用金，明确企业恢复矿山的责任。盐矿开发者必须在盐矿资源开发前防范；在开发过程中保护生态环境，对生产过程中带来的环境污染，即时补偿受损者；在开发完毕后，盐矿开发企业及时恢复治理，确保矿山环境能够尽可能恢复到初始水平或者人们能够重新利用的水平。

（3）新账、旧账分治原则。

盐矿区面临废弃盐矿生态破坏和盐矿新产生的生态破坏问题，应该视具体情况新旧账分别对待。对于盐业国有企业改革前历史遗留的生态破坏问题（即旧账），由政府负责治理，通过政府公共支付解决或引入第三方进行治理；盐业国有企业改革之后新产生的生态环境破坏问题，则由开发企业负责治理和恢复。

从体制机制的变革中探索谋划企业的崭新发展之路，山东省盐业为进一步助推生产销售的融合，保持企业健康稳定的发展，经山东省政府批准在原有盐业生产和销售企业的基础上重组整合成为了新的山东省盐业集团有限公司，完成了从以往的政策性经营过渡到市场主体的经营模式的转变，把生产和销售两大经营主体统一管理分散经营。此举为全国盐业体制改革提供了有益的经验，也是迎接挑战的基本对策。

四、中国海洋盐业发展前景

中国海洋盐业未来要在科学规划原盐生产布局，加快盐田改造的基础上，重点发展海洋精细化工，加强系列产品开发和精深加工。推进“水-电-热-盐田生物-盐-盐化”一体化，形成一批重点海洋化学品和盐化工产业基地。积极开发海盐提取新工艺，推进海洋盐业产业结构调整和优化升级，建设安全、绿色的盐化工产业基地，形成具有国际竞争力的产业集群。

1. 实现盐业政策改变

盐业专营体制在不久的将来必然被打破，盐业相关法律法规会慢慢制定、健全并严格执行，盐企生产和销售会逐渐有法可依，以有法必依的基本原则来经营。盐企进行自由生产、销售和产品创新，盐价由市场来决定，盐企之间形成良好的竞争关系，促进盐业的发展。在放开盐业政策的同时，要加强人们对有关法律法规的认知，如食用和使用安全方面的法律法规。

经过一段时间的积淀，整个盐业才能真正步入正轨，经过市场的洗礼，盐业生产和销售竞争才会真正进入良性循环。

2. 全面提高制盐技术水平

制盐中主要包含制盐设备和制盐工艺两个关键部分，只有在最前沿的制盐工艺和最先进的制盐设备的基础上，才能大幅度地提高盐的产量和质量。全球的能源都紧张，节约能源和寻找新能源是很重要的。制盐行业是一个高耗能行业，寻求新的制盐工艺以减少能耗，生产工艺科学化，生产过程机械化，盐田结构合理化，仍然是海盐生产技术进步的主攻方向。浓海水滩晒制盐法经过调整蒸结比、增加保卤设施和结晶面积，把九步制卤工艺改为六步制卤工艺，有效提高了浓海水滩晒制盐的产量和质量。围绕提高海盐单产，要研究提高超短期降雨预报准确率，可以通过卫星云图、雷达等对中小尺度天气系列等灾害性天气追踪，外推发布盐区预报，使准确率达80%，要推广“深储薄赶”制卤工艺，调整单元内外盐田结构，完善制、保、排系统，要继续扩大塑苫结晶池面积比例，进一步提高收放设备性能。在当前产大于销的形势下，要提倡以销定产，存盐于池，既可大大节约生产存贮管理费用，又能增加死碴盐层厚度，提高盐池板的耐压强度，便于大中型收运盐机械进池，提高劳动生产率，同时还应以更多精力研究提高盐质。要进一步强化“新、深、长”结晶工艺，探讨结晶生长条件，要重点进行盐田生物技术的研究，掌握盐田生物现状，探讨卤虫对净化卤水和调节盐田生态系统的作用，嗜盐微生物对海盐产质量关系的影响，研究卤水中多糖的防治，逐步建立起盐田合理生态系统，并确立调控方法和技术参数。要进行盐田防渗技术和测渗仪器的研究，并选育合适的藻种、菌种，培养生物垫层，达到防渗目的。要应用计算机建立数学模型，指导海盐生产的技术管理及生产管理。

3. 促进海水综合利用

海水综合利用已经成为海洋经济发展中的重要组成部分。我国北方缺水严重，为解决缺水问题采取了多种措施，包括南水北调，但都不能有效解决，海水淡化就成为重要解决之道。沿海地区的海水淡化工程已经进入了实质性的开发阶段，渤海湾的几家电厂和化工厂都建设了海水淡化工程项目，河北国华沧东电厂、沧州渤海华润电厂等企业的海水淡化装置陆续建成投产，形成了初步规模。海水淡化后的浓海水直接排入大海将会对海洋生态产生不利影响，而作为海盐生产而言则是难得的高浓度卤水。如何把海水淡化和海盐生产有机地结合起来，将是对盐业发展和环境保护都产生效益的重要举措。目前，塘沽盐场生产已经尝试铺设管道，接受部分高浓度海水进行海盐生产，但由于海水淡化装置还未完全发挥能力，排水量还不够恒定。海盐生产企业密切地关注着海水淡化工程的进展程度，并配套进行相关科研攻关，中盐制盐工程技术研究院获得了原国家海洋局立项的公益性科研项目“利用海水淡化工程的废水进行海盐生产”课题，项目得到了国家财政部的资金支持，目前项目正在顺利进行。

海水综合开发利用还包括盐田养殖、盐田生物技术等深度开发项目。就盐田养殖来说，目前在海盐企业已经形成较大规模，其产值、利润均高于海盐生产。盐田生物开发刚刚起步，卤虫养殖和制备具有极大经济价值，但从必要条件看，我国主要在海南、西北可以大规模开发。各种海藻的生产和其中营养素的提取、制备、深加工还是一个新课题，其长远经济价值已经得到广泛认同。在这方面，要以制盐企业为龙头，以生产企业为主体，实行产学研相结合道路，进行研究与开发，尽快实现产业化。

第四章

海底天然气水合物资源

人类社会的发展，离不开对各种资源的开发和利用。在陆地资源逐渐枯竭的今天，人们把目光投向了深海大洋。海底世界除了大家熟知的锰结核、深海油气外，还有热液矿床，以及当前最引人注目的天然气水合物。据Kenvolden（1988）估算，全球天然气水合物中蕴藏的碳资源量达（1.8～2.1）$\times 10^{16}m^3$，把人类已经用掉的和还没有开发的石油、煤、天然气加在一起，还不及天然气水合物中有机碳总含量的一半，其中绝大多数的天然气水合物分布于深水海底沉积物中。由于天然气水合物具有埋藏浅、物化条件优越等优点，天然气水合物资源无疑是人类的福音，很可能成为未来可供开发利用的重要新能源。同时天然气水合物在燃烧以后几乎不产生任何残渣或废弃物，污染比煤、石油、天然气等要小得多。其巨大的资源量和诱人的开发利用前景使它很有可能在21世纪成为煤、石油和天然气的替代能源。

天然气水合物的主要成分是甲烷分子与水分子。甲烷类天然气被包进水分子中，在海底低温与高压条件下形成一种类似冰的透明结晶，因此天然气水合物又被称为可燃冰。在海洋中许多区域具备天然气水合物生成的温度和压力条件。可燃冰有极强的燃烧力，$1m^3$可燃冰释放出的能量相当于$164m^3$的甲烷气体，是常规天然气能量密度的2～5倍。天然气水合物的形成与海底石油、天然气的形成过程相仿，而且密切相关。埋于海底深处的大量有机质在缺氧环境中，细菌把有机质分解，最后形成石油和天然气（石油气），其中许多天然气又被包进水分子中，在海底的低温与压力下形成可燃冰。目前国际科技界公认的全球可燃冰总能量，是所有煤、石油、天然气总和的2～3倍。

天然气水合物最早是在俄罗斯的西伯利亚的秋明油田发现的，接着美国和日本在各自海域发现了它，我国近年来也开始对其进行研究。世界上绝大部分的天然气水合物分布在海洋里，海洋里天然气水合物的资源量约为1.8亿m^3，约合1.1万亿t油气当量，是陆地资源量的10倍。世界各国海洋权益的竞争，其实是对海洋资源的竞争。西方各国十分重视海底天然气水合物的研究与开发，不仅把海底天然气水合物当作21世纪具有商业开发前景的海洋能源，而且在战略上将其视为争夺海洋权益的重要因素。我国南海海底丰富的可燃冰的发现，极大地鼓舞了广大海洋科学工作者。长期以来，有人认为亚热带地区的南海域不可能存在可燃冰，因为这里没有冻土带。对此专家见解是由于特殊的物理性能，天然气和水也可以在温度2～5℃内结晶，而南海海底的温度和压力都很适合可燃冰的生成。仅南海海底发现的可燃冰远景地质储量高达数百亿t油气当量，如果全部采出，至少可供我国使用上百年。

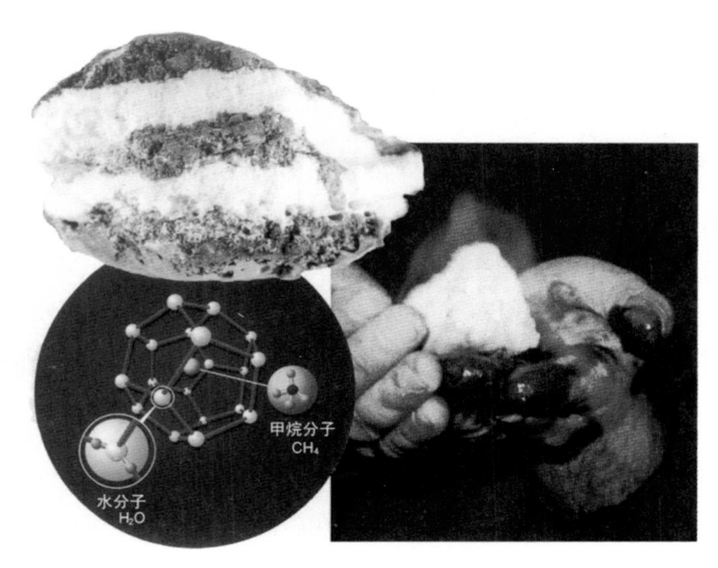

图4-1 可燃冰及其分子结构

据统计，截至2002年底，世界上已直接或间接发现了天然气水合物矿点共有116处，其中海洋（包括少数深水湖泊）107处，单个矿田面积可达数千至数万km^2，储量可达数万亿至数百万亿m^3。同时，天然气水合物的分解是海底地质灾害的重要诱发因素，现在已经查明，世界各大陆边缘的海底滑塌、滑坡和浊流作用，以及黑海和巴拿马北部近海的海底泥火山都是海底天然气水合物分解所致。另外，天然气水合物释放出的甲烷还是一种重要的温室效应气体，甲烷的温室效应问题已成为国际上的一个前沿课题而受到人们高度重视。总体而论，无论从寻找战略储备能源的角度看，还是从灾害防治和维护人类生存环境的角度看，天然气水合物研究均具有重要意义。

第一节　海底天然气水合物

天然气水合物是天然气和水结合在一起的固体化合物，外形与冰相似，在低温、高压条件下，由碳氢化合物与水分子组成的冰态固体物质。纯净的天然气水合物外观呈白色，形似冰雪，可以像固体酒精一样直接点燃，因此，人们通俗、形象地称其为可燃冰。

图4-2　可燃冰

天然气水合物在自然界分布非常广泛。在20世纪，日本、苏联、美国均已发现大面积的可燃冰分布区，我国也在南海和东海发现了可燃冰。早在1778年英国化学家普得斯特里就着手研究气体生成的气体水合物温度和压强。1934年，苏联在油气管道和加工设备中发现了冰状固体堵塞现象，这些固体不是冰，就是人们现在说的可燃冰。1965年苏联科学家预言，天然气水合物可能存在海洋底部的地表层中，后来苏联终于在北极的海底首次发现了大量的可燃冰。20世纪70年代，美国地质工作者在海洋中钻探时，发现了一种看上去像普通干冰的东西，当它从海底被捞上来后，那些“冰”很快就成为冒着气泡的泥水，而那些气泡却意外地被点着了，这些气泡就是甲烷。据研究测试，这些像干冰一样的灰白色物质，是由天然气与水在高压低温条件下结晶形成的固态混合物。目前的科研考察结果表明它仅存在于海底或陆地冻土带内。

在世界油气资源逐渐枯竭的情况下，可燃冰的发现又为人类带来新的希望。我国的海底天然气资源量占全国天然气资源的25%~34%。

一、天然气水合物的研究历史与现状

1. 国外的研究历史与研究现状

从1810年英国 Humphery Davy发现气水合物，1888年Villard人工合成天然气（甲烷）水合物以来，人类就再没有停止过对气水合物的研究和探索。1934年，苏联在西伯利亚地区被堵塞的天然气输气管道里发现了天然气冰状物。31年后，首次在西伯利亚永久冻土带发现类似的冰状天然气水合物矿藏，并引起多国科学家的注意。1970年，正式实现对该天然气水合物矿床进行商业开采。

从1810年Davy合成氯气水合物和次年对气水合物正式命名并著书立说到20世纪30年代初，在这120年中，对气水合物的研究仅停留在实验室，且争议颇多。自美国Hammerschmidt在1934年发表了关于水合物造成输气管道堵塞的有关数据后，人们开始注意到气水合物的工业重要性，从负面加深了对气水合物及其性质的研究。在这个阶段对天然气水合物的研究主题是工业条件下水合物的预报和清除、水合物生成阻化剂的研究和应用。

20世纪60年代初，苏联科学家预言，天然气水合物可能存在于海洋底部的地表层，随后在西伯利亚冻土带发现了天然气水合物地层。20世纪70年代以来对天然气水合物的研究论文迅速增加，研究范围也明显扩大。美国、加拿大等国在阿拉斯加、加拿大麦肯齐河三角洲地区相继发现大规模天然气水合物矿藏，同时发现和提出了BSR（Bottom Simulating Reflector）即似海底反射现象及其概念。美国在阿拉斯加北部的普鲁德湾油田采到了世界上第一个天然气水合物样品，在美洲海槽执行深海钻探计划时，20个钻孔中发现有9个含有天然气水合物。20世纪80年代，随着国际深海钻探计划（DSDP）和大洋钻探计划（ODP）的实施，相继在墨西哥湾、俄勒冈州西部大陆边缘卡斯凯迪亚（Cascadia）海岭和美国东南部海域布莱克海台取得了大量水合物岩心，首次证明天然气水合物矿藏具有商业开发价值。20世纪90年代以来，天然气水合物调查研究在世界范围内迅速扩大和深入，调查研究的深度、广度以及技术水平得到大大提高，世界多国制定了天然气水合物国家五年计划或国家专项计划（始于1995年），由于有了大量的经费匹配与人员匹配，先后实施了深海航次调查与钻探取证，比如 ODP/DSDP在中/南美洲和北美洲，比如日本1998—2001年在其南海海槽，1997年、1999年、2002年在著名的“水合物海岭”。目前，已经在深海、深湖（比如里海、贝加尔湖）和永久冻土带地区分别采集获得了天然气水合物实物样品，为资源定量评估和参数精确取值奠定了基础。可以说，从20世纪60年代至今，全球气水合物研究跨入了新的阶段——潜在能源阶段，即将把气水合物作为一种能源进行全面研究和实践开发的阶段，世界各地科学家对气水合物的类型及物化性质、自然赋存和成藏条件、资源评价、勘探开发手段以及气水合物与全球变化和海洋地质灾害的关系等进行了广泛而卓有成效的研究。天然气水合物研究已经发展成为包括天然气水合物地质学（天然气水合物普通地质学、天然气水合物区域地质学、天然气水合物海洋地质学）、天然气水合物地球化学、天然气水合物区域工程地质学和天然气水合物地球物理调查以及天然气水合物与全球气候变化在内的一门新兴学科。可以预料，不远的将来，天然气水合物在为人类提供能源方面将担任主角之一。

20世纪80年代以来，国际天然气水合物研究进展迅速。1990年以来各国年公开发表天然气水合物科学论文数平均在20篇以上；其中，登载这些论文的著名科学杂志有*Geology*（美国）、*Marine Geology*（荷兰）和 *Journal of Geophysical Research*（美国），甚至有*Nature*（英国）等最权威的学术期刊。发表文章最多的国家是美国、日本、加拿大和俄罗斯等。当然，不乏专著和大型国际会议论文集的出版，在一些大型的国际科学会议上，则特别开辟了天然气水合物专题研讨会，尤其“国际天然气水合物学术讨论会”已经开到了第五届。其中，大多数研究成果与 ODP（大洋钻探计划）或DSDP（深海钻探计划）的工作有关。

日本对天然气水合物的研究表现出了超乎寻常的热情，1994年制订了天然气水合物研究计划，1995年专门成立了天然气开发促进委员会。其中对海洋中的天然气水合物的研究更为急切。日本周边海域有阿拉斯加、日本南海。现在全世界用于天然气水合物勘探的探井共有3口，其中2口就是以日本石油公司为首的多国石油公司联合钻成的。其中的一口井位于加拿大西北部毗邻美国阿拉斯加州Mackenzie三角洲的Mallik地区。另一口井是在南海的Nankai-Trough井（南海地堑井）。该井共钻6个分支井，并进行了密闭取心和一整套的测量和分析工作。这口井完全是在深水中钻成的。据日本有关方面估算，在日本海域仅开采水合物可采储量的十分之一，便可向日本提供100年的天然气供应。

1999年，美国政府制订了“国家甲烷水合物多年研究和开发项目计划”，预期可建立天然气水合物矿床气体资源评价体系、发展商业生产技术，了解和定量评价甲烷水合物在全球碳循环中的作用及其与全球气候变化的相关性，解决水合物工程技术和海底稳定性问题。2000年，加拿大渔民在温哥华岛附近海域采获2t天然气水合物。加拿大地质测量局在太平洋胡安—德富卡洋中脊斜坡区的工作引人注目，该区域的水合物评价储量达1800×10^8t的石油当量。在加拿大西北部永久冻土带钻探的麦肯齐河三角洲Mal-lik2L-38井深1150m取得的37m岩心保留了天然气水合物互层层序的特征。

此外，研究天然气水合物较多的国家还有俄罗斯、德国、印度、韩国、挪威和欧洲一些国家，印度制订了“国家海底天然气水合物研究计划”，于1995年开始对印度近海进行海底天然气水合物研究。德国是目前国际上天然气水合物研究处于前沿的国家。俄罗斯在20世纪70年代末以来，先后在黑海、里海、白令海、鄂霍次克海、千岛海沟和太平洋西南海区进行海岛天然气水合物研究。2000—2003年，德国设立了国家天然气水合物研究项目——地质系统中的天然气水合物。2004—2007年德国开展了第二个国家天然气水合物研究项目，即“地质-生物系统中的甲烷研究”。20世纪80年代与印度尼西亚等国对西南太平洋的边缘海进行了合作研究。欧洲联盟已拨出专款，研制天然气传感器和专用的水合物取样工具，在北大西洋开展天然气水合物调查，查清资源量。

国际组织对天然气水合物的研究和开发也非常关注。1995 年， ODP专为海洋天然气水合物设计了第164航次。1999年，国际科学大洋钻探学术会议筹备委员会把天然气水合物列入21世纪大洋钻探的14个主题之一。2000年1月10日，ODP在华盛顿举办了大洋钻探系列讨论会，天然气水合物（能源、气候与生物圈的结合点）被作为4个主题之一做了重点讨论。联合国国际海底管理局一直十分关注天然气水合物，自1999年初以来，数次召开多金属结核资源以外的矿产资源开发研讨会，其中就包括了天然气水合物。

世界各国对天然气水合物的调查研究方兴未艾，全球海域天然气水合物矿点的发现与日俱增。截至目前，世界上已直接或间接发现天然气水合物矿点共有123处，其中海洋及少数深水湖泊114处，陆地永久冻土带9处。直接见到水合物样品的有24处，利用探测资料推断水合物存在的有99 处（海洋64处，陆地35处）。

2. 我国对天然气水合物的研究现状

我国在20世纪80年代末开始关注天然气水合物的研究。1999年起，国土资源部中国地质调查局系统开展了大量调查研究工作。由中国科学院广州能源研究所牵头于2003年10月在山东青岛举办了一次天然气水合物的国际研讨会。2004年4月国际科技数据委员会（CODATA）气体水合物工作组中国地区会议暨研讨会在北京召开，讨论了全球式的天然气水合物信息系统的建设和数据共享。中国科学院也建立了重要方向性项目“天然气水合物勘探开采模拟研究”平台，2004年5月，中国科学院广州天然气水合物研究中心成立，为系统地研究天然气水合物奠定了基础。

研究表明，我国的许多海区具有天然气水合物形成的条件，我国东海陆坡、南海北部陆坡、台湾东北和东南海域、冲绳海槽、东沙和南沙海槽等地域均有天然气水合物产出的良好地质条件；此外，初步勘查表明，我国是世界冻土第三大国，尤其青藏高原是多年生冻土带，可能埋藏着丰富的天然气水合物。经过我国科学家对我国海域天然气水合物进行研究，主要成果有：针对天然气水合物的地球物理属性研究认为，水合物成矿带的顶、底面是一个客观存在的物性界面，BSR（海底模拟反射层）是其底面的标志。对BSR发育位置的温压场研究表明：南海海域水合物发育的温压场条件与全球范围内相关海域水合物发育温压场环境具有较好的可比性；对天然气水合物沉积学的研究表明，天然气水合物主要分布于三角洲前缘与浅海接壤处，在浅海与半深海连接处也有少量分布，它们所对应的砂泥岩在25%～50%，天然气水合物一般存在于地形转折处的下端、岩性中等偏细的沉积中；在对地质、地球物理以及地球化学综合分析的基础上，根据地震剖面的解释成果，初步圈定了南海海域的有利远景区。相关的地球化学资料以及高分辨率地震资料研究表明，南海北部具有天然气水合物较为有利的成矿环境。

我国在天然气水合物这一领域的研究和调查起步较晚，对天然气水合物的研究在20世纪90年代以前一片空白，在初期国内有关单位和学者通过对国外调查研究状况的调研和文献整理，对我国天然气水合物资源远景做了预测。金庆焕于1985年首次向国内同行介绍了固态甲烷是未来重要能源的有关资料，并指出在占全球陆地面积13%的冻土带中均有固态甲烷产出，其地质储量约$1\times10^{15}m^3$，预测海底的固态甲烷的资源量比大陆冻土带多100倍。1990年中国科学院兰州冻土研究所冻土工程国家重点实验室研究人员与莫斯科大学列别琴科博士合作研究，率先在国内开展了天然气水合物的室内人工合成实验。合成实验采用甲烷气和蒸馏水，将其放入高压容器并在恒温、恒压条件下进行实验。合成后水合物与自然界取得的水合物样品在外观、挥发性和可燃性等方面具有完全相同的特点。1992年，中国科学院兰州分院的史斗等翻译出版了《国外天然气水合物研究进展》一书，这是较系统地将天然气水合物介绍到国内的一本早期文献。中国地质科学矿床研究所吴必豪等从1992年开始对天然气水合物的研究进行了技术追踪和资料收集，多次与国外专家进行相应的学术交流，并于1995—1997年与中国地质矿产信息研究院的杨廷槐等合作，完成了中国大洋协会所下达的“西太平洋气体水合物找矿前景与方法的调研”课题。该课题对天然气水合物在各大洋中的分布、形成模式及找矿方法进行了初步的分析评价，“九五”期间，国土资源部组织了“中国海域气体水合物找矿前景研究”；国家863计划820主题设立了“海底气体水合物资源勘查的关键技术”（820-探-5）前沿性课题；1998年中国科学院兰州地质所徐永昌、史斗和中国地质科学院李岩等分别编译了有关天然气水合物的专辑（史斗等，1999）；1999年国家自然科学基金委批准了3项涉及天然气水合物研究的基金研究项目，以后逐年增加。

广州海洋地质调查局于1999年10月首次在我国海域南海北部西沙海槽区开展海洋天然气水合物前期试验性调查。完成3条高分辨率地震测线共543.3km，首次在西沙海域发现存在天然气水合物的重要地球物理标志——海底模拟反射层（BSR）。2000年9～11月，广州海洋地质调查局“探宝”号和“海洋四号”调查船在西沙海槽继续开展天然气水合物的调查。我国已将海底天然气水合物的研究列入了“十五”海洋863计划，以及国家重大基础研究计划“南海天然气水合物富集规律与开采基础研究（973计划）”。2008年10月9日，我国首艘自主研制的天然气水合物综合调查船“海洋六号”在武昌造船厂建成下水。该船是具有综合导航系统、电力推进系统、动力定位系统等先进设备的远洋综合调查船，它的建造将填补国内空白。这艘为广州海洋地质调查局建造的天然气水合物综合调查船，是一艘以海底天然气水合物资源调查为主，兼顾海洋地质、海洋矿产资源调查、地震地球物理调查、水文调查的集多学科、多技术手段为一体的远洋调查船，并可以此开展广泛的国际合作。该船总长106米，型宽17.4m，型深8.3m，设计吃水5.5m，设计排水量4600t，最大排水量5287t，试航速度17节，自持力60天，续航力15000海里。我国于2007年、2013年分别在南海获得天然气水合物实物样品。预计我国在2020年前后突破天然气水合物的开发技术，到2030年前后实现天然气水合物的商业开发。

二、天然气水合物的形成及赋存条件

天然气水合物：由海底深部有机质形成的油气通过断裂及裂隙向浅部地层及海底渗漏扩散，而运聚渗漏到海底的大量天然气被海水中水分子包围，在温度2～5℃内形成的结晶体。在一个烃类气体分子（以CH_4为主，含少量CO_2、H_2S的气态烃类物质）的周围包围着多个水分子，水分子通过氢键紧密缔合成三维网状，将烃类气体分子纳入网状体中形成水合甲烷。这些水合甲烷像淡灰色的冰球，可以像酒精块或蜡烛一样燃烧，故称为可燃冰，其密度为0.905～0.91g/cm^3，化学式为$CH_4 \cdot nH_2O$，只要把结构中的“水”去掉，就是一种理想的燃料。

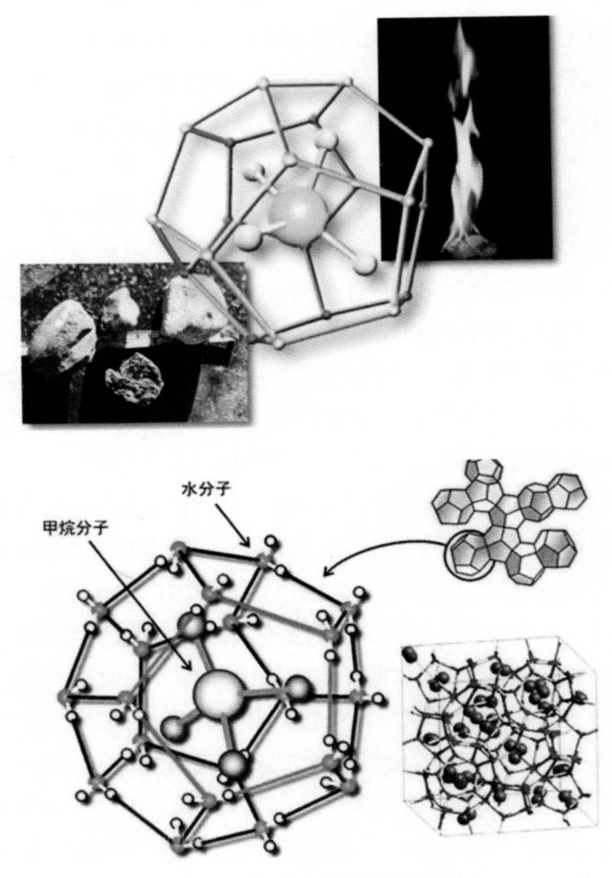

图4-3　天然气水合物的分子结构

R.D.Malone等对天然气水合物进行了多年的研究，指出天然气水合物存在4种类型：第一种是良好分散水合物，均匀分布在岩石的孔隙或裂隙中；第二种是结核状水合物，其直径为5cm，水合物气体为从深处迁移的热成因气体；第三种是层状水合物，分散于沉积物的各薄层中，主要分布在近海区域和永久冰冻土中；第四种是块状水合物，厚度为3～4m，水合物的含量为95%，沉积物含量为5%，主要形成于断裂带等有较大的储存空间的环境中。

天然气水合物的形成与分布主要受烃类气体来源和一定的温压条件控制，天然气水合物的形成除低温高压条件外，还必须有充足的天然气来源和含水介质。有机成因和无机成因的天然气均可作为天然气水合物形成所需的烃类气源。有机成因的天然气包括生物气、石油的热解气和裂解气；无机成因的天然气主要为幔源气、岩浆岩气、变质岩气和碳酸盐岩等无机盐类分解气。从目前全球天然气水合物的成分来看，有机成因的天然气是主要气源，其中尤以生物成因气为主。根据天然气的来源，将天然气水合物成因机制分为原生气源型和再生气源型。原生气源型是指已存在的天然气田、煤层气田、深处迁移的热成因气体等因温度或裂隙压力或天然气浓度的变化而转变为天然气水合物，在此过程中无外来物质的加入，天然气水合物可与常规的天然气（油田）、煤层气（煤田）相伴而生。再生气源型是指特定的环境条件下，海洋里大量的生物和微生物死亡后留下的遗体不断沉积到海底，很快分解成有机气体甲烷，这些有机气体，在压力的作用下便充填到海底结构疏松的沉积岩孔隙中，在低温和压力的作用下形成天然气水合物。

海洋中形成天然气水合物通常要求水深在300～4000m、温度2.5～25℃之间（Max等，1998）。根据Shipley等（1979）关于天然气水合物形成的温度–压力数学模型，当地层温度为5℃时，由甲烷气与3.5%盐度的海水形成天然气水合物的压力须达43个大气压以上（在同等温度条件下，由甲烷气和水或者由甲烷气和CO_2混合气体形成水合物所要求的压力要稍低一些），相当于海底430m深度的压力。随着深度的增加地层中的温度通常呈线形增加（每百米3～10℃），而水合物的形成压力必须随温度的增加呈对数增加，因而在大多数盆地中，压力的增加远远不能满足这个要求。受自然界温度压力条件的限制，天然气水合物只能赋存于高纬度常年冻土带和深海近海底的浅层沉积物中：在极地水合物产生的上限深度大约为150m，在海洋环境中则要求水深超过300m；天然气水合物存在的下限受地温梯度限制，最大埋深大约为2000m（Kvenvolden，1993）。

根据形成环境的温度和压力条件，将天然气水合物的成因机制分为以低温条件为主控因素的低温成因型和以高压条件为主控因素的高压成因型。低温成因型：形成天然气水合物时温度起主要控制作用，形成的条件是温度低而相对压力较小。如青藏高原冻土带浅部的天然气水合物和100～250m以下极地陆架海的天然气水合物。高压成因型：随埋深增大，压力增高而温度也因地温梯度相应增高，高压力对形成天然气水合物的形成起主导作用。如水深为300～4000m的海洋天然气水合物基本上是在高压条件下形成的。

正常条件下，海洋中表层水温接近0℃、水深为3000m的深水区，天然气水合物稳定带的厚度可达1000m左右；在表层水温接近4℃、水深为1000m的浅水区，天然气水合物稳定带的厚度约为400m。天然气水合物的分布深度和厚度与地温梯度密切相关，地温梯度大则天然气水合物的埋深较浅、厚度较薄；反之，地温梯度小，则天然气水合物的埋深和厚度都将增大。辛普森角的地温梯度较大（4.2℃/100m），形成的甲烷水合物带较薄，厚度在100m左右，埋深300～500m；普鲁德霍湾的平均地温梯度约为1.8℃/100m，甲烷水合物埋深213～1067m；梅索雅哈气田的平均地温梯度约为2℃/100m，实测的天然气水合物埋深为350～875m。南海北部的平均地温梯度约为3.76℃/100m，从珠江口盆地向西至莺—琼盆地、西沙海槽盆地，地温梯度逐渐增大，西沙海槽区是南海北部地温梯度值最高的地区之一（平均9.45℃/100m），南海北部陆坡区地温梯度介于3.8～4.5℃/100m之间，具备形成天然气水合物的温度条件。从世界范围看，各主要天然气水合物分布区的海水深度为800～4300m，BSR的深度约为400～700m，陈多福等（2001）曾利用地球化学及物理化学方法对琼东南盆地天然气水合物形成和稳定区进行预测，认为该盆地水深大于320m的海底地层中可以形成水合物，大于650m水深的海底地层是天然气水合物稳定的分布区。

天然气水合物在自然界的赋存主要受控于温度、压力、孔隙水盐度和气源等基本因素相互作用。第一，温度要低，以0～10℃为宜，最高温度为20℃左右，再高天然气水合物就被分解了；第二，压力要大，但也不能太大，0℃时，30MPa以上它就可能生成；第三，沉积物孔隙水盐度对水合物的形成在一定程度上起抑制作用；第四，要有充足气源。在陆地上只有西伯利亚的永冻土层才具备天然气水合物形成和使之保持稳定的固态的条件，而海洋深层300～500m的沉积物中也都具备这样的低温高压条件。因此，其分布的陆海比例为1：100。较低的温度、较高的压力往往发育于大陆斜坡带和深海。

三、天然气水合物的成藏地质模式

1. 静态、动态模式

苏联学者将天然气水合物成藏系统概括为静态系统和动态系统两种成藏地质模式。

静态系统是由于冷却、排压或天然气丰度的增加可形成水合物，水合物生成的重要原因不是外来物质的供给，而是系统内的变化。可分为3种模式：

（1）冷却作用——低温模式。

在该模式中，天然气水合物可以在气藏（游离气+水）、含水层（饱和气）和冻结层（与水的接触面）内生成。低温模式中水溶气形成的水合物呈分散状存在于岩石中或者与已存在的气藏共生。

（2）排压作用——海侵模式。

在系统受到排压时，“游离气+水”系统内可达到气水合物形成的条件，其水合物的形成模式与低温模式相似。

（3）天然气丰度增大——成岩作用模式。

在沉积压实过程中，溶于孔隙水中的自生生物气的丰度可以不断增加，即气体的弹性可达到水合物形成的平衡压力，这种模式为成岩作用模式。

动态系统是指与反应带进行物质交换时形成天然气水合物的系统，主要有4种：

（1）渗流模式。

在气体和含水渗流条件下，水合物可在储层内形成，在到达水合物稳定带后，渗流含气水呈气过饱和状态并成为水合物生成源，这是沉积层中最为广泛的气水区域渗流方式，在太平洋和大西洋发现的气水合物显示多半是按此模式生成的。

（2）泥火山作用模式。

泥火山作用下的气水合物明显得赋存在经受过快速凹陷的含有巨厚年轻沉积层内，埋深不大，在黑海和墨西哥湾都发现了大量的此类水合物。

（3）沉降模式。

该模式是以崩塌沉降的重力流理论为基础的。水合物形成在陡峭的毗邻宽广陆棚的重力构造发育的陆坡带。这种模式是在对中美海沟内斜坡深海钻探（DS-DP570井）成果总结后提出的。

（4）岩块位移模式。

含气藏的巨大岩块像断层那样从大陆或陆棚沉降到较深的水下环境，且其致密性没有被破坏，这种模式在效果上与海侵相似。

2. 生物成因模式

根据同位素等地球化学数据，目前发现的海底天然气水合物矿藏绝大多数由生物成因气所形成。对于其形成机制，学者们曾有过两种不同的观点：一种是原地细菌生成模式。Kvenvolden（1983）基于布莱克海脊天然气水合物矿藏的研究认为，在海洋高生产率和高有机碳堆积的富碳沉积区，在水合物稳定域中有机质经微生物作用生成甲烷气，水合物形成与沉积作用同时发生，水合物可在垂向上的任何位置形成，当甲烷水合物带变厚和变深时，其底界最终沉入造成水合物不稳定的温度区间，在此区间内可生成游离气，但如果有合适的运移通道，这些气体将会运移回到上覆水合物稳定区。另一种为孔隙流体运移模式。Hyndman（1992）认为大多数甲烷是在水合物稳定域之下由微生物生成的，特定的地质环境促使孔隙流体向上运移，将甲烷带入水合物稳定域内形成水合物；这样的环境包括具有沉积物增生楔的俯冲带、元增生楔的俯冲带、高沉积速率区，其特征是由地壳构造变形压缩或由沉积物的侧向压实作用导致大量流体排放，所形成的天然气水合物大多数聚集在BSR上一个相对狭窄地带，天然气水合物稳定带的底界呈不连续或突变状，而上界则是扩散和渐变的。

目前，世界上已经发现的海洋天然气水合物，除个别地区含有热解成因的烃类外，大部分主要为生物成因甲烷。在海洋环境中，硫酸盐还原带下甲烷主要通过二氧化碳的还原作用产生（Whiticar等，1986）。因此，有机碳含量是生物成因天然气水合物形成的重要控制因素（Kvenvolden，1993；Waseda，1998）。世界主要天然气水合物发现海域海底沉积物的有机碳研究结果表明，天然气水合物分布区的表层沉积物的有机碳含量一般较高（TOC>1%）（Gorntiz and Fung，1994），有机碳含量低于0.5%则难以形成天然气水合物（Waseda，1998）。

3. Milkov等的圈闭模式

Milkov等（2002）提出构造圈闭型、地层圈闭型以及复合圈闭型3种水合物成藏类型。构造圈闭型水合物矿藏主要由热成因气、生物成因气或者混合气从较深部位的含油气系统滑断裂、泥火山或其他的构造通道快速运移至水合物稳定域中（如墨西哥湾西北部、水合物脊、哈肯摩滋比泥火山等），通常可以在海底或较浅的沉积物中直接取到样品。构造圈闭型水合物矿藏的三维形态受流体通道的几何形态、流体的流速、天然气的组成和温压场等因素控制，水合物通常位于活动断裂附近和泥火山的火山口。这类水合物矿藏沉积物中通常水合物的含量较高，因而具有较高的资源密度和开采价值，开发与生产的成本也较低。地层圈闭型水合物矿藏产于渗透性较高的沉积物中，主要由原地产出的或从深部缓慢迁移而来的生物成因气所形成（如布莱克海脊、墨西哥湾的小型盆地、日本南海海槽）。矿藏的三维形态受渗透性较高的地层的几何形态所控制，水合物主要赋存于那些利于流体运移并为水合物提供了成核空间的粗粒沉积物中，通常深度大于海底以下50m，因而一般难以直接取得水合物样品。这类水合物矿藏的沉积物中通常水合物的含量较低，因而可采率低，而开发与生产成本较高，但日本的南海海槽的水合物矿藏，渗透性很高的薄砂层中水合物的含量很高，可以高达整个孔隙的82%，具有开发价值。复合圈闭型水合物矿藏则主要由活动断裂或底辟构造快速供应的流体（天然气和水）在渗透性相对高的沉积物中形成，水合物脊、布莱克海脊、日本南海海槽等地也具有这种复合型的水合物矿藏。

四、海底天然气水合物的分布规律

据苏联、美国、日本等国的科学家的调查，天然气水合物主要分布在活动和非活动大陆边缘的加积楔顶端、陆坡盆地、弧前盆地、滨外海底海山，乃至内陆海或湖区，尤以活动陆缘俯冲带增生楔区，非活动陆缘和陆隆台地断褶区水合物最为发育，例如南设得兰海沟、秘鲁海沟、中美洲海槽、俄勒冈滨外、日本南海海槽、中国台湾西南近海等。此外还有著名的布莱克海台、墨西哥湾路易斯安那陆坡、加勒比海南部陆坡、亚马孙海底扇、阿根廷盆地、印度西部陆坡、尼日利亚滨外三角洲前缘等，这些地区天然气水合物的分布与海底扇、海底滑塌体、台地断褶区、断裂构造、底辟构造、泥火山、麻坑地貌等特殊地质构造环境密切相关，这可能与上述这些地区具有较好的天然气水合物成矿的地质构造环境有关。

1. 活动大陆边缘天然气水合物形成与分布

自20世纪60年代以来，DSDP、IPOD、ODP组织为探讨活动陆缘的运动过程、动力作用机制及变形结果，分析构造地层格架，研究物质结构及深部地质，先后在该地区进行了多次科学探查活动，在取得了丰硕地质科学认识的同时，也获得了意外的收获——发现天然气水合物新能源。目前，利用地震探测技术，世界上绝大多数的增生楔中均发现了天然气水合物（见表4-1）。

表4-1　世界海域发现天然气水合物之增生楔

地区	增生楔位置	构造背景	发现方式	发现组织（国家）	发现时间
东太平洋地区	南设得兰海沟东南侧	南极板块内的费尼克斯微板块向东南俯冲至设得兰板块之下	识别BSR	澳大利亚	1989—1990年
	智利西海岸智利三联点附近	纳滋卡板块、南极洲板块俯冲至南美洲板块之下	识别BSR并且经钻探证实	ODP组织	ODP第141航次
	秘鲁海沟	太平洋板块俯冲至南美板块之下	获取水合物样品，后重新处理地震资料，识别BSR	ODP组织	1986年（ODP第112航次）
	中美洲海槽区	—	钻遇水合物，后经ODP钻探证实	DSDP组织、美国得克萨斯大学海洋科学研究所	1979年
	北加利福尼亚边缘岸外	门多西诺断裂带北部板块聚敛	识别BSR并于海底地球化学岩样中见水合物	美国地质调查局	1977年、1979年、1980年
	俄勒冈滨外	克斯凯迪亚俯冲带南延部分	识别BSR，后经ODP钻探证实	美国迪基肯地球物理勘探公司、ODP组织	1989年、1992年（ODP第146航次）
	温哥华岛外	克斯凯迪亚俯冲带南延部分	识别BSR，后经ODP钻探证实	美国迪基肯地球物理勘探公司、ODP组织	1985—1989年、1992年（ODP第146航次）
西太平洋地区	日本海东北部北海道岛滨外	菲律宾板块向西北方向俯冲	钻遇水合物后处理地震资料，识别BSR	ODP组织	1989年（ODP第127航次）

（续表）

地区	增生楔位置	构造背景	发现方式	发现组织（国家）	发现时间
西太平洋地区	日本南海海槽变形前缘	—	钻遇水合物后处理地震资料，识别BSR	ODP组织	1990年（ODP第131航次）
	台湾碰撞带西南近海	南中国海洋壳向东俯冲于吕宋岛弧之下	识别BSR	中国台湾	1990年、1995年
	苏拉威西海北部及西里伯海周边	西里伯海洋壳在苏拉威西西北部海沟处俯冲至苏拉威西岛之下	识别BSR	德国与印度尼西亚在西里伯海执行的地质科学调查计划S098航次	1998年
印度洋地区	印度洋西北阿曼湾内莫克兰	阿拉伯板块、印度洋板块向北俯冲至欧亚板块之下，形成自霍尔木滋至卡拉奇的东西向俯冲带	识别BSR	英国剑桥大学贝尔实验室	1981年

活动陆缘由沟–弧–盆系组成，洋壳下插至陆壳之下，大洋板块沉积物被刮落下来，堆积于海沟的陆侧斜坡形成增生楔。

增生楔又称俯冲杂岩或增生楔形体（accretionary wedge or accretion prism），是活动陆缘的一种主要构造单元，沿板块活动发育深海沟，靠陆一侧由多个逆冲岩层组成复合体。在其后发育有沉积型弧前盆地，两者构成陆坡。当大洋板块、海沟中的物质在板块俯冲过程中被刮落下来，通过叠瓦状的冲断层或褶皱冲断等各种机制附加到上覆板块，沿海沟内壁构成的复杂地质体。高精度的地震探测技术显示增生楔内广泛发育叠瓦状冲断层和褶皱，其结构类似路上的褶皱冲断带，俯冲增生的方式包括刮落作用和底侵作用。刮落作用指俯冲板块上的沉积层沿基底滑脱面被刮落下来，通过叠瓦状冲断作用添加于上覆板块或已增生物质的前缘。底侵作用则是指俯冲物质从上覆板块与俯冲板块之间楔入，添加于上覆板块或增生楔的底部，它导致增生楔逐渐加厚并抬升。

在上述增生楔地区的浅地层内发现了天然气水合物地震标志——BSR。天然气水合物在活动陆缘的加积楔顶端、陆坡盆地、弧前盆地等地区广泛分布。尤以活动陆缘俯冲带增生楔区天然气水合物十分发育，这可能由于该区具有较好的天然气水合物成矿环境。

根据天然气水合物分布及其特征，世界上活动陆架中天然气水合物富集区可分为东太平洋海沟俯冲带、环西太平洋俯冲带和印度洋俯冲带。其中，东太平洋海沟俯冲带南起南设得兰海，北迄俄勒冈，为全球构造中著名的构造活动带，是典型的活动陆缘，世界各国地质学家颇感兴趣的研究地区。自南部的南设得兰海沟往北至智利西海岸外的智利三联点附近、秘鲁海沟、中美洲海槽区、加利福尼亚边缘、俄勒冈滨外及温哥华岛外的喀斯凯迪亚俯冲带海沟东侧陆坡盖层之下均有一增生楔，反射层面多向大陆方向倾斜，浅地层处发现一较连续的强振幅异常反射层（BSR），与海底平行，并且与增生楔中朝陆方向倾斜的反射层斜切。在环西太平洋的几处活动大陆边缘于俯冲带增生楔内也发现有BSR显示，并经钻探得到证实，如日本南海海槽、中国台湾碰撞带西南近海、苏拉威西海北部。印度洋西北的阿曼湾内莫克兰俯冲带及增生楔是多个板块汇聚的地区，是天然气水合物发育的理想地区。由于阿拉伯板块、印度板块向北俯冲至欧亚板块之下，形成自霍尔木兹至卡拉奇的东西向俯冲带，长达900km。1981年英国剑桥大学贝尔实验室White RS和Louden KE利用声呐浮标高度角反射-折射地震资料研究莫克兰大陆边缘深部构造、增生楔高部位构造特征及斜坡处构造沉积间的相互作用，在穿越莫克兰大陆边缘的地震反射剖面上，于增生楔内隆褶带间、增生褶皱带前缘附近的混合褶皱盆地内及盆缘发现有强反射较连续的双相位反射层，发现了BSR。

由此可见，汇聚大陆边缘及增生楔是水合物发育较常见的典型地区，由于其独特的成矿地质环境，在其浅地层内往往可以发现天然气水合物存在的地震标志——BSR，是天然气水合物大规模发育的有利区域。一方面，由于板块俯冲运动，新生且富含有机质的洋壳物质由于俯冲板块的构造底侵作用而刮落被带到增生楔内，不断堆积于变形前缘，俯冲带附近沉积物不断加厚，深部具备了充足的气源条件；同时，由于构造挤压作用，增生楔处沉积物加厚、荷载增加，构造挤压引致沉积物脱水脱气，且形成叠瓦状逆冲断层，增生楔内部压力得以释放，使得深部孔隙流体携带甲烷气沿断层快速向上排除，在适合天然气水合物稳定的浅部地层处形成水合物BSR。这些活动均为天然气水合物的形成提供了较为充足的物质条件，在适宜的温压条件下聚集形成天然气水合物矿藏。但由于增生楔属于构造活动不稳定区，构造隆升可能引致水合物稳定带底部压力降低，天然气水合物分解，在稳定带底部圈闭游离气，BSR特征更清晰可辨。

增生楔可视为一种特殊的天然气水合物成矿环境。俯冲带发育大量沉积物输入，物源充足，其中含陆源和洋源有机碳的海相沉积物被迅速埋藏，并被送到能生成热解烃的地带，且有机碎屑主要属陆源成因，偏于生气；增生环境中构造变动活跃，以逆掩推覆构造式样为主，有利于气体长距离运移，热结构剖面呈梯度变化，提供气热灶环境。具备流体的气源、烃气运移和捕集的有利环境，这些都是该地区水合物形成的有利因素。但是，上述所及提及的有不利的一面，增生楔内的沉积物输入量、热结构、流体流动方式及构造形式的变化对进入成气环境的沉积物数量及所生烃类的数量和类型有重大的影响。

2. 被动大陆边缘天然气水合物形成与分布

被动大陆边缘是指构造上长期处于相对稳定状态的大陆边缘，亦称为“被动边缘、稳定边缘、拖曳边缘、拉伸边缘、大西洋型边缘或高散大陆边缘”（杨子赓，2000）。被动大陆边缘具有宽阔的陆架、较缓的陆坡和平坦的陆裙等地貌单元，通常围绕大西洋和印度洋分布，占目前大陆边界的60%，多沿劳亚古陆和冈瓦纳大陆裂谷内侧或克拉通内部形成：在这些地区的下陆架—陆坡区（变薄的下沉陆壳）或陆坡—陆隆区（变薄的下沉洋壳）边缘处，以重力驱动的拉伸构造作用发育了一系列平行于海岸线的离散大陆边缘盆地。在这类大陆边缘的陆坡、岛屿、海山、内陆海、边缘海盆地和海底扩张盆地等的表层沉积物或沉积岩中赋存有天然气水合物，是天然气水合物富集成藏的理想场所。

被动大陆边缘地区构造活动较弱，但大洋钻探及其他方面的综合研究发现，由于火山活动及张裂转换作用，在不同大洋的被动边缘，或同一大洋不同地区的被动边缘，因为海底重力流、断裂及底辟作用，特别是陆缘内厚沉积层塑性物反流动、陆缘外侧火山活动及张裂作用，常常在海底浅表层形成断裂-褶曲构造、底辟构造、海底扇状地形、“梅花坑”地貌和海底地滑等多种形式的构造、沉积、地貌环境，天然气水合物的形成与这些独特的地质构造环境密切相关。大西洋沿岸、南极大陆周边、北极海周缘和印度洋周边的多数地区均属被动大陆边缘，典型的海区包括布莱克海脊、卡罗来纳、墨西哥湾、印度西海岸外、波弗特海、挪威西北巴伦支海、里海及非洲西海岸外等，这些地区均有天然气水合物产出。

纵观世界各地被动陆缘地区天然气水合物产出特征后可以发现，被动大陆边缘的天然气水合物常常与断裂–褶皱组合构造、垒堑式构造、底辟构造、滑塌构造、麻坑地貌及碳酸岩结壳有关。

断裂–褶皱组合构造：在被动陆缘的盆地边缘、海隆或海台脊部，在水合物稳定带之下经常伴生有多条正断层，正是这些断层为深部气源向浅部运移提供了通道，而浅部的褶皱构造可适时圈闭住运移到浅部的气体，形成水合物及其BSR。由于浅部沉积层扭曲变形及断裂作用，BSR显示出轻微上隆并被断层错断复杂化，部分气体可通过断层再向上迁移进入水体形成“梅花坑”地貌，部分气体可圈闭在水合物层之下的沉积物中，致使BSR之下呈杂乱的反射特征（即ATZ）。总之，断层–褶皱组合的构造特征，为气体运移、聚集、成藏并最终形成水合物提供了有利条件。与断裂–褶皱组合构造密切相关的天然气水合物分布区有布莱克海脊、北卡罗来纳洋脊、墨西哥湾路易斯安那陆坡、加勒比海南部陆坡、南美东部海域亚马孙海扇、阿根廷盆地、沿印度西部被动大陆边缘下斜坡中部海隆区、极地区的波弗特海、挪威西北巴伦支海内的熊岛盆地。

垒堑式构造：被动陆缘经常发育有一系列半地堑式深水盆地，盆地内往往发育一系列阶梯状的垒堑式构造，通过这些构造周围的深大断裂及构造内部的一系列犁式正断层，深部热成因气向浅部运移并与原地的生物气混合聚集于构造或地层圈闭中形成水合物。这类水合物多见于垒堑式构造周围的大断裂之上或附近，其水合物层主要集中于晚第三纪浅地层内，与下伏第三纪基岩关系密切。

底辟构造：在地质营力的驱使下，深部或层间的塑性物质（泥、盐）垂向流动，致使沉积层上拱起或刺穿，侧向地层遭受牵引，在地震剖面上呈现出轮廓明显的反射中断。被动陆缘内巨厚沉积层的塑性物质及高压流体、陆缘外侧的火山活动及张裂作用，均将导致该区底辟构造发育，如美国东部陆缘南卡罗来纳的盐底辟构造、布莱克海脊的泥底辟构造、非洲西海岸刚果扇北部的盐底辟构造、尼日尔陆坡三角洲小规模的底辟构造、里海的泥火山和泥岩底辟等。这些构造能引起构造侧翼或顶部的沉积层倾斜，便于流体排放，有利于形成天然气水合物。底辟构造是非活动陆缘区又一有利的天然气水合物富集场所，其天然气水合物多赋存在经受过快速凹陷的巨厚沉积层内，埋深不大。俄罗斯地质与矿产资源研究所Soloviev教授等通过大量的实地调查发现，不管是在大陆边缘还是在所有的内陆海甚至深水湖泊，在深水海底泥火山周围往往分布着呈环带状的天然气水合物。如黑海、里海、鄂霍次克海、挪威海、格陵兰南部海域和贝加尔湖等，都已发现分布有天然气水合物的海底泥火山。目前在里海已经发现50多个泥火山，其中Buzday泥火山高出海底170～180m（水深约480m），在泥火山顶部发现了天然气水合物，经测试分析水合物所含的天然气中C_2～C_4的含量最大可达40%，δC_{13}达3.8%，表明水合物中的气体为热成因气。在挪威海的Haokor Mosky泥火山，水深约1260m，泥火山直径达1000m，水合物含量可达沉积物的12%～20%，泥火山口没有发现水合物，水合物分布在泥火山口的外圈，并往外逐渐减少。海底泥火山和泥底辟是海底流体逸出的表现，当含有过饱和气体的流体从深部向上运移到海底浅部时，由于受到快速的冷却作用而在泥火山周围形成了天然气水合物。因此，深水海底流体逸出迹象的海底不少于70处，它们都是天然气水合物存在的有利远景区。

滑塌构造：滑塌构造是指海底土体在重力作用下发生的一种杂乱构造活动。滑塌与滑坡性质相同。调查资料表明：巨型的滑塌体可达亿m^3数量级，其特点为滑塌体曲型，滑动面清楚，崩塌谷呈V字形，谷底未被充填，表明为现代正在进行的滑塌；同一滑塌处有多期滑动，新老相叠而组成复合的滑塌体，形成一个滑坡地带；滑塌体走向大致与陆架坡折带平行。

天然气水合物可能是滑塌构造的一个重要的诱发因子。Mclver（1981）、Kvenvolden（1993）、Reed等（1990）、Paul（1996）等科学家先后指出：海洋沉积物中大量的甲烷水合物也影响其他海洋地质作用，包括块体移坡和全球气体变化模式。例如，甲烷水合物能作为胶结物，增强BSR之上的沉积物机械强度。然而，BSR之下的未固结沉积物可能更容易形成块体滑动，并向斜坡下运动，因而在海洋沉积物中形成不整合面，引起海底块体滑坡或位移。再者，孔隙流体压力减小或浅海底温度增加使水合物层底部的水合物分解，导致沉积物的剪应力降低，结果沉积物不稳定并发生块体滑移。Paul等（1996）采用海底浅部沉积物上部7m处的岩芯同位素资料分析，发现美国东南部近海岩芯中气体水合物内的冰期沉积物并不具有代表性，与预测块体滑坡增加一致，这是因为海平面降低天然气水合物分解所致。

麻坑地貌及碳酸岩结壳：麻坑地貌是被动陆缘区与天然气水合物相关的一种地震识别标志和地貌标志。在外陆架及陆坡区偶尔发现一些地形洼地，通常直径数米至数十米，深数厘米至数十厘米，联合应用深水多波束（旁侧声呐扫描视像技术）和3.5kHz浅层剖面仪可观察到这种地貌景观。据统计在世界被动陆缘的水合物产区均存在这种现象，如大西洋西海岸、印度西部陆缘、非洲西海岸等。分析认为麻坑能是生物气、热成因气等沿断裂向上迁移进入水体所致，麻坑之下多为被断层复杂化的褶皱地层。并因气充呈倒U形、丘形圆锥、穹状及蘑菇状等构成的声波模糊带，最下部可能为类似底辟柱的构造，垂向上由上至下构筑成“麻坑-断褶皱复杂化地层-底辟柱”式样的三层楼构造，在麻坑内还常见碳酸盐壳。

被动陆缘的深水区往往发育有多期叠合盆地，深部的中古生代残留盆地常形成常规油气藏，其气体多以热成因气为主。它们沿断裂向中部的新生代沉积盆地内运移，并与新生界的低成熟烃类混合，然后沿区域不整合面向海底浅表层运移，在适宜的温压域内形成水合物。因此，在非活动陆缘的深水区叠合盆地内，常常发育有深部石油—中部天然气—上部水合物的“三位一体”烃类能源结构模式。

被动大陆边缘因其具有充足的物质来源、良好的运移通道和合适的温度压力条件，是水合物聚集的有利场所。早期的沉陷和张裂活动，使得该类地区接受了巨厚的沉积，其底部的裂谷和漂移层序中存在黑色泥岩、页岩等高质量的烃源岩，上覆的巨厚沉积物足以使源岩达到成熟，有机质分解出的烃类气体以及地壳深处和油气田中深处逸散的烃类气体沿深大断裂和区域不整合面向上运移，在合适的低温高压环境下形成天然气水合物。迄今已在被动大陆边缘地区发现水合物产地55处，约占全部产地的65%，这也说明被动大陆边缘地区是寻找天然气水合物的有利场所。

与活动陆缘相比，非活动陆缘的“冰川性海平面升降、大规模的新构造运动、沉积荷载、含碳量、海水温度及地温梯度”等变化显著，这些无疑是影响水合物成藏的重要因素。但各因素是如何影响原有的水合物，如何营造有利条件形成新的水合物，以及各因素的相互影响，目前尚不清楚。

就全球范围而言，天然气水合物主要分布在二类地区：一类地区是水深为300～4000m的海洋海底以下0～1500m的松散沉积岩中，以及100～250m以下极地陆架海砂砾中；另一类地区是高纬度大陆地区永久冻土带。世界上90%以上的天然气水合物分布于板块聚合边缘大陆坡、离散边缘大陆坡、水下高地等大陆边缘海底的砂砾中，包括沟盆体系、陆坡体系、边缘海盆陆缘，尤其是与泥火山、热水活动、盐（泥）底辟及大型断裂构造有关的深海盆地中，分布面积达4000km^2，约占地球海洋总面积的四分之一。

在我国，天然气水合物主要分布于南海北部陆坡、南沙海槽、东海陆坡等海域，常以块状透镜状或浸染状分布于砂岩、粉砂岩、粉砂质泥岩和坡积岩中，含量从百分之几到百分之九十五。这些沉积物主要是新生代的产物，从始新统、渐新统、中新统，尤其是上新统均见有天然气水合物的产出。陆域的天然气水合物主要分布于青藏高原永久冻土带，面积可达$88 \times 10^4 km^2$。

五、天然气水合物的沉积层特征

天然气水合物矿藏是一种非常规的天然气矿藏，其形成与分布除了需要特定的温压条件外，更需要合适的沉积物条件，以提供充足的气体来源和良好的储集条件。目前，国际上对海洋天然气水合物沉积条件方面的研究主要有国际大洋钻探计划ODP对美洲大陆东、西陆缘和边缘地区的几个航次的研究，如东南太平洋秘鲁边缘ODP第112航次，东北太平洋Cascadia聚合边缘的ODP第114航次，以及布莱克海台的ODP第164航次。在这些航次研究报告中，均涉及沉积物的岩性、组成与天然气水合物的产出及分布的关系研究内容。天然气水合物的产出，首先要有充足的气源供给，因而需要可提供形成天然气水合物所必需的天然气母质——有机质。其次，需要有一定的孔隙空间和水介质，以供形成天然气水合物所需的水与储集空间，其储集空间的形成则是由沉积体的类型所决定。从目前的资料看，天然气水合物形成的沉积主导因素主要有沉积速率、岩性、有机碳含量、沉积环境及沉积相等方面。

William P. Dillon等通过对大西洋边缘天然气水合物分布区的研究，认为沉积速率是控制水合物聚集的最主要因素，含水合物的沉积物沉积速率一般都较快，据有关资料，对于生物甲烷气的形成，必须具有超过30m/Ma的沉积速率，超过0.5%的有机碳含量和超过10ml/L的残留甲烷量。在东太平洋边缘的中美海槽区，赋存天然气水合物的新生代沉积层的沉积速率高达1055m/Ma；在西太平洋美国大陆边缘中的4个天然气水合物聚集区内，有3个与快速沉积区有关，其中，布莱克海岭晚渐新世至全新世沉积物的沉积速率达160 ~ 190m/Ma。从世界上发现的天然气水合物分布区来看，沉积速率较高、沉积厚度较大、砂泥比适中的三角洲、扇三角洲以及各种重力流沉积的前缘是天然气水合物发育较为有利的相带，如加拿大西北部Mackenzie三角洲地区的天然气水合物主要形成于三角洲前缘（Collett等，1999）。Matveeva等（2002）认为天然气水合物分布区与等深流沉积有密切关系，全球六大等深流沉积区基本上都是天然气水合物有利的分布区。

作为天然气水合物矿床的载体，沉积物的结构构造及沉积体的形成条件是天然气水合物成矿的重要条件之一。根据目前的认识，天然气水合物可以形成于各种类型的海底沉积物中，但是，相对而言，砂质沉积物具有较大的空隙度，有利于水合物的形成和聚集。归纳而言，含水合物的沉积层（物）具有如下特征：

（1）主要产出于颗粒较粗的软性、未固结的沉积物中，颗粒粗、孔隙度大。

（2）生物碎屑，如硅藻等，有利于增加沉积物的孔隙和渗透率，也有利于提供丰富的有机质，是形成天然气水合物的良好沉积层。

（3）往往富含有机质，在0.5%以上。

（4）通常具有较高的沉积速率，超过30m/Ma。

水合物在沉积层中以3种模式分布。

第一种模式：水合物以胶结物的形式存在，主要分布在火山灰、凝灰质泥和浊流层中，埋深通常较小，孔隙度较高，水合物饱和度较低，沿地层层面分布。

第二种模式：水合物以块状的形式存在，呈层状、结核状产出，主要分布在泥质粉砂和粉砂质泥中，埋深通常较大，沉积地层的孔隙度较低，但呈块状分布的水合物的饱和度却很高，同样沿地层层面分布。

第三种模式：水合物主要分布在泥岩或砂质白云岩的裂隙和孔洞中，以小碎块（或细脉状）穿层分布，水合物饱和度通常较低。

六、天然气水合物的识别标志

1. 地震识别标志

水合物的存在需要一定的温度压力条件，而温度压力梯度在有限地区内是相当稳定的，因此，水合物稳定带大约分布在同一海底深度上。其主要具有以下几方面特征。

（1）海底模拟反射层（BSR）。

含天然气水合物的地层在地震反射剖面上常常会出现一强振幅的连续反射波，大致与海底反射波平行，通常称为海底模拟反射层或似海底反射层

（BSR）。它大致代表了天然气水合物稳定带的底界，是含气水合物存在的第一个典型特征。国外有关研究成果表明，天然气水合物稳定带底界代表的是特定的压力和温度面。由于海底下地层压力变化不大，但地温变化却很大，海底的起伏变化造成地层中等温面的起伏变化，从而形成天然气水合物稳定带的底界。

天然气水合物在地震剖面上通常表现为一反极性的地震强反射层，它与海底的轮廓非常相似，多数情况下BSR大致与海底地形平行，而与沉积层面斜交或平行。空白反射带在反射地震剖面上通常与BSR伴生。目前认为这是由于沉积物空隙被水合物充填胶结而使其在声学上呈现均一响应的结果。地震反射剖面上，BSR在振幅、连续性等方面往往具有多变性，从而呈现出各式各样的BSR反射。根据反射波振幅强弱和连续性，可将BSR分为三类：S–BSR（强BSR）、W–BSR（弱BSR）和I–BSR（推测BSR）（Kvenvolden，1993）。

S–BSR具有强振幅，在地震剖面上容易识别。大多数S–BSR为强振幅谷–峰组合（双峰，成对出现），而不是孤立的波峰和波谷。双峰波形是高阻层内具低阻抗薄层的典型地震响应。W–BSR以弱振幅的波谷–波峰为特征，由于振幅低，除非它毗邻S–BSR，否则一般在地震剖面上难以辨认，然而，W–BSR的存在却相当广泛。I–BSR（推测BSR）是一个非连续的反射界面，位于水合物稳定带的理论底界附近，通常为空白带的底界。

Kvenvolden（1993）认为，BSR的形成、演化有两种模式。第一种模式：在水合物稳定域内有机质经微生物作用生成甲烷（Claypool and Kaplan，1974），水合物形成与沉积作用同时发生，当水合物带变厚、变深时，其底界最终沉入造成水合物不稳定的温度区间，在此区间内可生成游离气，如果有合适的送移通道，这些气体将会运移回到上覆水合物稳定区（Kvenvolden and Barnard，1983）。这一模式的结果是水合物将在整个水合物稳定域内生成，而在BSR下方可有或可无游离气存在。第二种模式：下伏孔隙流体中微生物生成的甲烷等烃类气体向上运移进入水合物稳定域而形成水合物（Hyndman and Davis，1992）。这一模式的结果是水合物聚集在BSR附近的稳定区域底部，BSR之下不存在游离气。

BSR是目前使用最多、最可靠、最直观的标志，迄今确认的海洋天然气水合物多是通过反射地震剖面来识别的。通常被解释为BSR介于上部为含水合物地层（其中地震波速度增加）和下部为不含水合物地层之间的一个非常明显的过渡带。在此过渡带中，由于有可能存在自由的甲烷气，从而会导致地震波速度降低。具有比较明显的特征而易于识别：①一般与现代海底近于平行，并且与多层 BSR反射相交；②相对于海底反射而言，具有高反射振幅和极性反转的特征，是一个速度从高陡降至较低的界面的反射标志；③在剖面上呈现一条“亮点”带，由于强反射界面的“屏蔽”作用，在其之下常出现反射空白带；④常分布于海底地形高地之下或出现于陆坡上；⑤规模大小不一，小的只有几千米，大的可延伸数百千米。

（2）振幅暗点。

水合物胶结物存在的第二个特征是水合物胶结层的振幅“消隐”现象（振幅暗点），这种现象总是出现在含天然气水合物的沉积物中，说明层间声阻抗的差异已为水合物胶结作用所减弱。

在含天然气水合物地层中，由于地震波速度增大，使得它与下伏地层之间的反射系数增大，在地震剖面上出现相应的强反射界面，而在其上方的含水合物层由于沉积物空隙被水合物填充胶结，使地层变得均匀，减少波阻抗差，地震反射剖面上通常呈现弱振幅或振幅空白带，若天然气水合物沉积物中连续出现这一现象，则称之为空白反射。空白带的主要特征为：①反射振幅较之地震记录中正常的反射振幅低；②空白带区域沉积物的层速度较之一般海底沉积物的略高。一般情况下，反射振幅的强弱与水合物含量有关，空白程度与孔隙空间内胶结水合物数量成比例，水合物含量越高，振幅越弱，空白程度越高；反之，若地层中仅含少量水合物，则仅表现为振幅的减弱。因此，BSR之上出现的振幅空白现象是水合物存在的又一证据。在没有明显S-BSR的地区，可作为探测水合物的重要地震指示。同时，由于振幅减弱程度与水合物含量直接相关，因此可以利用地震反射振幅信息，间接地估计水合物的含量及储量的大小（Lee，1993）。

（3）速度反转。

天然气水合物的第三个特征是速度反转，即当地震波由水合物胶结物向BSR下部的沉积物传波时，其速度突然减小。含水合物层的地层速度往往比一般的地层速度高，其速度与水合物含量有关，含量越高，速度越高。从速度方面看，BSR是上覆高速的含水合物与下伏的较低速的含水层或含气层之间的分界面。通常，海洋中浅层沉积层的地震纵波速度为1.6～1.8km/s，如果存在水合物，地震波速度将大幅提高，可达1.85～2.5km/s，如果水合物层下面为游离气层，则地震波速度可以骤减为0.5～0.2km/s。因此，在速度剖面上，水合物层的层速度变化趋势呈典型的三段式，即上下小，中间大。

2. 地球物理测井识别标志

目前，人们可以利用多种不同类型的地球物理测井数据定性地获得水合物稳定带的有关信息，其中大部分数据有助于定性地指示某地区水合物的存在。在阿拉斯加油田的NWEileenState-2井钻探水合物的过程中，Collett提出了利用地球物理测井方法识别含天然气水合物特殊层的4个条件：①具有高的电阻率（大约是水电阻率的50倍以上）；②声波传播时间短（约比水低131us）；③在钻探过程中有明显的气体排放（气体的体积分数为5%～10%）；④必须在钻井区内两口或多口井中出现。

3. 沉积岩性识别标志

天然气水合物成矿不仅与构造环境、构造条件密切相关，而且与赋存层的沉积厚度、沉积相、沉积速率之间存在着一定的内在联系。

（1）颜色结构。

在自然界发现的天然气水合物多为白色、淡黄色、琥珀色、暗褐色，呈亚等轴状、层状、小针状结晶体或分散状。它可存在于0℃以下，又可存在于0℃以上的温度环境。天然气水合物可以多种方式存在：①占据大的岩石粒间孔隙；②以球粒状散布于细粒岩石中；③固体形式填充在裂缝中；④块固态水合物伴随少量沉积物。

（2）岩性特征。

天然气水合物的形成需要有一定的空隙空间和水介质，越来越多的研究表明，沉积物的性质对于天然气水合物的形成与分布具有重要的控制作用。例如，阿拉斯加和中美海槽沉积物中天然气水合物分布明显与沉积物岩性有关（Collett，1993）。研究表明，水合物是由于毛细管作用和渗透作用在沉积物颗粒间的空隙中形成的（Clennell，1999；Handa and Stupin，1992），大的孔隙度较有利于大量水合物的形成。因此，较粗的沉积物岩性由于孔隙度大而对水合物的形成有利（Ginsburg，1998）。沉积物中生物组分的增加会增大沉积物的孔隙度，Kraemer等（2000）对ODP Leg164沉积物的研究表明，沉积物的孔隙度与生物硅的含量呈显著的正相关关系。虽然较粗的岩性有利于水合物的形成，但由于水深带来的温压条件的限制，目前世界海域发现的天然气水合物主要呈透镜状、结核状、颗粒状或片状分布于细粒级的沉积物中（Brooks等，1994；Ginsburg等，1993），含水合物的沉积物岩性多为粉砂和黏土（见表4-2）。我国南海北部陆坡区浅层沉积物类型主要为粉砂质黏土和黏土质粉砂，钙质和硅质生物含量较高，生物碎屑在碎屑组分中的含量一般为

30%～50%，最高可达81%，有利于天然气水合物的形成。沉积物的性质对于水合物的形成与分布具有重要的控制作用。还有部分研究结果表明，在水合物稳定带的沉积物中含有较丰富的硅藻化石。据推测，由于硅藻化石具有较多的空隙结构，而大量硅藻的存在则增加了沉积物的空隙以及渗透率。由于富含硅藻的沉积物形成于当地古气候适宜和古生产率较高的环境之下，它也是有机碳的来源之一，因此岩石学特点也可指示水合物的存在与否。

表4-2　天然气水合物发现地沉积物岩性

地区	沉积物岩性
Cascadia Offshore Vancouver ODP Leg170 Sites 889 890	黏土质粉砂
Cascadia Offshore Oregon ODP Leg146 Site 892	黏土质粉砂
Blake Ridge ODP Leg164 Sites 994 995 997	粉砂质黏土、钙质软泥
Costa Rica ODP Leg170 Site 1041	泥岩、粉砂岩
西沙海槽	黏土质粉砂

（3）沉积速率。

大多数海洋天然气水合物是由生物甲烷生成的，在快速沉积的半深海沉积区聚集了大量的有机碎屑物，它们由于迅速埋藏在海底未遭受氧化作用而保存下来，并在沉积物中经细菌作用转变为大量的甲烷，因此高的沉积速率有利于天然气水合物的形成。另外，沉积速率高的沉积区易形成良好的流体输导体系，也有利于天然气水合物的形成。因为沉积速率高的沉积区易形成欠压实区，从而可构成良好的流体输导体系，这有利于水合物的形成。

（4）沉积环境及沉积。

从世界上已发现的水合物分布区来看，沉积速率较高、沉积厚度较大、砂泥比适中（35%～55%）的三角洲、扇三角洲以及浊积扇、斜坡扇和等深流等各种重力流沉积是水合物发育较为有利的相带。砂泥比和储集空间越大，孔隙水含量会越多，越有利于水合物的形成；但砂泥比太大，封闭性变差，反而不利于水合物的形成。至于沉积厚度，一般沉积速率较高的地方沉积厚度就大；但沉积厚度最大的地方即沉积中心处，砂泥比太小，不易形成储集空间，孔隙水也少，反而不利于水合物的聚集。由于等深流沉积具有颗粒较粗、储集物性好、气源充足和流体运移条件优越等特点，对水合物的形成相当有利，因此等深流沉积作用强烈的海区往往是水合物的有利富集区。布莱克海隆是著名的含水合物地区，现已证实其含水合物沉积物与海底等深流沉积密切相关，是由于高沉积速率350m/Ma 等深流活动而形成的。

4. 地球化学识别标志

（1）沉积物孔隙水氯度。

沉积物孔隙水氯度是指示天然气水合物存在的指标之一。

（2）沉积物中的有机碳含量。

沉积物中有机碳的含量高低是决定天然气水合物形成的制约因素。

（3）沉积物中孔隙水的氧化-还原电位、硫酸盐含量和氧同位素指标特征。

沉积物中孔隙水的氧化-还原电位、硫酸盐含量较低和氧同位素 $\delta^{18}O$等可以作为指示天然气水合物存在的指标。

（4）标型矿物。

能指示天然气水合物存在的标型矿物通常是某些具有特定组成和形态的碳酸盐、硫酸盐和硫化物。它们是成矿流体在沉积作用、成岩作用以及后生作用过程中与海水、孔隙水、沉积物相互作用所形成的一系列标型矿物。例如，天然气水合物分解以后，碳酸盐会发生沉淀，此时这种碳酸盐就具有一种特殊的同位素地球化学特征，据此可判断天然气水合物是否存在。同时，根据岩石中某些特征化石集合体，如软体动物的出现，也能从一个方面帮助判断天然气水合物的存在。

（5）海洋沉积物热释光。

海洋沉积物热释光是一种潜在的天然气水合物找矿方法。热释光法是核探测技术的一种，它以烃类形成或分解后产生的标志性矿物为探测对象。不同成因形成的矿物，它们的热释光峰的数目、形状和吸收剂量是不同的。天然气水合物在形成和分解后，伴随产生的标型矿物如碳酸盐、硫酸盐沉淀下来，成为很好的找矿标志。此外，一些碳酸盐矿物如方解石、文石是构成海洋生物壳体的主要成分，有的软体动物还与天然气水合物存在有关，通过测量这些软体动物化石的热释光，可帮助判断天然气水合物的存在。

（6）海面增温异常。

在瞬时构造活动期间，海底水合物或常规油气藏因压力的降低或温度的升高可发生分解，析出甲烷等烃类气体，经运移扩散到海面，受瞬变大地电场或太阳光能的作用，导致激发增温。利用卫星热红外扫描技术对海面低空大气的温度及时进行记录，便可定性探索海底排气作用，从宏观上研究其与水合物或油气藏分布的关系，从而可以在调查早期初步圈定有利区带。

5. 地形地貌识别标志

天然气水合物不仅分布于极地和大陆永冻层，而且更多地分布于洋底。有研究表明，天然气水合物主要分布在主动和被动大陆边缘的陆坡、岛坡、滨外海底海山、边缘盆地，乃至内陆海或湖区。其与板块俯冲带、滑塌体、增生楔、泥底辟等特定类型的构造地质体有空间和形成条件的关系。

（1）滑塌体。

滑塌体的发育为天然气水合物的赋存提供了较为适宜的温度压力环境。首先，滑塌体是天然气水合物形成与分布的有利地质体。由于滑塌作用的发生，使得局部区域产生快速堆积，地震反射特征表现为杂乱反射，沉积物一般具有较高孔隙度，可为天然气水合物的形成提供所需储集空间；由于快速堆积，沉积物中的有机质碎屑物在尚未遭受氧化作用情况下即被迅速埋藏而保存下来，经细菌作用转变为大量甲烷气体；同时，由于滑塌沉积物分选性差，渗透率低，不利于气体疏导，能较好地屏蔽压力，可为天然气水合物的形成提供良好的压力环境。此外，滑塌本身可能就是由于气体水合物分解而产生的构造效应。随着压力增加，气体从下伏稳定带中排出，使水合物顶部边界破裂，引起上陆坡悬浮沉积物沿其平缓边缘滑动，流体分解沿着水合物楔状边缘的滑动形成一个滑面。如黑海Sorokin海槽中天然气水合物分布区有大量滑塌体存在。海平面的交替变化可引起一系列事件重复发生，从而在陆坡的坡脚下形成厚的混杂堆积。

（2）泥底辟。

底辟构造是在地质应力的驱使下，深部或层同的塑性物质（泥、盐）垂向流动，致使沉积盖层上拱或被刺穿，侧向地层遭受牵引，地震剖面上呈现出轮廓明显的反射中断，若存在水合物，则在地震剖面上表现为相邻刺穿体之间的浅地层处发育有强反射BSR，底辟顶部靠近两侧的翼部也存在BSR，与底辟引起的陡倾地层斜切。泥底辟与气体水合物有较为密切的关系。首先，泥底辟本身就可能是地层内部圈闭气体压力释放上冲的结果；此外，泥底辟构造也有可能成为气体向上运移的通道，有利于气体疏导；同时，泥底辟也有可能形成局部高压，有利于天然气水合物的形成。

被动大陆边缘内巨厚沉积层塑性物质及高压流体、陆缘外侧火山活动及张裂作用，引致这些地区底辟构造发育，如美国东部大陆边缘北卡洛莱那（Laherrere，1999）和非洲西海岸刚果北部的盐底辟构造，以及里海和挪威海的泥火山、泥底辟等。这些底辟作用能引致构造侧翼或顶部的沉积层倾斜，便于流体排放形成水合物，是海底流体逸出的一种表现。当含有过饱和气体的流体从深部向上运移到海底表层时，就形成了泥火山，由于喷溢物质受到快速的冷却作用而在泥火山周围形成了水合物。因此，深水海底流体逸出处往往是气体（溶解气或游离气）水合物聚集稳定存在的特殊反应。在大陆边缘或内陆海甚至深水湖泊，于深水海底泥火山周围往往分布着环带状的水合物，如黑海、里海、鄂霍次克海、挪威海、格陵兰南部海域和贝加尔湖等地区，都已发现分布有水合物的海底泥火山。全球海洋中具有这种流体逸出现象的海底多达70处，都是水合物存在的有利远景区。

值得注意的是，在泥火山或泥底辟发育区，天然气水合物与BSR常常不是一一对应的关系。没有BSR的天然气水合物样品已经在墨西哥湾、鄂霍次克海、里海、黑海、地中海及尼日利亚近海沉积物中采集到。对这些地区天然气水合物的赋存情况分析表明，天然气水合物普遍存在于泥火山或泥底辟顶部附近。

（3）增生楔。

具有一定厚度沉积物的海洋板块在俯冲过程中，沉积物被刮落，并增生到断裂带内形成的地质体称为增生楔。它是水合物发育较常见的特殊构造之一，这与其独特的成矿地质环境密切相关。富含有机质的洋壳物质由于俯冲板块的构造底侵作用而刮落并不断堆积于变形前缘内，深部具备了充足的气源条件；同时，增生楔处沉积物加厚、载荷增加，连同构造挤压作用一起导致沉积物脱水脱气，并形成叠瓦状逆冲断层，孔隙流体携带深部甲烷气沿逆冲断层快速向上排出，在适合水合物稳定的浅部地层处形成水合物。

应该注意的是，在天然气水合物的勘探实践中，既不能仅仅凭借某个识别标志来判断天然气水合物的存在，又不能因为缺少某个识别标志来否认天然气水合物的发育，应全面分析、综合判断。

七、天然气水合物藏的开采及勘探方法

天然气水合物藏的开采原理是：先将气水合物分解成气和水，然后再收集

气。采掉游离气，层压下降，平衡被破坏，气水合物开始分解，层温迅速降低。继续采气或者补充热量提高层温，平衡继续破坏。加注药剂，也可使气水合物温度的稳定性大大降低。例如：麦索亚哈气水合物藏在试验性工业开采过程中，通过向气水合物层底部加压输入甲醇来促进天然气生产，这引起了气水合物的部分分解，并使游离天然气层的厚度增加，在天然气生产过程中阻止了气水合物的重新生成。以加注甲醇的方法开采气水合物藏是增加了投入，于是又出现了热水法开采水合物藏的想法。假若气水合物藏底下有流量很大的热水层，那么用热水法开采气水合物藏的效果就会得到提高。让热水依靠压差从深层上升到下伏产层，热量就会由此扩散到整个含水合物层，由于热交换热水合物发生分解，就可用常规方法开采水合物分解气。

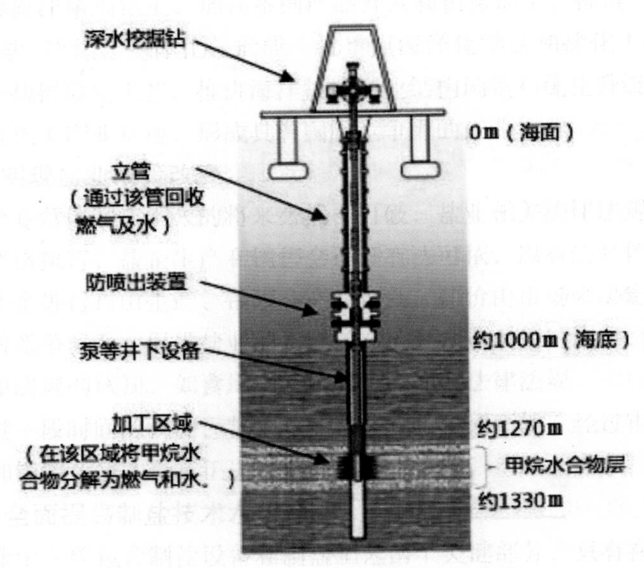

图4-4　天然气水合物的开采装置

目前，天然气水合物的研究内容几乎涉及所有的领域，包括天然气水合物的勘探识别技术、物化性质、成矿条件、资源潜力及其对全球气候变化的影响等诸多方面。而在天然气水合物找矿方法上，主要有地球物理、浅层剖面、地球化学以及海底摄像等手段。水合物地震识别技术、地球化学探测技术和资源评价技术一致是近阶段水合物勘探研究的热点。在水合物地震勘探方面，已由前期的单道、二维多道地震向目前三维多道地震发展，由常规地震向高分辨率地震、深拖多道地震、海底高频地震等方向发展。因此，地震方法仍然是寻找水合物并进行资源远景预测的主要方法。地球化学探测技术在水合物形成机理和识别研究中发挥了重要作用，特别在勘探后期的钻探阶段，该方法显得尤为重要。地球化学方法主要包括研究顶空气、底水气体组成的气体地球化学方法；以Cl^{1-}、SO_4^{2-}等含量为研究对象的孔隙水地球化学方法；以岩心测温、粥状构造为研究对象的沉积物地球化学方法；以研究C、O、S、Sr等同位素组成的同位素地球化学方法。

目前采取的天然气水合物勘探方法主要有以下几种：

地震勘探方法。地震勘探方法是勘探水合物行之有效的方法。其实质就是发现BSR。自20世纪60年代后期以来，许多学者在研究海相地震反射剖面时，都注意到了大致与天然气水合物理论稳定带基底相对应的深处，存在地震波反射的声速异常。此类反射层大致与海底平行，一般称之为“海底模拟反射层（BSR）”。海底模拟反射层，可认为是充填天然气水合物的沉积层和可能含有游离气或水的沉积层之间的界面有关。天然气水合物层的稳定区域边界有其特定的压力温度面，该温度限定了水合物气层的最大深度。虽然深海沉积物的压力不会急剧变化，但由于海底地温梯度的限定，深海沉积物的温度变化很大。因此，不规则的海底可造成指示天然气水合物稳定区域基底的近似等热面的不规则。有人认为，BSR出现的海底深度就是天然气水合物稳定边界所需的压力温度条件。由于沉积层不一定平行于海底，所以BSR常常穿过层面反射，很容易识别。

测井识别方法。水合物气层在测井曲线上有下列显示：①泥浆含气录井有气体显示；②自然电位偏移；③声波速率增大；④电阻率偏高；⑤长电位与短电位分离；⑥井径过大，有孔洞；⑦中子孔隙度增大；⑧钻速降低。

钻井取芯及室内分析方法。钻井过程中通过观察钻井泥浆中充气和短时间的排气现象（特别是水合物气藏有氮帽时）来发现水合物层。但是最好还是采用取样器取岩芯并用专门的除气器对岩芯进行分析。因为天然气水合物在大自然中的分解过程要持续数小时。根据这一特点，可直接证明有无天然气水合物。由于在钻井和取芯过程中的压力温度变化，天然气水合物分解成水和气体，因此对取芯筒和泥浆都有特殊的要求，一般采用冷却泥浆钻井和保压岩芯筒取芯。岩芯取出后仍保留在保压岩芯筒内，然后在1℃温度下进行压力测试，随着气体从岩芯筒内抽出，压力下降，但是当系统关闭，压力随后又升至理论的气水合物平衡压力，说明岩芯含有水合物气。

八、海底天然气水合物开发的意义

天然气水合物是一种有巨大价值的未来能源。我国多年冻土地区面积约占全国总面积的20%，海域辽阔，天然气水合物对我国来说也是一种很有希望的新型能源资源。天然气水合物可视为高度压缩的天然气，理论上讲，$1m^3$的天然气水合物在标准大气压下（0.101MPa）可以释放出$164m^3$的天然气和$0.8m^3$的水，其能量密度是煤和黑色页岩的10倍左右，且燃烧几乎不产生有害污染物，是一种新型的清洁环保能源，是公认的地球上尚未开发的、巨大的能源宝库。

世界天然气水合物储量约为$2\times10^{16}m^3$，相当于地球上所有开采石油、天然气和煤的总量的2倍，约为剩余天然气储量（$156\times10^{12}m^3$）的128倍。海底的天然气水合物至少够人类使用1000年。因此，天然气水合物将成为21世纪石油、天然气的理想替代资源和最有希望的战略资源。天然气水合物自身的特性决定了它是一种潜力巨大、 前景诱人的超级能源，据预测，其资源总量是全球所有已知常规能源 （煤、石油和天然气 ）总和的2倍；另一方面，它的形成和演化还是海底地质灾害和全球气候变化的潜在诱发因素。所以不管从寻找战略储备能源的角度看，还是从灾害防治和维护人类生存环境的角度看， 对天然气水合物的研究均具有重要的意义。对于我国， 要想在新一轮的能源竞争中迎头赶上国际先进水平，我们必须大力加强开发海底天然气水合物的研究，当务之急就是要：圈定我国海域天然气水合物资源的远景区，探明其资源量；监测和评估天然气水合物对海洋环境和海底工程的影响，预测灾害趋势；研究并建立我国海底天然气水合物资源勘探开发的高新技术体系；加强国际合作。

能源是人类赖以生存和发展的重要资源。从总趋势看，人类对能源的需求量将日益大于可能的资源供给量。许多学者预测，进入21世纪30年代，世界化石能源资源供给量将逐步下降，从而与人类的需求形成巨大的供需差。我国也正面临着能源逐渐枯竭、化石能源结构与世界对比存在巨大反差及海域（≤200m水深）常规油气资源逐渐减少的严峻形势，石油的需求量约2.5×10^4t，缺口近1×10^4t，形势相当严峻。因此，勘查与开发新型洁净高效和不可替代性的战略能源资源——海洋天然气水合物，对于缓解我国能源短缺，改善现有能源结构和布局，保证经济安全，增强综合国力，建立21世纪大规模新型能源战略基地等，将具有十分重要的经济价值和战略意义。

天然气水合物蕴藏量极大，其甲烷的吞吐量也极大，是地圈浅部一个不稳定的碳库，是全球碳循环中的一个重要环节，在岩石圈与水圈、气圈的碳交换中起重要作用。同时，由于甲烷全球变暖潜力指数（GWP）按摩尔数是CO_2的3.7倍，按重量是CO_2的10倍，是一种重要的温室气体。天然气水合物释放或吸收甲烷对全球气候可产生重大的影响。许多学者研究过天然气水合物对全球气候变化的反馈机制，这种反馈在极地和中低纬度不同。在间冰期，全球变暖，冰川和冰盖融化，永久冻土带地层中的天然气水合物由于温度升高和压力降低而不稳定，释放甲烷，产生温室效应，对全球变暖产生正反馈。同时，在中低纬度的陆缘海，一方面海水温度上升可使天然气水合物不稳定，另一方面由于海平面上升，海底静水压力增大，又使天然气水合物的稳定性增高。由于海水的热容量大，底层海水的升温不会很显著，静水压力的影响可能占主导地位，故总的效应可能是使天然气水合物的稳定性增高，对全球变暖产生负反馈。在冰期上述过程均反向进行。总的来说，极地的天然气水合物对气候变化有正反馈，而中低纬度陆缘海的天然气水合物对全球气候变化可能有负反馈。

海洋天然气水合物赋存区主要在近海的大陆架和大陆坡地区，该区域是人类海洋工程实施的主要区域。天然气水合物在自然界中极不稳定，温度压力条件的微小变化就会引起它的分解或生成。由于其一旦分解，会产生大量的气体，从而使地层结构和固结程度发生变化。地层压力一旦发生不均衡，很有可能在斜坡部位造成滑塌构造，或引起局部的地震，还有可能造成海啸，是海底电缆的铺设和保养，海洋石油、天然气钻探工程，海洋渔业的安全，以及未来海底跨海岛、跨大洋的海底隧道的建设的潜在地质灾害因素。

九、海底天然气水合物资源的发展前景

天然气水合物是21世纪极具潜力的清洁能源。随着一些国家从天然气水合物中成功地分离出甲烷气体，天然气水合物已不再是一个单纯的概念，更不是遥远的幻想，这种新能源距商业开采已经越来越近。随着经济和科学技术的快速发展，天然气水合物将在常规能源日益减少的未来发挥重要作用。

随着经济的发展，油气需求日益增加，中国已步入石油进口大国的行列，每年约有30%的石油依赖进口。为了保证燃料能源的需求，国家制定了稳定东部、发展西部、开拓海外的战略。为了应对石油供应中可能出现的问题和油价上涨等情况，我国正在加紧开展并加强天然气水合物的研究，组织力量开展天

然气水合物的研究和勘探，给国家宏观能源战略决策提供理论和实际依据，具有十分重要的意义。

由于天然气水合物的勘探开发是将地质、海洋、深海钻探、采矿和环境保护等学科与高新技术综合应用的大规模工程，开采过程中仍有很多需要注意的细节，处理不当还有可能会造成很多问题。天然气水合物能否大规模商业化开采利用，取决于多种因素，主要包括优质资源量、可获得产气量及生产剖面、作业成本、环境影响、集气输气设施建设等。目前对于是否进一步进行商业开采，各个领域的专家学者持有矛盾，主要原因有两个：一个主要是受到世界性能源（例如石油、煤炭、页岩气等资源）开采情况和各国自身的经济情况所影响，另一个情况就是天然气水合物的经济效益以及开采之后带来的各种负面效应。

天然气水合物的开采会产生一系列的环境问题。天然气水合物的性质并不稳定，在常温、常压环境下极易分解，易造成温室效应。因此，天然气水合物矿藏哪怕受到很小破坏，都足以导致甲烷气体大量溢出。甲烷与二氧化碳同样为“温室”气体，在正常的干洁大气中甲烷的浓度仅为二氧化碳的5‰，但对温室效应的贡献却占15%，产生温室效应的能力是二氧化碳的26倍，全球海底天然气水合物中的甲烷含量为大气中甲烷含量的3000倍，若在天然气水合物开采过程中不慎造成甲烷的大量释放，则势必将对大气圈的组分造成巨大的波动，从而会进一步加剧全球气候变化。目前在传统开采方法的技术条件下开采成本过高，而新的开采方法如二氧化碳置换法也在研究当中，无论采用何种开采方法，均存在开采成本偏高、技术复杂、推广难度大等问题。天然气水合物经常以沉积物的胶状结构存在，其对沉积物的强度起着非常重要的作用。天然气水合物的分解产生天然气和水会释放岩层的孔隙空间，导致天然气水合物赋存区储层的固结性变化，如果开采过程中温度、压力条件变化，甲烷从固结在海底沉积物中的天然气水合物中逸散，将会改变沉积物的物理性质，极大地降低海底沉积物的力学强度，使海底软化，进而引发海啸和大规模的海底滑坡等地质灾害，毁坏海底输电或通信电缆、海洋石油钻井平台等。此外，若在局部海域出现甲烷大量逸散的情况，甲烷形成的巨大沼气泡将会导致海水密度降低，失去原本具有的浮力，若有船只经过可能会发生浮力不足从而出现沉船事件；若有飞机经过海域上空，甲烷气体遇到飞机灼热的发动机，则可能会立即燃烧。在开采过程中，因压力和温度的改变而分解产生的甲烷进入大气中会加剧温室效应；进入海水会发生微生物氧化作用而导致消耗海水中的大量氧气，给海洋生态带来危害。

天然气水合物的研究、勘探、开采不可能在整个世界各个国家统一起来，各国必须结合自身的实际情况，综合考虑各种因素，只有这样，才能高效准确地进行天然气水合物的研究。

我国应充分认识天然气水合物在未来能源战略中的重要地位，密切跟踪国外最新发展动态，努力跻身全球天然气水合物研究开发的前列。首先，从全球发展的角度并结合国情，我国未来能源的选择与发展战略应该是分层次地开展超前的基础理论和技术研究，逐步过渡到开发利用。通过研究沉积史、成岩史、热演化史，确定天然气水合物可能分布的区域；通过地震分析处理寻找天然气水合物可能存在的海底模拟反射层（BSR），以便有效地确定水合物藏的埋深、分布范围和资源前景；通过保温保形保压密闭取心（即保“真”取心）以及深水钻探等探索和试验，为天然气水合物的勘探和开发提供技术手段。

其次，进一步明确天然气水合物勘探开发技术攻关方向，适时推进试采工作。相对于其他非常规油气资源，天然气水合物的勘探开发面临着更加严峻的技术挑战。在借鉴国外开采技术与经验的基础上，开展适合我国天然气水合物开发的创新技术研究，制定详细的技术研究规划和发展路线图，设立勘探开发试验区，加快实现从研究到试采的跨越，为规模化开发做好准备。

再次，加强国内外技术交流合作，把天然气水合物作为未来海外投资的一种战略项目选择。天然气水合物的勘探开发面临许多难题和挑战，需要整合多方面的力量及研究资源。可以考虑在国家层面成立专门的天然气水合物研究机构或重点研究室，搭建统一研究平台，集中优势力量，实现重点突破；加强国际交流合作，坚持请进来、走出去，积极参与国际上有关天然气水合物的技术交流及项目合作，未来可以把国外较为成熟的天然气水合物项目纳入我国海外投资合作范围。

最后，由于天然气水合物的开采可能导致一系列的连锁反应，故有必要建立完善的天然气水合物观测系统，重点针对极地冻土带中天然气水合物的变化及其连锁反应。对于水合物分解时产生大量水，钻井中分解水使井壁垮塌、变形所带来的钻井平台风险等问题应进行更多研究。由于天然气水合物的分解会产生大量甲烷气体和水，可能造成温室效应和地质灾害，所以对于天然气水合物的分解性能的研究、方法描述可以更进一步，开采与储运的安全性也应被科学评估。

总的来说，中国目前正处于天然气水合物资源开采的早期，资源的分布情况、资源总量这些都不甚清楚，距离开发还有一段距离，但是随着国家相关部门的不断重视，现在不断出台各种研究项目，对天然气水合物的调查评价、钻井技术、开采技术进行系统的研究，所以，中国天然气水合物的研究会越来越系统，逐渐向开发阶段转变。

第二节　南海西北陆坡天然气水合物资源

南海西北陆坡区属于拉张型或离散型的被动大陆边缘，海底地形地貌复杂，断裂发育，新构造作用活跃，分布陆坡台地、海底陡坡、海底谷、海底滑塌及海底扇等各种构造地貌或地质体。其中滑塌体和隆坳结合带是本区天然气水合物形成与分布的有利构造区带。

杨木壮等人根据BSR分布规律和有利的天然气水合物成矿条件推测南海西北陆坡区可能的天然气水合物矿藏有成岩型、构造型和复合型三类。不同类型的水合物矿藏具有不同的成矿机制，成藏方式各不相同，所形成的水合物在空间上有着不同的分布模式。

1. 成岩型水合物矿藏的形成机制

形成成岩型水合物的气体以生物成因气为主，可分为原地细菌生成模式和孔隙流体运移模式两种成矿机制，原地细菌生成模式主要发生在斜坡地带，孔隙流体运移模式主要发生于滑塌体附近。南海西北陆坡区为浅海陆架向深海过渡的半深海陆坡，物质供应较丰富，沉积物的沉积速率较大，晚更新世末至全新世的沉积速率为4.00～25.08cm/ka。较大的沉积速率使得沉积物的平衡固结速度比沉积物堆积速度慢，为达到平衡，沉积层必定压缩并排除流体。根据柱状沉积物分析结果，研究区内浅表层沉积物有机碳含量较高，一般大于1%，大致与Blake Ridge地区沉积物相当，可为CO_2还原产生甲烷提供较充足的有机质。通常生物气的生成温度范围界于常温至85℃，峰温为50～60℃，实际上成岩作用阶段形成水合物的时间应早于全新世，相对于甲烷水合物稳定的温压相区（>10MPa，0～10℃）来讲，生物气可能形成于下部沉积物，在漫长的地质历史中缓慢上移而形成水合物。

在斜坡地带，天然气水合物主要以原地细菌生成模式形成。在富碳沉积区，甲烷气主要在水合物稳定域中生成，水合物形成与沉积作用同时发生，水合物可在垂向上的任何位置形成，当甲烷水合物带变厚和变深时，其底界最终沉入造成水合物不稳定的温度区间，在此区间内可生成游离气，但如果有合适的运移通道，这些气体将会运移回到上覆水合物稳定区。

在滑塌体附近，天然气水合物主要以孔隙流体送运模式形成。滑塌体中的沉积物由于受到侧向压实作用导致大量流体排放，在成岩作用过程中，烃类气体向浅部地层扩散、渗滤，水合物的形成速度明显慢于甲烷的生成速度，所形成的天然气水合物大多数聚集在BSR上一个相对狭窄地带，天然气水合物稳定带的底界呈不连续或突变状，而上界则是扩散和渐变的。

2. 构造型水合物矿藏的形成机制

本区构造型水合物矿藏主要以断裂系统控制的渗流模式形成，一般发生于断裂发育、流体活跃的隆坳结合带，流体以垂向运移方式为主，成矿气体主要为中深层热解气。

渗流作用的主要特点是在渗流方向上，气体的组分有所变化。气体发生渗流主要有3种动力机制，即盆地凹陷期气体从地下水的渗流中析出，区域抬升时地层压力降低而导致气体析出，水动力相对平静时在大地构造运动中即气藏重组过程中析出气体。在渗流成藏中，油气运移的通道体系主要由断层、裂隙、孔隙、洞穴等构成，在地下组成复杂的网络体系。

在隆坳结合带，以断裂为主的运移通道体系和与不整合面有关的运移通道体系起主导作用，气体沿断层和不整合面由下部气源高压区向上部低压区侧向运移或垂向与侧向联合运移而形成上升流，当富含烃类气体的上升流进入水合物稳定域时，即可形成天然气水合物。

3. 复合型水合物矿藏的形成机制

复合型水合物矿藏由成岩–渗流混合成矿模式形成，它同时受到成岩作用和断裂作用的控制，其成矿气体既有经过渗流作用垂向运移来的深部热解气，又有通过孔隙流体运移，从侧向上或水平运移来的浅层生物气，主要出现在西沙海槽南坡上的海底高原处。

第五章

中国海洋矿产产业现状与前景

随着现代社会和工业对各种矿产资源需求的增大以及陆上矿产资源的逐渐枯竭，研究和开发大洋海底矿产资源的问题就变得越来越迫切。据专家估算，现代社会对矿物原料的需求量，每15年就要翻一番，现在一年的开采量就达250亿t之多。不少金属已出现短缺，例如印度等国家已短缺Pb、Ni、Cu、Zn，或仅可维持不到50年。这些矿产资源均属不可再生资源，一旦枯竭，便会产生严重后果。而占地球表面面积70.2%的浩瀚海洋则蕴藏着几乎取之不尽的生物、能源和矿产资源。据粗略推算，仅海底的Cu、Ni、Co、Mn金属资源的蕴藏量就可供全球使用千年以上。但是，目前人类对海洋资源的开发利用程度还很低，除石油、天然气的海上开采约占四分之一份额外，对海底金属矿产的开发几乎为零。这种形势迫使人类重视和加快了对海洋资源的研究和开发。

海洋开发是国民经济中的重要组成部分。在沿海国家中，海洋资源开发已成为国家经济建设的主要支柱。如挪威海洋渔业和运输业很发达，自北海石油开发以来，政府收入的一半来自北海油田。美国1956—1970年，近海石油、天然气生产总收益达60亿美元；1972年海洋开发产值占国家经济总产值的2.6%，约为306亿元；1980年海洋开发投资已超过1000亿美元并从中获得4倍以上的收益。英国在北海油田建成后，由石油进口国变为石油出口国。

海洋开发可提供新的产业基地。我国海洋产业工人约450万人。海洋石油工业兴起后将能吸收百万人就业。我国有2000万km^{2}供养殖的浅海滩涂，目前仅利用了20%。如利用面积扩大到500万km^{2}可安排10万人就业。其他产业，如新建港口、扩建海水淡化及海洋旅游等，都能提供大批就业机会。海洋开发能缓和能源和水资源供应紧张状态。海水淡化工程对缓解我国沿海大城市的供水和海岛用水将起到积极作用。

近30年来，各国不但相继发现和调查研究了铁锰结核、富钴结壳、海底热液硫化物、海底金属沉积、海底油气资源和气体水合物等重要的海洋矿产资源，而且进行了海底工业采矿试验，初步形成了铁锰结核和富钴结壳的工业开采冶炼工艺和海上油气资源开采。因此，专家预言，在第三个千年里，海洋资源的开发利用将超过陆上资源，“21世纪将是人类开发利用海洋的世纪”。

海洋也称“蓝色国土”，加快海洋资源开发，变海洋优势为经济优势已成为世界经济发展的大趋势。可持续发展指既满足当代人的需要又不危害后代人满足自身需要的发展，是既实现发展目标，又实现人类赖以生存的自然资源与环境的和谐，使子孙后代能安居乐业，得以永续的发展。我国海洋资源开发经历了从没有充分开发到某些资源开发的过渡，海洋环境从少污染到污染逐渐加剧，从单一资源开发向综合开发的过渡。随着海洋开发的不断深入，长期“无度、无序、无偿”用海制约了海洋资源的可持续利用。海洋资源是海洋经济发展的基础，只有实现资源的可持续利用，才能实现海洋经济的可持续发展。

环境与资源是密切相关的，它们相互作用，共同组成海洋自然生态系统。海洋资源的数量消长不仅与人类对其开发速度有关，还与海洋环境质量有密切联系。长期以来，由于对海洋资源的过度开发和受技术水平的限制，大量陆源污染物排入海洋，导致海洋生态环境恶化，对资源造成了严重损害；而海洋环境的恶化，反过来又破坏海洋生态环境，致使海洋生物再生能力减弱。所谓海洋资源的可持续利用，是指在海洋经济快速发展的同时，做到科学合理地开发利用海洋资源，不断提高海洋资源的开发利用水平及能力，力求形成一个科学合理的海洋资源开发体系；通过加强海洋环境保护、改善海洋生态环境来维护海洋资源生态系统的良性循环，实现海洋资源与海洋经济、海洋环境的协调发展。

第一节　海洋矿产资源开发的历史及现状

由于海洋矿产资源对人类和现代社会的发展意义十分重大，近几十年来世界各国纷纷抢滩于这一资源领域的调查和研究。有鉴于此，联合国海洋公约大会于1994年曾将世界海洋划分为200海里专属经济区（EEZ）（这里的资源属主权国）和200海里以外的国际公海。广阔的国际公海中蕴藏的所有资源是属于“人类的共同财富”，各国可依法进行调查研究和申请开采。

大洋中和大洋底蕴藏的资源十分丰富，有生物矿产，也有非生物矿产。非生物矿产中又包括了流体矿产（石油、天然气、气体水合物）和固体矿产。虽然海洋矿产资源的海上调查研究已有百年以上的历史，但是，真正开发开采性的调查研究则始于20世纪中叶对东太平洋海底铁锰结核的勘查。当时，对百余个站位的结核矿石进行了取样分析。根据这些资料，Mero（1965）在其专著《海洋的矿物资源》中曾估算太平洋中蕴藏有万亿t的铁锰结核资源，而且这些结核以超过人类开采的速度生长着。他的估算后来被证明确有夸大，但其结论则极大地鼓舞和推动了工业大国对海底矿产资源的开发性勘查和研究。在基本查明了C-C区铁锰结核的资源量及开发前景后，在二十世纪八九十年代，各国又开始了另一个更具开发远景的太平洋、印度洋富钴结壳的矿产资源调查，在中太平洋确定了近10个具开发远景的富钴结壳产区。在此期间，不少国家对海底热液硫化物矿床也进行了深入的研究。

在过去的30年间，包括中国在内的各国完成了千余航次的海上地质调查、取样和海底钻探，对铁锰结核和富钴结壳的分布、物质成分、资源量和采冶工艺进行了全面而深入的研究，使人们对海底矿产的分布、资源量和开发前景有了一个较全面和较准确的了解。已取得的调研结果显示，海洋中蕴藏的金属矿产资源量十分巨大，Mn、Ni、Co、Cu等金属矿产的资源量均超过其陆上资源的预测值。按现在的开采水平，这些金属资源足够人类使用上千年。

面对如此巨大的资源，当然不乏先驱者研究其工业开采和利用问题。远在20世纪60年代，就有人预言太平洋铁锰结核会在5～10年内进入工业开采。在随后的20年间，虽然开采结核的工艺技术已基本成熟，但由于世界Ni、Cu的价格下跌，海洋铁锰结核的工业开采热情被预测为不赢利的，工业大国和国际财团无意继续投资，因而，铁锰结核的开采热情冷却了下来（Glasby，2000、2002）。在20世纪80年代，另一种海底矿产——富钴结壳的前景呈现了出来。这种矿产由于富含Co、Pt等高附加值的金属元素以及产出水深浅、距海岛和大陆近，而被认为开发前景优于铁锰结核（Ghosh，2000）。特别是在中太平洋夏威夷、约翰斯顿岛200海里美国专属经济区内，富钴结壳的钴含量特别高（含Co高达2%，平均0.7%～0.8%），矿石储量可达300×10^6t，被认为是目前最有工业开采远景的矿区。但是，1990年美国夏威夷州DOI-MMS和DPED机构提出了一个富钴结壳的开采和冶炼设计，结果认为无论用火法或湿法冶炼，目前都不可能赢利（Hein等，2000）。另据一份未发表的有关马绍尔群岛海区富钴结壳开发经济问题的报告，开采和冶炼的投资约为7.5亿美元，它要求最低年收益必须达到1亿美元。这在现今年处理能力为70万t干矿石的生产能力下是不可能实现的。因此，它的工业开采也尚待时日。

这只是从经济方面考虑。海洋矿产的开发取决于诸多因素。未来形势的变化和技术的进步，都会降低海底矿产资源开发的成本和提高其应用价值。例如找到更富的矿区，海底采冶工艺的改进（比如软管原地采矿，矿石及尾矿的综合利用，等等）或者因供需失调引起的世界镍、钴价格上扬，使得海底矿产的开发比陆上矿石的开采更为合算。只有到那时，海底铁锰结核和富钴结壳的工业开采开发才能变为现实。有关专家根据当今社会对金属矿产的消耗与全球资源储量形势的推测，认为世界镍、钴矿产资源尚可供应20~30年（Sen等，1999）。因此，铁锰结核和富钴结壳的工业开采可能要等待30~50年。

天然气水合物开采是柄“双刃剑”。有学者认为，在导致全球气候变暖方面，甲烷所起的作用比二氧化碳要大10~20倍。如果在开采中甲烷气体大量泄漏于大气中，造成的温室效应将比二氧化碳更加严重。而天然气水合物矿藏哪怕受到最小的破坏，甚至是自然的破坏，都足以导致甲烷气的大量散失，从而增加温室效应，使地球升温更快；由于迄今尚没有非常稳妥而成熟的勘探和开发的技术方法，一旦出了井喷事故，就会造成海水汽化，导致海啸船翻。天然气水合物也可能是引起地质灾害的主要因素之一。由于天然气水合物经常作为沉积物的胶结物存在，它对沉积物的强度起着关键的作用。天然气水合物的形成和分解能够影响沉积物的强度，进而诱发海底滑坡等地质灾害的发生。目前，包括我国在内的世界许多国家正在积极研究天然气水合物资源开发利用技术。迄今天然气水合物的开采方法主要有热激化法、减压法和注入剂法3种。开采的最大难点是保证井底稳定，使甲烷气不泄漏、不引发温室效应。针对这些问题，日本提出了“分子控制”的开采方案。天然气水合物气藏的最终确定必须通过钻探，其难度比常规海上油气钻探要大得多，一方面是水太深，另一方面由于天然气水合物遇减压会迅速分解，极易造成井喷。日益增多的研究成果表明，由自然或人为因素所引起的温压变化，均可使水合物分解，造成海底滑坡、生物灭亡和气候变暖等环境灾害。可以预言，天然气水合物的正式开发，可能至少要推迟到21世纪的20年代以后。

另外，近几年来海底热液硫化物矿床调查的发现也可能影响和改变海底金属矿产资源开发的进程。产于西南太平洋火山岛弧和弧后盆地的浅成低温热液金矿因其价值高、产出浅以及距海岛近等优势而可能首先被开发。

第二节　海洋矿产资源价值评估

我国有着丰富的海洋资源，随着经济发展、人口的大量增加和对海洋资源开发利用强度的增加，海洋资源必须得到优化配置，否则无法实现海洋资源的可持续开发利用，因此需要通过对海洋资源的价值进行评估，来合理配置海洋资源。

海洋矿产资源的资产属性既然是对海洋矿产资源的价值进行评估，海洋矿产资源就应当具备资产属性。首先，海洋矿产资源具有实物形态，具有相应的质量和数量。按照《中华人民共和国宪法》《中华人民共和国民法》和《中华人民共和国矿产资源法》的规定，矿产资源的所有权属于国家，国务院代表国家行使对矿产资源的所有权。尽管海洋矿产资源不归某个企业主体所有，但通过国家有偿转让给企业矿业权许可的方式，在许可的时间和空间范围内，企业依法支配该矿产资源，属于企业控制的资源；企业通过开采矿产资源获得有价值的产品，将给企业带来经济利益；海洋矿产资源价值可以用货币计量。可见海洋矿产资源具有资产属性，因此，海洋矿产资源评估是属于资产评估范畴之内的。

按照资源的属性，可以把海洋资源分为海洋矿产资源、海水化学资源、海洋生物资源、海洋空间资源、海洋能源资源和海洋旅游资源6种。这6种资源自然属性不同，评估方法及指标体系存在极大的差异，因此需要分类别来分别进行评估。其中海洋矿产资源具有不可再生性，对社会经济发展具有很重要的作用，因此通过有效评估海洋矿产资源的价值，建立海洋矿产资源价值评估体系，对于实现有偿利用和优化配置海洋矿产资源具有重要意义。

一、海洋矿产资源评估需要考虑的特殊因素

1. 有限性

绝大多数的海洋矿产资源需要经过漫长的岁月，在特定条件下才能形成，

其数量是有限的，随着人类对于海洋矿产资源的开发进程，海洋矿产资源正在日益减少。因此在进行海洋矿产资源评估的时候，必须考虑其有限性的特点。

2. 不均衡性

海洋矿产资源分布是极为不均衡的，因此在对某个区域的海洋资源进行评估时，一定要考虑该资源的品位、储量、开发条件以及地域条件，分析开发效果、开发难度与开发成本等因素。

3. 评估对象的复杂性

由于海洋矿产资源大多埋藏于地下，其储量、成本、品质等往往不易确定，增加了价值评估的难度。因此在对海洋资源价值进行评估的时候，一定要谨慎对待资源信息，不能盲目相信，要选择有公信力的资料，比如国家矿产委员会批准的地质勘查储量报告、品位报告、开采价值及运输条件报告等。

4. 环境影响

海洋矿产资源的开发不可避免地会对周围环境产生影响，因此在对其价值进行评估时，也要考虑开发过程对环境的不利影响，比如水域质量的降低、海洋生物资源的减少等，这些不利影响会降低海洋资源的开发价值，评估人员应出具开采矿产资源的环境影响评价报告。

5. 技术进步

随着开采的技术进步会逐渐提升对资源的深加工程度，增加所开发资源的使用价值，提高海洋矿产资源的经济效益。因此，在对海洋资源价值进行评估时，要考虑技术进步因素，详细分析未来的技术发展趋势，评估技术对海洋资源价值的影响程度。

二、海洋矿产资源价值评估体系的构建

1. 评估目的

海洋矿产资源价值评估的目的是在正常市场条件下，为海洋矿产资源勘探、开采、出让、转让、抵押等提供价格参考。

2. 评估原则

最佳利用原则。海洋矿产资源价值评估应反映在合法开采和使用的前提下，实现海洋矿产资源与开发资金、管理成本等生产要素的最佳组合，该最佳组合应符合当地发展的战略需要和法律规定。

预期收益原则。海洋矿产资源价值评估应以在正常客观开发利用条件下，

合理估计未来预期收益，并且该预计收益应有一个动态变化过程。

市场供需原则。海洋矿产资源价值评估应充分考虑矿产资源所处的市场地域性以及供给和需求的特点。

替代原则。海洋矿产资源的储量、品位、质量差异很大，确定其价值时，应当以附近地区质量相近的矿产资源在相似市场条件和相似用途下的价格为基础。

3. 评估方法

收益法。对于能够合理估计出预计收益或潜在收益的海洋矿产资源，在合理预计收益期限和折现率的前提下，可采用收益法评估该资源价值。预计每年总收入指在进行合理开采、转让、租赁等正常经营活动时，能够稳定并且持续获得合理正常的年收入，包括矿产资源销售收入、矿业权租金收入、矿业权转让收入等。

市场法。市场法是通过比较相似矿产资源的近期交易价格，进行系数修正后来评估其市场价值的方法。使用市场法要满足3个前提：①存在可比的矿产资源，这里的“可比”指的是储量、品位、成分等具有相似性；②所要评估的海洋矿产资源具有一个相对公开公平的市场；③在评估过程中，能够收集到近期交易数据。但由于矿业资产自然属性比较特殊，其物理性和经济性差异较大，并且现在矿产资源市场不够公开和完整，大多数矿产资源不适合采用市场法。不过对于石油、煤炭、砂石黏土等矿产资源，其地域性对价值影响不大，并且具有公开的市场、交易大量发生，可以采用市场法。

剩余法。对于待开采的矿产资源，可采用剩余法评估其价值。剩余法也称为假设开发法，即在假定整片区域矿产资源开采完成后，估算其全部价值，减去预期要承担的合理开采成本、相关税费和正常利润后，剩余的就是待开采的矿产资源价值。剩余法的公式为$P=V-C-T-Q$，公式中：P为被评估矿产资源的评估值；V表示假设开发后所得到的矿产资源的全部价值，该价值可以用市场法或是收益法来估算；C表示开发过程中的合理成本；T表示在开发过程中需要承担的税费；Q表示开采商享有的合理利润。

重置成本法。重置成本法是将已经发生（不包括沉没成本）或预期未来要发生的相关开采费用作为成本基数，寻求合理的成本倍数，用成本基数与成本倍数相乘后的积，再根据风险调整、经营管理水平、开采水平等因素进行修正后来估算出该矿产资源的价值。

4. **评估程序**

明确评估海洋矿产资源的基本事项。在进行评估前，评估人员应根据委托业务的需求、所要评估海洋矿产资源的特点，确定评估目的、评估对象、评估价值类型、评估范围、评估基准日等基本事项。

现场勘查和收集相关资料。对所要评估的海洋矿产资源相关情况进行调查，包括对其地理位置、品位、储量、市场需求、市场价格进行现场勘测和调查，收集评估对象及类似参照物的基本情况、交易实例、勘探开发和市场发展现状等资料，并审核所收集资料的真实性和完整性。

选择恰当的评估方法。根据确定的评估具体目的、具体海洋矿产资源开发利用情况、被评估对象所属的价值类型以及矿产资源市场现状等，选择恰当的评估方法。

测算和确定评估对象的价值。根据经审核的材料，按照恰当的评估参数和评估方法，估算出评估对象价值。在评估过程中，尽量采用两种以上恰当的评估方法，如果采用两种以上方法测算评估值的，不能简单用平均数作为评估值，应根据评估条件对各个评估值进行分析，选择最恰当的评估值来确定最终结果。

编制评估报告。在确定最终评估值后，根据评估过程中的工作底稿，编制海洋矿产资源价值评估报告，与委托方沟通后，向委托方提交评估报告。

三、海洋矿产资源评估实施的保障

1. **建立海洋矿产资源评估制度的法律保障体制**

海洋矿产资源评估是一项评估风险高、评估过程复杂的业务，为了保证评估质量，需要制定并遵循相应的规章制度。因此，应当尽快研究制定《海洋矿产资源评估办法》《海洋矿产资源评估方法选择及工作程序》《海洋矿产资源评估结果应用》统一的制度规范。

2. **建立海洋矿产资源评估结果的运用保障机制**

要保障海洋矿产资源评估结果能够得到运用，可以建立结合海洋矿产资源评估结果的矿产资源有偿使用机制，完善资源性产品的价格形成机制。同时可以通过海洋矿产资源评估结果，建立海洋矿产资源开发利益共享机制，以便公平合理补偿由于资源开发而生活受到负面影响的当地群众，使得当地政府和群众可以参与资源开发和利益共享。

第三节　我国海洋矿产资源产业化发展的问题及对策

一、海洋矿产资源开发利用面临的主要问题

目前我国海洋矿产资源开发利用所面临的问题主要有以下几个方面：

1. 公民资源意识淡薄，资源开发使用不当，使资源浪费，环境遭到破坏，环境污染现象严重

我国海洋矿产资源开发长期处于粗放式的开发状态，经历了从没有充分开发到部分资源开发，从单一资源开发向综合开发的过程。同时，海洋环境从污染较少到污染逐渐加剧。以滨海矿砂业为例：20世纪80年代以来，河砂的短缺使得人们非法从海岸线挖砂。据测算，近15年来我国海岸挖砂约为4.5亿t，平均每千米海岸线取砂2.5万t。有些地方的企业还做起了海砂的生意，利用海砂出口，并形成了巨大的产业。绝大部分海砂资源未经研究就直接将其当作普通建筑材料砂使用或买卖，不仅是高价值资源低价出售的问题，而且造成了资源的浪费。目前，我国已开采的海滨砂矿床约有30处，均属小规模开采。采矿、选矿技术水平普遍不高，明显落后于发达国家。开采无序、无度对海洋环境造成了一定的影响。大量开采海砂还会破坏海岸环境，带来海水入侵、海岸侵蚀等严重后果。一些采矿者不注意海洋生态环境保护，乱采、乱挖、乱堆海砂。海域产权界定不明确，缺乏规范管理，导致部门之间常有矛盾发生。作业者在采矿过程中由于开采不当，与当地渔业部门、旅游部门及海岸带管理部门的矛盾时有发生。因此，亟须完善海域使用管理制度，加强执法监督，规范滨海砂矿开采者的开采行为。

2. 总体规模小、资金不足、科学研究与技术开发落后、装备较差、生产效率低、国际竞争力弱

我国海洋矿业在海洋经济中占的比重不大，如海洋油气业主要集中在渤海等近海水域，产量仅占世界海洋油气产量的2%左右，而滨海砂矿业就更小，仅占我国海洋经济总产值的0.04%。此外，我国海洋矿产资源开采的绝对产量还很低，增长速度也很慢，各省份发展也很不平衡。1999—2004年，虽然海洋矿产资源的绝对开采量逐年上升，但增长率却非常缓慢。与其他海洋产业的增长率相比很缓慢，各相关省份海洋油气业的发展也不平衡，在与海洋矿产资

源开采相关的省份中，广东省的绝对产量居于首位，在增长率方面，天津市以45%的年增长率居首位。但增长率并不能说明这几个省份的海洋矿产资源的发展潜力，因为这些数字是和沿海各省海域的地质条件以及国家的决策息息相关的。

世界上发达国家在滨海砂矿开发和选矿技术上基本实现了机械化和自动化，且水上水下均可以进行开采，如日本多用抓斗式和吸扬式挖泥船，功率大，效率高，砂矿回收率高，而我国滨海砂矿仍限于露天开采，水下采矿尚少，且大多为集体和个体，以土法采选为主，机械化甚至半机械化生产还没有普及。我国采用浮选、磁选和电选等方法进行精选，总回收率可达40%～50%，但总的看来，采矿和选矿技术较落后，生产效率不高，有用矿物回收能力差，综合利用程度低，缺乏深水作业的人才与经验。多年来我国只能在渤海、东海等内海部分海域进行油气开发，在南海的开发也只是集中在浅水区，对南海主体的深水区，只进行了路线勘查和局部地区的地球物理普查。我国在开发南海油气资源方面进展十分缓慢，占中国领海面积四分之三的南海地区，油气开发几乎空白，不多的几口油井都集中在离陆地和海南岛不远的区域。

3. 海洋基础地质勘探还比较落后，造成海洋矿产开发后劲不足

20世纪50年代末起，我国开始了海洋综合普查性质的海洋区域地质调查及综合性地质调查工作。目前，对专属经济区和大陆架的勘测范围还不到一半，大部分区域缺乏实测基本图，数据不准确，致使我国海洋油气、矿产资源探明率较低，限制了海洋资源的开发利用。

4. 海洋矿产资源被周边国家掠夺

我国除渤海属于内水不存在争议外，其他3个海区都需要按1982年制定的《联合国海洋法公约》与邻国合理划分。大约有120万km^2的海洋国土处于争议中，在这些所谓的“争议海区”中，大量矿产资源正被周边国家非法掠夺。

5. 国际海底资源研究尚处于初创阶段

我国海底资源研究开发活动尚处于初创阶段，主要表现为单一的资源研究而且技术开发薄弱。而西方国家则早在20世纪50年代末便开始投资这一领域，早已占有了最具商业远景的多金属结核富矿区，并基本完成了多金属结核矿商业开发前的技术准备。20世纪90年代以来，西方国家在深海富钴结壳、海底热液多金属硫化物、天然气水合物等方面的开发投资力度不断加大，并继续保持着在深海领域的高新技术领先地位。

二、海洋矿产资源开发的对策

目前针对我国海洋矿产资源开发利用所面临的主要问题，其解决对策主要有以下几个方面：

1. 正确处理好各种海洋矿产资源的关系

我国海洋矿产资源开发正处在一个新的发展阶段，作为一个海洋大国应从国家的长远利益出发，全面搞好海洋矿产资源的调查与开发工作。首先要做好海洋地质与矿产的基础调查研究和勘探，以不断发现和探明新的矿产资源，同时，要大力进行海洋探查和资源开发技术的研究，使资源优势尽快变成经济优势。海底矿产资源是全人类的共同财富，为维护我国的合法权益造福子孙后代，提高我国在该领域的国际地位，打破西方国家对国际海底资源开发的垄断，要抓住时机加速开展大洋矿产资源勘探与开发工作，尤其是对富钴结壳和多金属硫化物的调查。

2. 要科学合理高效地对海洋矿产资源进行开发

海洋矿产存在的形态既有固相、液相也有气相，既有存在海底之下的，也有存在海底表层或者海水之中的，类似陆地矿产海洋矿产成矿过程也是漫长的，少则千百万年多则数十亿年，它们中除极少数外绝大部分是不可再生资源。因此，综合开采利用开源节流，既要考虑国内市场的需求和价格，更要考虑国际市场的需求和价格，还要考虑政治上和国家安全上以及长远战略储备等因素，像石油这样的战略物资当国际石油供大于求价格下跌的时候，我们自己的石油开采速度就应适当放慢而更多地利用国外的石油资源。

3. 在对外开放基础上加强海洋矿产开发的国际合作

海洋石油产业具有高投资高风险高技术的特点，这些特点使得技术落后、经济贫困的发展中国家只靠自己的力量难以独立开发独立承担风险。改革开放为我国找到了一个适合国情的办法，就是用我国海洋油气资源吸引发达国家的海洋石油公司前来和我们合作开发，用合作开发的一部分原油换取或补偿外国投入的资金和先进技术。为此，要继续扩大石油勘探开发的对外合作，争取深海多金属结核勘探开发的合作，同时，要主动参加国际海洋地学重大合作项目，如跨世纪的大洋钻探计划ODP，在这个过程中尤应特别注重学习国外先进的科学技术和管理经验，培养人才以增强我们自己的实力、提高自己的水平。

4. 海洋矿产开发与海洋环境保护同步和并重

海洋矿产的开发属于新兴产业，矿产资源的开发，应坚持可持续发展的原则，由于矿产资源是耗竭性资源，所以对于那些赋存稳定不易流动的重要战略资源应该节制开发欲望、要顾及下代人的发展需求，不宜实行有水快流的开采方针。

科学技术的进步也使人类开发利用海洋的手段日益增强，应避免在开发海洋资源时重犯破坏环境和生态的错误。根据矿产资源开发生产与环境保护并重、预防为主防治结合的方针，根据人类对环境保护呼声日趋高涨及严格的环保执法，矿产资源开发的生产成本特别是环保投入将进一步增加，因此矿产资源开发的集约化经营已势在必行。它主要体现在生产规模扩大、技术含量高、人才素质高及资金密集型的集约化资源综合开发，综合利用并且严格控制矿产开发利用造成生态环境破坏的代价，保证人口资源环境的相互协调发展。

5. 增强海洋国土意识，依靠科技进步开发海洋矿产

21世纪是海洋开发的世纪，人类对资源的需求越来越依赖海洋。我国海域蕴藏着丰富的海洋矿产资源，为我国海洋矿产产业发展提供了重要的物质基础。未来海洋矿产产业在海洋经济中的作用必将日益增强，我们应当加强宣传教育，增强全民族的海洋国土观念和海洋权益意识，利用好海洋这片蓝色的国土。海洋开发是一项高技术、高投入、高风险、高效益的工程，海洋矿产资源的开发也必须依靠科技进步发展高新技术。对我国来说，海洋科学研究应以海洋资源的可持续利用为目的，加强海洋科学的基础性研究，带动并促进应用研究，从而提高我国整体海洋资源开发的能力和水平。

第四节　海洋矿产产业未来展望

回顾我国并不算长久的海洋矿产资源的开发性研究历程，有成就也有挫折。由于实际资料不足，过于乐观的设想，以及客观上镍价的跌落，首次铁锰结核开采开发的努力未能成功；富钴结壳的开采开发的经济和技术条件就目前来看也未成熟。因此，目前海底的铁、锰、钴、镍矿产还只能被看成一种潜在的金属矿产资源。尽管如此，海底铁、锰、钴、镍矿产毕竟是一种重要的战略矿产资源，而且是无比巨大的“人类共同的财富”，为解决全球的人口、资源

和环境问题，推进现代社会的可持续发展，开发海洋矿产资源是必然的趋势。

21世纪可能就是人类全面开发海洋的世纪，深海采矿还能带动冶金、机械、电子、造船等高科技的发展。因此，各工业大国对海底采矿的调查和科研都十分重视，并投入了足够的力量。近几年的海底热液硫化物矿床调查所取得的重大进展和发现更是令人鼓舞。在西南太平洋板块会聚带上发现了富含Au和Ag的海底热液硫化物矿床。Herzig等（2000）报道了在巴布亚新几内亚东南Lihir岛附近水域的一个水下火山锥中硫化物矿石富含Au，其40个矿石样品中，Au的平均含量为26×10^{-6}，最高达230×10^{-6}。此前，人们早已注意到在西南太平洋的俯冲带火山岛弧和弧后盆地中，广泛发育的浅成低温热液硫化物矿石富含Ag和Au。1997年，巴布亚新几内亚政府还批准了中马奴斯盆地和东马奴斯盆地两个矿区（Vienna Woods 和PacManus）的开发租赁申请，该矿床的金品位分别为30×10^{-6}和50×10^{-6}。由于Lihir金矿的产出水深浅（仅1050m），距海岛近，因此极具开发价值。专家预言，该金矿的储量如能被证实，它可能成为第一个被开采的海底金属矿床。

今后中国海洋矿产资源的开发研究重点是否要转向西南太平洋，这是个值得考虑的问题。在太平洋板块会聚带的岛弧及弧后盆地，发育有包括浅成低温热液金矿在内的各种海底硫化物矿床30余处。由于这类矿床富含Au和Ag、产出水深浅、距海岛和陆地近，因此，它们的开发前景十分看好，目前已经成为研究的热点。此外，这些矿床都是近些年来新发现的，研究程度较低，又邻近中国，这些都是有利因素。目前中国科学家已在南海海域发现了气体水合物的矿化标志。相信在这一海域，经过若干年的工作，中国科学家一定会在海洋矿产资源的研究和开发方面取得重大进展。

一、海洋矿产资源的前景

海底金属矿产是一种战略资源，世界一些主要沿海国在冷战时期为了在竞争中占据优先地位，在洋底研究领域开展了大量工作并获得了显著成果，并在此基础上产生了许多开发海底金属矿产资源的认识。美国、苏联以及印度、日本、欧洲国家、澳大利亚、新西兰和南非对海洋进行了数百次专门的科学调查研究工作，获得了大量有关海洋金属矿产资源潜力的新资料，为此耗费了大约40亿美元。与此同时，对与此有关的技术、法律、生态和经济等问题也进行了探讨和研究。技术问题包括开采方法、运输和加工。在各种开采铁锰结核的方法中，最被看好的是水力提升和空气压缩采集法（借助压缩空气来提升）。美国和苏联在一系列工厂中已成功地完成了干法和湿法加工锰结核和锰结壳的试验。预期在国际水域进行开采工作所产生的法律问题是通过在联合国中建立一个国际海底准备机构来解决的，该机构有权颁发所提出区段的开采许可证。最有远景的克拉里昂—克里帕顿结核区的开采是由国家机构和国际金属矿产集团在若干申请者之间分割划分的。很多铁锰结壳矿层，特别是在太平洋中部，位于岛国200海里经济区内，这些国家具有对它进行开发的专有权。

与海底以及海水透光层的环境破坏有关的生态问题，将通过使海底层浑浊作用最小化，以及从船上采用数百米长的专用导管将洗净结核产品引出的方法加以解决。最后也是最重要和最紧急的问题——企业在整体上的赢利率。在20世纪70年代末已计算出，为建立一个年生产和加工300万t结核的综合企业需耗资15亿～20亿美元，而投资的收益率为8.5%～9.5%，税后纯利仅3%～4.5%。考虑到海洋环境的不稳定性和销售市场形势的变化，主要是缺乏战略刺激，这种经济冒险是不合算的。但在这个领域工作的专家们认为，在开发海底矿床中要不断地总结和积累经验，以顺应可能引起黑色和有色金属涨价的世界经济形势及其变化。

当前对块状硫化物资源研究得还不够，但其前景可能是非常显著的。控制这些资源的海洋扩张带延伸达6万km，而沿着这些扩张带分布的热液场之间的距离可能较短，为数十至数百千米。在加拉帕戈斯矿田中储存着近2500万t块状硫化物，而在1987年海洋硫化物矿石中铜和锌的总资源量为21600万～51800万t，分别为世界储量的14%和29%。与铁锰结核相反，块状硫化物形成富矿体，赋存于明显较浅处（深约2.5km），并大多位于距大陆较近处，这有利于将来的开采。

二、海洋矿产资源的可持续发展

随着工业化进程的加速，人类对矿产资源的需求与日俱增，而陆地上许多矿产资源正面临着枯竭的危险，且很难满足人们的需求。人类势必要把开发矿产资源的目光从陆地转向海洋。因此，把海洋作为人类探求新的矿产资源基地已成为许多国家的共识。我国正处在迅速推进工业化阶段，对能源、原材料矿产需求持续扩大，矿产资源紧缺矛盾日益突出。我国海洋矿产资源无论品种还是储量都很丰富，加强海洋矿产资源的勘查开发，实现可持续利用已成为必然的战略选择。

1. 沿海地区滨海砂矿资源

我国海岸线漫长，入海河流携带的含矿物质多，东部地区因受多次地壳运动，岩浆活动频繁，形成了丰富的金属和非金属矿藏。这些含矿岩石风化后的碎屑物就近入海，在海流、潮流作用下，在海岸带沉积形成矿种多、资源丰富的砂矿带。我国海滨砂矿以海积砂矿为主，其次为海河混合堆积砂矿，多数矿体以共生-伴生组合形式存在，沙堤和沙嘴是海滨砂矿赋存的主要地貌单元。这些砂矿主要分布在胶东、辽东地台隆起区和华南褶皱带两大地质构造单元的海滨地带。沿海地区滨海砂矿资源包括在砂质海岸或近岸海底开采的金属砂矿和非金属砂矿，主要品种有铁砂矿、锡石砂矿、砂金和稀有金属砂矿（金红石、钛铁矿、锆英石和独居石等）、金刚石砂矿、砾以及非金属建筑材料等。

我国矿种多达65种，各类砂矿床191个，其中大型35个、中型51个、小型105个，总储量约为1亿t。其中多数为非金属砂矿，金属砂矿仅占1.6%。已探明具有工业储量的有钛铁矿、金红石、锆石、磷钇矿、独居石、磁铁矿、砂锡矿、铬铁矿等13种，还发现有金刚石和砷铂矿颗粒。矿床和储量分布均不平衡，南多北少，广东、海南、福建三省的砂矿储量占全国滨海砂矿总储量的90%以上。辽东半岛沿岸储藏大量的金红石、锆英石、玻璃石英和金刚石等滨海砂矿。

目前我国已开采的海滨砂矿床有30余处，均属小规模开采。开采者既有国家，也有集体和个人。在开采中，普遍存在着采富不采贫，多处于粗放型阶段，采矿、选矿技术水平普遍不高，明显落后于发达国家。采矿过程中只能采选其中的某一种或某几种矿物，而一些有用矿物多被废弃。另外，有些业主不懂砂矿的成因机理，在采砂过程中，将所采矿砂全部当作普通建筑材料使用或卖掉，造成了巨大的资源浪费而使国家蒙受不小的损失。

2. 多金属结核

多金属结核也称锰结核，是20世纪70年代大量发现的一种深海矿产，成为深海标志性矿产，分布于80%的深海盆地表面或浅层，典型水深为5000m。它是一种铁、锰氧化物的集合体，含有Mn、Fe、Ni、Co、Cu等20余种元素，颜色常为黑色或褐黑色。世界各大洋底储藏的多金属结核约有3万亿t。其中，锰的产量可供世界用1.8万年，Ni可用2.5万年，经济价值很高。开采海底多金属结核，现阶段对于我们的经济建设有着极其重要的意义。例如，在经济生活中具有很高经济价值的Mn、Cu、Co、Ni这4种金属，在我国的陆地储量中却并不丰富，需要部分进口，随着我国经济的发展，对其需求量也必将大幅度增长，供应量也将更趋紧张，而在海底多金属结核中这4种金属的含量却比较丰富。

20世纪70年代以来，我国政府有关部门相继展开了大洋海底资源勘查活动，成立专门机构，并制定大洋多金属结核资源调查开发研究计划。国家海洋局和地质矿产部等部门派船和科技人员，先后在太平洋赤道水域、中太平洋海盆和东太平洋海盆进行了数十个航次的调查研究，调查面积达200万km^2，测站数千个，取得大量数据、资料和样品，圈出具有商业开发价值的远景矿区30万km^2。

3. 天然气水合物

天然气水合物是由天然气与水分子在高压、低温条件下合成的一种固态结晶物质。因天然气中80%～90%的成分是甲烷，可像酒精块一样被点燃，故称为可燃冰。标准条件下，1m^3的甲烷水合物可产生164m^3甲烷气和0.8m^3的水。它主要分布于洋底之下200～600m的深度范围，即在近海的大陆架、有厚沉积物覆盖的深海海盆以及永冻层。世界大洋天然气水合物中蕴含的甲烷气体量为$1.8\times10^{16}\sim2.1\times10^{16}m^3$，大约相当于世界煤、石油和天然气总含碳量的2倍，相当于世界年能源消耗的200倍，是一种潜力大、可供开发的新型能源。

我国东海陆坡、南海北部陆坡、台湾地区东北和东南海域、冲绳海槽、东沙陆坡和南沙海槽等地均有水合物产出的良好地质条件。台湾地区也报道了在台湾西南海域蕴藏千亿m^3的天然气水合物，这一发现将改写台湾天然能源贫乏的现状。

三、关于保护海洋矿产资源可持续发展的建议

海洋矿产资源是人类社会可持续发展的重要物质基础，实现海洋矿产资源的可持续利用要求不断提高海洋资源的开发利用水平，统筹兼顾资源开发与环境保护，实现海洋资源与海洋经济、海洋环境的协调发展。

以海洋地质工作为先导，不断增强海洋地质矿产勘探水平。海洋地质工作应坚持以国家需求为导向，在基础性、战略性和公益性的综合海洋地质调查和研究工作中不断增强地质矿产勘探水平，尤其是资源评价和普查勘探力度。此外，海洋公益性地质调查工作要加强与商业性矿产勘查开发相结合，做好基础

资料的服务工作。

制定海洋矿产资源开发利用规划，不断增强海洋矿产资源管理水平。在对我国海域矿产资源调查摸底的基础上，尽快制定海洋矿产资源开发利用规划。要对我国海域的优势矿种加以保护，根据国民经济发展合理安排各类矿产资源的开发利用。此外，在海洋矿产资源管理中要加强有偿使用、持证开采、落实环境保护责任等措施。

加强海洋矿产资源开发利用的宏观调控与政策引导。我国海洋矿业是一个新兴的产业，除了海洋油气开发规模稍大一些外，海洋固体矿产勘探开发需要不断深入。政府部门应该加强对海洋矿业的宏观调控与政策引导，鼓励、促进该行业健康、有序地发展。加强海洋矿产资源开发利用高新技术研究与开发，加强国际合作，努力推广实施清洁生产。

对于我国海洋矿业企业而言，要围绕提高资源开采利用水平、降低开采成本、努力保护环境等来采取多方面的措施。一是要加强海洋矿产资源开发，利用高新技术研究与开发；二是要加强国际合作，坚持走自我开发与国际合作并举的道路；三是要树立保护海洋环境的意识，努力在企业中推广实施清洁生产。人类对世界海底矿产资源的研究毋庸置疑，因为海底矿产资源是未来开发的有形资源。问题的关键在于要从国家的利益出发，合理进行经济、社会、市场方面的评估，并要考虑地质经济的合理性，这些是研究与开发海底矿产资源的基本观点。如果确认到2020年能够实现铁锰结核和钴锰结壳的工业开发，那么，尝试对其开采已经刻不容缓。实施海底矿产资源开发，包括：深水钻探，制造无人居住和有人居住的深水潜水装置，地质勘探，实验研究和工业采矿的航海安全保障，以及矿料的运输保障体系。当前，深水潜水装置的潜水深度可达6000～6500m，能够开展作业研究的有法国、美国、日本和俄罗斯等。为了扩充并培养新的海洋专业领域的专家，必须从现在开始就在中学及高校增设海洋专业方面的新课程，适时培养海洋专业的地质学家和矿业工程师。

总之，世界海洋中蕴藏着极其丰富的矿产资源和能源，深海矿产资源的开发利用是世界一项长期战略。除了上述几种资源外，还有许多有重要价值的矿产资源，也都等待着人类去开发利用。人类对深海的探索和研究相对于陆地来说才刚刚起步，随着人类新需求的出现和科学技术的发展，随着对深海的不断探索，还会在深海海底发现更多新的矿产资源。

参考文献

[1] 姚伯初，曾维军.中美合作调研南海地质专报[M]. 武汉:中国地质大学出版社，1994 .

[2] 刘玉山，吴必豪. 海底金属矿产资源的开发——回顾与未来展望[J]. 矿床地质，2005，24（1）:81-85.

[3] 朱佛宏. 海底金属与非金属矿产的开发前景[J]. 海洋地质动态，2003，2（19）：26-27.

[4] 刘光鼎. 海洋国土与海洋矿产资源. 国土资源，2001（2）：22-24.

[5] 于婷婷，张斌. 浅议海洋矿产资源的可持续发展[J]. 海洋信息，2009（2）:13-14.

[6] 李伟，陈晨. 海洋矿产开采技术[J]. 中国矿业，2003，12（1）：44-46.

[7] 刘同有. 国际采矿技术发展的趋势[J]. 中国矿山工程，2005，34（1）：35-40.

[8] 谢水龙. 深海水力提升式采矿系统的研究[J]. 中国矿业，1995，4（4）：27-35.

[9] 肖林京，方湄，张文明. 大洋多金属结核开采研究进展与现状[J]. 金属矿山，2000（8）：11-14.

[10] 程永寿，陈奎英. 深海“多金属结核富矿区”的喧嚣［J］. 海底世界，2007（1）：19-23.

[11] 阳宁，陈光国. 深海矿产资源开采技术的现状综述［J］. 矿山机械，2010，38（10）：4-9.

[12] 高亚峰. 海洋矿产资源及其分布[J]. 海洋环境保护，2009 （1）：13-15.

[13] 李恺，邓杏才，叶志平. 马达加斯加海滨砂矿的开发利用[J]. 资源与产业，2009，11（5）:30-35.

[14] 简曲，成湘洲. 大洋多金属结核资源开发的回顾与展望[J]. 中国矿业，1996，5（6）：14-18.

[15] 邹伟生，黄家祯. 大洋锰结核深海开采扬矿技术[J]. 矿冶工程，2006，26（3）：1-5.

[16] 凌胜，肖林京，申焱华，等. 深海采矿开采系统运动状态和动态特性影响因素分析研究[J]. 中国工程科学，2002，4（3）：78-83.

[17] 高亚峰. 海洋矿产资源及其分布[J]. 海洋信息，2009（2）：13-14.

[18] 陈义政，刘刚，吴家齐. 国外矿资产评估准则比较研究[J]. 资源与产业，2009，11（03）：113-117.

[19] 李保婵. 海洋矿产资源价值评估研究[J]. 商业会计，2015（9）：15-16.

[20] 刘国栋. 海洋矿产资源开发综述[J]. 有色金属（矿山部分），1991（1）：6-11.

[21] 汪贻水，吕志雄，李杏林. 开发利用海洋有色金属矿产资源[J]. 有色金属矿业，1984，8（1）:18-19.

[22] 艾海. 浅谈海洋矿产资源的开发及利用[J]. 科技之窗.
[23] 于婷婷，张斌. 浅议海洋矿产资源的可持续发展[J]. 海洋开发与管理，2009，2（1）：21-24.
[24] 陈新军，周应祺. 蓝色国土资源与我国海洋经济的可持续发展[J]. 经济地理，2001.
[25] 封志明. 资源科学导论[M]. 北京：科学出版社，2004.
[26] 陈建民，徐依云. 海洋学[M]. 东营：中国石油大学出版社，2003.
[27] 金庆焕. 海底矿产[M]. 北京：清华大学出版社，2001.
[28] 崔木花，董普，左海凤. 我国海洋矿产资源的现状浅析[J]. 海洋开发与管理.
[29] 冯天驷. 我国海洋资源及其管理对策[J]. 中国地质矿产经济，1999（3）:22-27.
[30] 王正铤. 中国滨海砂矿成矿带[J]. 天津地质矿产研究所所刊，1988（20）:113-128.
[31] 王正铤. 中国滨海砂矿成矿机制[J]. 天津地质矿产研究所所刊，1989（21）:106-119.
[32] 王正铤. 中国滨海砂矿分布规律[J]. 天津地质矿产研究所所刊，1989（21）:120-130.
[33] 胡红江. 中国海洋盐业现状、发展趋势以及面临的挑战[J]. 海洋经济，2012，2（4）：35-40.
[34] 唐川林，廖振方. 滨海砂矿开采新方法的研究[J]. 重庆大学学报，1999，22（3）:79-85.
[35] 孙盛湘.砂矿床露天开采[M].北京:冶金工业出版社，1985.
[36] 姚伯初. 南海天然气水合物的形成条件和分布特征[J]. 海洋石油，2007，27（1）：1-10.
[37] 许威，邱楠生，等. 南海天然气水合物稳定带厚度分布特征[J]. 现代地质，2010，24（3）:487-494.
[38] 邓希光，吴庐山，付少英，等. 南海北部天然气水合物研究进展[J]．海洋学研究， 2008，26（2）:67-74.
[39] 夏斯高，夏戡原，陈忠荣. 南海热流分布特征[J]. 热带海洋学报，1993，12（1）:24-31.
[40] 何丽娟，熊亮萍，汪集旸. 南海盆地地热特征[J]. 中国海上油气（地质），1998，12（2）:87-90.
[41] 施小斌，丘学林，夏戡原，等. 南海热流特征及其构造意义[J]. 热带海洋学报，2003，22（2）:63-73.
[42] 金春爽，汪集旸，王永新，等.天然气水合物地热场分布特征[J]. 地质科学，2004，39（3）:416-423.
[43] 宋海斌，江为为，张文生，等. 天然气水合物的海洋地球物理研究进展[J]. 地球物理学进展，2002（2）:224-229.

[44] 朱伟林，张功成，杨少坤，等. 南海北部大陆边缘盆地天然气地质[M]. 北京:石油工业出版社，2007:3-22.
[45] 冯志强，冯文科，薛万俊，等.南海北部地质灾害及海底工程地质条件评价[M]. 南京:河海大学出版社，1996.
[46] 张毅，何丽娟，徐行，等. 南海北部神狐海域甲烷水合物BHSZ与BSR的比较研究[J]. 地球物理学进展，2009，24（1）:183-194.
[47] 吴能友，张海启，杨胜雄，等. 南海神狐海域天然气水合物成藏系统初探[J]. 天然气工业，2007，27（9）:1-6.
[48] 吴时国，董冬冬，杨胜雄，等. 南海北部陆坡细粒沉积物天然气水合物系统的形成模式初探[J]. 地球物理学报，2009，52（7）:1849 -1857.
[49] 龚跃华，杨胜雄，王宏斌，等.南海北部神狐海域天然气水合物成藏特征[J]. 现代地质， 2009，23（2）:210-216.
[50] 王宏斌，张光学，杨木壮，等. 南海陆坡天然气水合物成藏的构造环境[J]. 海洋地质与第四纪地质，2003， 23（1）:81-86.
[51] 苏新，陈芳，于兴河，等. 南海陆坡中新世以来沉积物特性与气体水合物分布初探[J]. 现代地质，2005，19（1）:1-13.
[52] 姚伯初.南海北部陆缘天然气水合物初探[J]. 海洋地质与第四纪地质，1998，18（4）:11-18.
[53] 姚伯初.南海的天然气水合物矿藏[J]. 热带海洋学报，2001，20（2）:20-28.
[54] 邵磊，李献华，韦刚键，等.南海陆坡高速堆积体的物质来源[J].中国科学（D辑），2001，31（10）:828-833.
[55] 金建材，张杏林，等. 海底矿物丛书[M].北京：中国大洋矿产资源开发协会，1995.
[56] 菲儿莫尔 C.F. 艾尔尼. 海洋矿产资源[M]. 北京：海洋出版社，1991.
[57] 金翔龙. 东太平洋多金属结核矿带海洋地质与矿床特征[M]. 北京：海洋出版社，1997.
[58] 郭世勤，孙文泓. 太平洋中部多金属结核矿物学[M]. 北京：海洋出版社，1997.
[59] 郭世勤，吴必豪，等. 多金属结核和沉积物的地球化学研究[M]. 北京：海洋出版社，1994.
[60] 吴世迎. 世界海底热液硫化物资源[M]. 北京：海洋出版社，2000.
[61] 王明和. 深海固体矿产资源开发[M]. 长沙：中南大学出版社，2015.
[62] 冯雅丽，李浩然. 深海矿产资源开发与利用[M]. 北京：海洋出版社，2004.
[63] Stanislaw D. R.，Ryszard K，等. 海洋矿物资源[M]. 北京：海洋出版社，2001.
[64] 金庆焕，张光学，杨木壮，等. 天然气水水合物资源概论[M]. 北京：科学出版社，2006.

[65] 周怀阳，王春生，倪建宇，等. 现有深海采矿环境影响实验方法和结果评价[M]. 北京：海洋出版社，2003.
[66] 杨木壮，王明君，吕万军，等. 南海西北陆坡天然气水合物成矿条件研究[M]. 北京：气象出版社，2008.
[67] 夏登文，岳奇，徐伟，等. 海洋矿产与能源功能区研究[M]. 北京：海洋出版社，2013.
[68] 张梓太，沈灏，张闻昭，等. 深海海底资源勘探开发法研究[M]. 上海：复旦大学出版社，2015.
[69] 徐脉直，姚德. 海洋固体矿产[M]. 青岛：中国海洋大学出版社，1999.
[70] 陈学雷. 海洋资源开发与管理[M]. 北京：科学出版社，2000.
[71] 胡红江. 中国海洋盐业现状、发展趋势以及面临的挑战[J]. 海洋经济，2012，02（4）:35-39.
[72] 胥娟，张薇，邹成华,等. 中国盐业现状及其未来发展趋势[J]. 中国调味品，2017，42（1）:157-163.
[73] 葛文明. 中国盐业的现状及发展趋势[J]. 盐业与化工，1994（2）:1-6.
[74] 胡红江. 振兴海洋盐业发展海洋化工促进海洋经济发展[J]. 海洋经济，2011，01（1）:21-27.
[75] 周海峰，李海斌，田方正. 天然气水合物研究及开发前景[J]. 辽宁化工，2016（4）:533-535.
[76] 张焕芝，何艳青，孙乃达,等. 天然气水合物开采技术及前景展望[J]. 石油科技论坛，2013，32（6）:15-19.
[77] 熊伟，魏思源，任大伟. 天然气水合物勘探技术及前景展望[J]. 中国石油和化工标准与质量，2016，36（20）:118-119.
[78] 张荻荻，李治平，陈家玮. 天然气水合物勘探开发研究新进展及发展趋势[J]. 地质科学，2012，47（2）:561-573.
[79] 王锐. 天然气水合物的研究现状与发展趋势[J]. 广东化工，2017，44（18）:131-132.
[80] 郑杰文，刘保华，刘晓磊,等. 深海锰结核开采对环境的影响研究进展[J]. 海洋地质与第四纪地质，2014（5）:163-169.
[81] 费雪锦，邱电云. 深海底矿物资源开发现状及前景[J]. 中国锰业，1994（6）:6-10.
[82] 肖林京，方湄，张文明. 大洋多金属结核开采研究进展与现状[J]. 金属矿山，2000（8）:11-14.
[83] 董冰洁. 我国海洋多金属矿产资源研究现状及战略性开发前景[J]. 世界有色金属,2016（12）:168-169.
[84] 李爱强，何清华，邹湘伏. 富钴结壳开发动态[J]. 采矿技术，2005，5（2）:1-3.

[85] 韦振权, 何高文, 邓希光,等. 大洋富钴结壳资源调查与研究进展[J]. 中国地质, 2017, 44 (3) :460-472.
[86] 武光海, 周怀阳, 陈汉林. 大洋富钴结壳研究现状与进展[J]. 高校地质学报, 2001, 7 (4) :379-389.
[87] 邬长斌, 刘少军, 戴瑜. 海底多金属硫化物开发动态与前景分析[J]. 海洋通报, 2008, 27 (6) :101-109.
[88] 陶春辉. 中国大洋中脊多金属硫化物资源调查现状与前景[C]. 中国地球物理学会年会, 2011.